高校计算机教学系列教材

检测技术与系统

樊尚春 乔少杰 编著

北京航空航天大学出版社

内 容 简 介

较系统地介绍了检测技术的主要基本内容，包括检测技术的基本概念、功能、要求；检测系统的静、动态特性、描述及数据处理；一些测量典型参数的传感器，包括结构组成、应用特点、误差补偿等；微机械传感器和智能传感器；以各种传感器为核心的典型检测系统等等。

本书可作为仪器科学与技术、测控技术与仪器、电气工程与自动化、信息工程、自动化、机械工程、机械电子工程等专业本科生、专科生的教材或参考书，也可供相关专业的师生和有关工程技术人员参考。

图书在版编目(CIP)数据

检测技术与系统/樊尚春等编著. —北京：北京航空航天大学出版社，2005.6
(高校计算机教学系列教材)
ISBN 7-81077-618-5

Ⅰ.检… Ⅱ.樊… Ⅲ.自动检测—高等学校—教材 Ⅳ.TP274

中国版本图书馆 CIP 数据核字(2005)第 019252 号

检测技术与系统

樊尚春　乔少杰　编著

责任编辑　许传安

*

北京航空航天大学出版社出版发行

北京市海淀区学院路 37 号(100083)　发行部电话：010-82317024　传真：010-82328026
http://www.buaapress.com.cn　E-mail:bhpress@263.net
涿州市新华印刷有限公司印制　各地书店经销

*

开本：787×1 092　1/16　印张：19　字数：486 千字
2005 年 6 月第 1 版　2005 年 6 月第 1 次印刷　印数：5 000 册
ISBN 7-81077-618-5　定价：26.00 元

总 前 言

科教兴国,教育先行,在全国上下已形成共识。在教育改革过程中,出现了多渠道、多形式、多层次办学的局面。同时,政府逐年加大教育的投入力度。教育发展了,才能有效地提高全民族的文化、科学素质,使我们中华民族屹立于世界民族之林。

计算机科学与技术的发展日新月异,其应用领域迅速扩展,几乎无处不在。社会发展的需求,促使计算机教育生气蓬勃。从普通高校的系统性教学,到远距离的电视、网上教学;从全面讲述,到不同应用领域的、星罗棋布的培训班;从公办的到民办的;从纸介教材到电子教材等等,可以说计算机教学异彩纷呈。要进行教学,就必须有教材。

面对我们这么大的国家和教学形势,在保证国家教学基本要求的前提下,应当提倡教材多样化,才能满足各教学单位的需求,使他们形成各自的办学风格和特色。为此,我们组织北京工业大学、北京航空航天大学、北京理工大学、南开大学、天津工业大学等高校的有丰富教学经验的教师编写了计算机教学系列教材,将陆续与师生见面。

系列教材包括以下各项。

(一)基础理论:离散数学等。

(二)技术基础:电路基础与模拟电子技术;数字逻辑基础;计算机组成与体系结构;计算机语言(拼盘,选择使用),包括C++程序设计基础、Visual Basic程序设计基础、Matlab程序设计基础、Java程序设计基础、Delphi语言基础、汇编语言基础等;数据结构;计算机操作系统基础;计算方法基础;微机与接口技术;数据库技术基础等。

(三)应用基础:计算机控制技术;网络技术;软件工程;多媒体技术等。

(四)技术基础扩展:编译原理与编译构造;知识工程——网络计算机环境下的知识处理等。

(五)应用基础扩展:计算机辅助设计;单片机实用基础;图形、图像处理基础;传感器与测试技术;计算机外设与接口技术等。

本系列教材主要是针对计算机教学编写的,供普通高校、社会民办大学、高等职业学校、业余大学等计算机或相应专业本科或专科选用。其中一部分也适合非计算机专业本科教学使用。在这些教材的内容简介或前言中对使用范围均作了说明。

本系列教材在编写时,注重以下几点:(1)面对计算机科学与技术动态发展的现实,在内容上应具有前瞻性;(2)面对学以致用,既有系统的基础知识,又具有应用价值的实用性;(3)具有科学性、严谨性。另外,力求使有限的版面具有最大的信息量,以使读者得到实惠。

能否实现这些愿望,只有师生在教学实践中评价。我们期望得到师生的批评和指正。

高校计算机教学系列教材编委会

高校计算机教学系列教材编委会成员

主　　　任：赵沁平
副　主　任（常务）：陈炳和
顾　　　问：麦中凡
委　　　员（以姓氏笔划为序）：
　　　　　吕景瑜（北工大教授）
　　　　　乔少杰（社长，教授）
　　　　　麦中凡（北航教授，教育部工科计算机基础教学指导委员会副主任、中专计算机教学指导委员会顾问）
　　　　　苏开娜（北工大教授）
　　　　　陈炳和（北工大教授）
　　　　　张鸿宾（北工大博导）
　　　　　郑玉明（北工大副教授）
　　　　　金茂忠（北航博导）
　　　　　赵沁平（北航博导，国务院学位办主任）

前　言

检测技术是人们认识客观世界的一种基本方法,在日常生活、科学研究、工农业生产、交通运输、医疗卫生及国防建设中发挥着基础性作用。检测技术的水平与发展状况充分反映了人类认识客观世界的能力与程度。

本教材以检测技术所涉及到的基础知识、信息敏感变换原理、测试系统性能分析与处理为基础,以参数检测为目的,介绍位移、速度、加速度、转速、振动、力、转矩、压力、温度、流量等参数的测量系统。在此基础上,详细介绍了几种典型的测试系统。

本教材的特色体现在:注重检测技术涉及到的基础知识的介绍;注重典型的、常规的检测系统在工业领域中应用;注重在应用实例计算、分析过程中介绍,并传授知识点。

通过本教材对检测技术的学习,使学生能够基本掌握检测技术涵盖的基本内容,了解检测技术领域中的新进展、新内容;同时使学生了解、掌握检测技术在工业领域中的典型应用。

本教材共分19章,由樊尚春教授与乔少杰教授共同编写。

第1章介绍了有关检测技术的基本概念、功能、研究的主要内容,构成检测系统的基本要求等。

第2,3章介绍检测系统静、动态特性的描述与数据处理,包括静、动态特性的描述方法;静、动态测试数据的获取过程;典型的静、动态数据处理过程等。同时对检测系统的噪声及其减小的方法进行了简要介绍。

第4～7章介绍电位器式、应变式、压阻式和热电阻式等传感器。在电位器式传感器中,介绍其基本构造、工作原理、输出特性;阶梯特性和阶梯误差、非线性电位器的特性及其实现;电位器的负载特性、负载误差以及改善措施;电位器的结构与材料等。在应变式传感器部分,介绍金属电阻丝产生应变效应的机理;金属应变片的结构及应变效应、应变片的横向效应及减小横向效应的措施;电阻应变片的温度误差及补偿方法,并详细介绍电桥原理、差动检测原理及其应用特点等。在压阻式传感器部分,介绍半导体材料产生压阻效应的机理;单晶硅的晶面、晶向;单晶硅的压阻系数等。在热电式传感器部分,重点介绍金属热电阻和半导体热敏电阻的特性、应用特点及测温电桥;同时有针对性地介绍温度的概念、温度测量中常用的热电偶、半导体P-N结传感器的测温原理;常用的非接触测温系统等。

第8章介绍电容式传感器,包括电容式变换元件的基本结构形式、特性、等效电路以及典型的信号转换线路;电容式传感器的抗干扰问题等。

第9章介绍变磁路式传感器,包括电感式和差动变压器式变换元件的基本结构形式、特性、等效电路以及典型的信号转换线路;电涡流效应、霍耳效应等。

第 10 章介绍压电式传感器，包括石英晶体、压电陶瓷、聚偏二氟乙烯等常用压电材料的压电效应及应用特点，压电换能元件的等效电路及信号转换电路。

第 11 章介绍谐振式传感器，包括机械谐振敏感元件的谐振现象及其评估、谐振式传感器（闭环自激）系统的基本结构及幅值、相位的实现条件、谐振式传感器的输出信号的检测等。

第 12 章介绍近年来迅速发展起来的微机械与智能化传感器。重点介绍了智能化传感器的组成原理、功能以及典型的微机械传感器和智能化传感器。

在第 4~12 章中介绍一些测量典型参数的传感器，包括其结构组成、应用特点、误差补偿等。

第 13 章介绍航空大气数据测量系统，包括有关的大气基本知识以及由气压式高度表、升降速度表、空速表、马赫数表、迎角传感器与总温传感器等组成的大气数据测量系统。

第 14 章介绍现代汽车微机测控系统，包括以现代汽车传感器为核心的汽车电子测控技术、汽车用传感器的分类、性能与特点、现代汽车传感器的发展趋势与汽车用传感器的选用原则。

第 15 章介绍环境监测技术中的空气监测与噪声监测，包括空气污染源监测和空气污染物测定为主介绍空气监测；以噪声的评价体系、噪声的测量仪器与监测为主介绍噪声监测。

第 16 章介绍桥梁监测技术，包括桥梁的静载荷试验、动载荷试验；桥梁施工过程中的测控与长期监测技术等。

第 17 章介绍轧制过程中的线检测技术，包括线材、圆钢和板材等重要几何参数的在线检测问题。

第 18 章介绍无损检测技术，包括超声波检测、涡流检测、激光全息检测、声振检测、微波检测和声发射检测等。

第 19 章介绍张力的在线检测技术，包括张力的直接检测方法、间接检测方法、张力控制的基本方法等。

第 13~19 章介绍的是以各种传感器为核心的典型检测系统。通过这些章节的学习，基本了解、掌握在主要工业领域中应用的一些典型的检测系统的结构组成、系统实现与关键技术等。

在教材编写过程中，参考、引用了许多专家学者的教材与论著，在此一并表示衷心感谢。

检测技术领域内容广泛，且发展迅速，由于编著者学识、水平有限，教材中的错误与不妥之处，敬请读者批评指正。

作 者
2004 年 11 月

联系方式：shangcfan@vip.sina.com；010-82332166；010-82317859

目 录

第1章 绪 论 ······················· 1
  1.1 检测的作用与功能 ············· 1
  1.2 检测的分类 ·····················1
    1.2.1 电量与非电量电测技术 ······ 1
    1.2.2 检测原理的分类 ············ 2
    1.2.3 检测方法的分类 ············ 2
  1.3 检测系统 ······················· 2
    1.3.1 检测系统的组成 ············ 2
    1.3.2 检测系统的分类 ············ 3
    1.3.3 对检测系统的要求 ·········· 3
  1.4 检测系统的发展 ··············· 3
    1.4.1 传感器技术的发展 ·········· 3
    1.4.2 检测方法的发展 ············ 5
  1.5 本教材的主要内容与特点 ······ 6
  思考题与习题 ······················ 6

第2章 检测系统的静态特性 ······· 7
  2.1 检测系统静态特性的一般描述 ·· 7
  2.2 检测系统的误差 ··············· 7
    2.2.1 误差的描述 ················ 7
    2.2.2 误差产生的原因 ············ 7
    2.2.3 误差的分类 ················ 8
    2.2.4 确定测量误差的基本方法 ···10
  2.3 检测系统的静态标定 ·········· 11
    2.3.1 静态标定条件 ·············· 11
    2.3.2 检测系统的静态特性 ······· 12
  2.4 检测系统的主要静态性能指标及其计算
    2.4.1 测量范围 ·················· 12
    2.4.2 量 程 ···················· 12
    2.4.3 静态灵敏度 ················ 12
    2.4.4 分辨力与分辨率 ············ 13
    2.4.5 漂 移 ···················· 13
    2.4.6 温 漂 ···················· 13
    2.4.7 线性度 ···················· 13
    2.4.8 迟 滞 ···················· 15
    2.4.9 重复性 ···················· 16
    2.4.10 综合误差 ················· 17
    2.4.11 计算实例 ················· 18
  思考题与习题 ····················· 19

第3章 检测系统的动态特性 ······ 21
  3.1 检测系统动态特性方程 ········ 21
    3.1.1 微分方程 ·················· 21
    3.1.2 传递函数 ·················· 22
  3.2 检测系统动态响应及动态性能指标 ··· 22
    3.2.1 检测系统动态误差的描述 ··· 22
    3.2.2 检测系统时域动态性能指标 ··· 23
    3.2.3 检测系统频域动态性能指标 ··· 26
  3.3 检测系统动态特性测试与标定 ··· 29
  思考题与习题 ····················· 30

第4章 电位器式传感器 ··········· 31
  4.1 概 述 ························· 31
  4.2 线绕式电位器的特性 ·········· 32
    4.2.1 灵敏度 ···················· 32
    4.2.2 阶梯特性与误差 ············ 32
    4.2.3 分辨力与分辨率 ············ 33
  4.3 非线性电位器 ·················· 33
    4.3.1 功 用 ···················· 33
    4.3.2 实现途径 ·················· 33
  4.4 电位器的负载特性及负载误差 ··· 35
    4.4.1 电位器的负载特性 ·········· 35
    4.4.2 电位器的负载误差 ·········· 36
    4.4.3 减小负载误差的措施 ······· 37
  4.5 电位器的结构与材料 ·········· 38
    4.5.1 电阻丝 ···················· 38
    4.5.2 电 刷 ···················· 38
    4.5.3 骨 架 ···················· 39
  4.6 典型的电位器式传感器 ········ 40
    4.6.1 电位器式压力传感器 ······· 40

  4.6.2 电位器式加速度传感器 ……… 40
 思考题与习题 ……………………………… 41

第5章 应变式传感器 …………………… 43

 5.1 应变式变换原理 ………………………… 43
 5.2 金属应变片 ……………………………… 44
  5.2.1 结构及应变效应 ………………… 44
  5.2.2 横向效应及横向灵敏度 ………… 45
  5.2.3 电阻应变片的种类 ……………… 47
  5.2.4 电阻应变片材料 ………………… 48
  5.2.5 应变片的主要参数 ……………… 49
 5.3 应变片的温度误差及其补偿 …………… 50
  5.3.1 温度误差产生的原因 …………… 50
  5.3.2 温度误差的补偿方法 …………… 51
 5.4 电桥原理 ………………………………… 52
  5.4.1 电桥的平衡 ……………………… 53
  5.4.2 电桥的不平衡输出 ……………… 53
  5.4.3 差动电桥 ………………………… 54
  5.4.4 采用恒流源供电电桥 …………… 55
 5.5 典型的应变式传感器 …………………… 56
  5.5.1 应变式力传感器 ………………… 56
  5.5.2 应变式加速度传感器 …………… 60
  5.5.3 应变式转矩传感器 ……………… 62
 思考题与习题 ……………………………… 63

第6章 压阻式传感器 …………………… 64

 6.1 压阻式变换原理 ………………………… 64
 6.2 典型的压阻式传感器 …………………… 65
  6.2.1 压阻式压力传感器 ……………… 65
  6.2.2 压阻式加速度传感器 …………… 67
 思考题与习题 ……………………………… 68

第7章 热电式传感器 …………………… 69

 7.1 概述 ……………………………………… 69
  7.1.1 温度的概念 ……………………… 69
  7.1.2 温标 ……………………………… 69
  7.1.3 测温方法与测温仪器的分类 …… 70
 7.2 热电阻测温传感器 ……………………… 71
  7.2.1 金属热电阻 ……………………… 72
  7.2.2 半导体热敏电阻 ………………… 74
  7.2.3 测温电桥电路 …………………… 75
 7.3 热电偶测温 ……………………………… 76
  7.3.1 热电效应 ………………………… 76
  7.3.2 热电偶的工作机理 ……………… 77
  7.3.3 热电偶的基本定律 ……………… 78
  7.3.4 热电偶的误差及补偿 …………… 83
  7.3.5 热电偶的组成、分类及特点 …… 85
 7.4 半导体P-N结测温传感器 …………… 87
 7.5 非接触式温度测量系统 ………………… 87
  7.5.1 全辐射测温系统 ………………… 88
  7.5.2 亮度式测温系统 ………………… 88
  7.5.3 比色测温系统 …………………… 89
 思考题与习题 ……………………………… 90

第8章 电容式传感器 …………………… 92

 8.1 基本电容式敏感元件 …………………… 92
 8.2 电容式敏感元件的主要特性 …………… 93
  8.2.1 变间隙电容式敏感元件 ………… 93
  8.2.2 变面积电容式敏感元件 ………… 94
  8.2.3 变介电常数电容式敏感元件 …… 95
 8.3 电容式变换元件的信号转换电路 ……… 96
  8.3.1 运算放大器式电路 ……………… 96
  8.3.2 交流不平衡电桥 ………………… 96
  8.3.3 变压器式电桥线路 ……………… 97
  8.3.4 二极管电路 ……………………… 98
  8.3.5 差动脉冲调宽电路 ……………… 99
 8.4 典型的电容式传感器 ………………… 101
  8.4.1 电容式压力传感器 …………… 101
  8.4.2 电容加速度传感器 …………… 102
 思考题与习题 …………………………… 102

第9章 变磁路式传感器 ………………… 103

 9.1 电感式变换原理 ……………………… 103
  9.1.1 简单电感式原理 ……………… 103
  9.1.2 差动电感式变换元件 ………… 106
 9.2 差动变压器式变换元件 ……………… 107
 9.3 电涡流式变换原理 …………………… 109
 9.4 霍耳效应及元件 ……………………… 109
  9.4.1 霍耳效应 ……………………… 109
  9.4.2 霍耳元件 ……………………… 110
 9.5 典型的变磁路式传感器 ……………… 111
  9.5.1 电涡流式振动位移传感器及其应用
   ………………………………… 111

9.5.2 差动电感式压力传感器 …… 111
9.5.3 磁电式涡轮流量传感器 …… 112
思考题与习题 …… 112

第10章 压电式传感器 …… 113

10.1 石英晶体 …… 113
  10.1.1 石英晶体的压电机理 …… 113
  10.1.2 石英晶体的压电常数 …… 114
  10.1.3 石英晶体的性能 …… 115
10.2 压电陶瓷 …… 116
  10.2.1 压电陶瓷的压电机理 …… 116
  10.2.2 压电陶瓷的压电常数 …… 116
  10.2.3 常用压电陶瓷 …… 117
10.3 压电换能元件的信号转换电路 …… 117
  10.3.1 压电换能元件的等效电路 …… 117
  10.3.2 电荷放大器 …… 118
  10.3.3 压电元件的并联与串联 …… 119
10.4 典型的压电式传感器 …… 120
  10.4.1 压电式加速度传感器 …… 120
  10.4.2 压电式温度传感器 …… 122
思考题与习题 …… 123

第11章 谐振式传感器 …… 124

11.1 谐振状态及其评估 …… 124
  11.1.1 谐振现象 …… 124
  11.1.2 谐振子的机械品质因数 Q 值 …… 125
11.2 闭环自激系统的实现 …… 126
  11.2.1 基本结构 …… 126
  11.2.2 闭环系统的实现条件 …… 127
11.3 敏感机理及特点 …… 127
  11.3.1 敏感机理 …… 127
  11.3.2 谐振式测量原理的特点 …… 128
11.4 频率输出谐振式传感器的测量方法比较 …… 128
11.5 典型的谐振式传感器 …… 129
  11.5.1 谐振弦式压力传感器 …… 129
  11.5.2 振动筒式压力传感器 …… 131
  11.5.3 谐振膜式压力传感器 …… 133
  11.5.4 石英谐振梁式压力传感器 …… 133
  11.5.5 谐振式科里奥利直接质量流量传感器 …… 135

思考题与习题 …… 137

第12章 微机械与智能化传感器 …… 138

12.1 概述 …… 138
12.2 几种典型的硅微机械传感器 …… 139
  12.2.1 硅电容式集成压力传感器 …… 139
  12.2.2 硅电容式微机械加速度传感器 …… 140
  12.2.3 硅谐振式压力微传感器 …… 141
12.3 智能化传感器中的软件技术 …… 142
  12.3.1 标度变换技术 …… 142
  12.3.2 数字调零技术 …… 142
  12.3.3 非线性补偿 …… 142
  12.3.4 温度补偿 …… 142
  12.3.5 数字滤波技术 …… 143
12.4 几种典型的智能化传感器 …… 143
  12.4.1 智能化差压传感器 …… 143
  12.4.2 智能化流量传感器系统 …… 144
思考题与习题 …… 145

第13章 航空大气数据测量系统 …… 146

13.1 有关大气的基本知识 …… 146
  13.1.1 大气层 …… 146
  13.1.2 大气的密度、温度和压力 …… 147
  13.1.3 大气的密度、温度、压力与高度的关系 …… 148
  13.1.4 国际标准大气与大气的物理性质 …… 149
13.2 气压高度表 …… 150
  13.2.1 飞行高度的定义 …… 150
  13.2.2 气压高度表的基本工作原理 …… 152
  13.2.3 气压式高度表的使用 …… 153
13.3 升降速度表 …… 153
  13.3.1 升降速度表的基本工作原理 …… 154
  13.3.2 升降速度表的结构 …… 155
13.4 空速表 …… 156
  13.4.1 空速与动压、静压和气温的关系 …… 156
  13.4.2 测量指示空速的原理 …… 158
  13.4.3 测量真空速的原理 …… 159

13.5 马赫数表 ⋯⋯⋯⋯⋯⋯⋯⋯ 160
13.6 迎角传感器 ⋯⋯⋯⋯⋯⋯⋯ 161
 13.6.1 风标式迎角传感器 ⋯⋯⋯ 162
13.7 大气数据系统 ⋯⋯⋯⋯⋯⋯ 163
思考题与习题 ⋯⋯⋯⋯⋯⋯⋯⋯ 167

第14章 汽车用传感器

14.1 汽车测控技术 ⋯⋯⋯⋯⋯⋯ 168
 14.1.1 汽车电子测控技术的应用现状与发展趋势 ⋯⋯⋯⋯⋯⋯ 168
 14.1.2 汽车电子测控技术的基本组成与工作 ⋯⋯⋯⋯⋯⋯⋯⋯ 173
14.2 汽车用传感器的分类、性能及特点 ⋯⋯⋯⋯⋯⋯⋯⋯⋯⋯⋯⋯ 176
 14.2.1 汽车传感器的组成与分类 ⋯ 176
 14.2.2 汽车用传感器的性能与要求 ⋯⋯⋯⋯⋯⋯⋯⋯⋯⋯⋯ 177
 14.2.3 汽车用传感器的特点 ⋯⋯⋯ 178
14.3 汽车用传感器的发展趋势 ⋯⋯ 181
 14.3.1 光纤传感器受到人们的重视 ⋯⋯⋯⋯⋯⋯⋯⋯⋯⋯⋯ 181
 14.3.2 增强车辆安全性的传感器系统 ⋯⋯⋯⋯⋯⋯⋯⋯⋯⋯⋯ 182
 14.3.3 汽车用传感器与微计算机接口 ⋯⋯⋯⋯⋯⋯⋯⋯⋯⋯⋯ 183
14.4 汽车用传感器的选用原则 ⋯⋯ 184
思考题与习题 ⋯⋯⋯⋯⋯⋯⋯⋯ 184

第15章 空气监测

15.1 大气和空气污染 ⋯⋯⋯⋯⋯ 185
 15.1.1 大气和空气污染的基本概念 ⋯⋯⋯⋯⋯⋯⋯⋯⋯⋯⋯ 185
 15.1.2 空气污染物的种类和存在状态 ⋯⋯⋯⋯⋯⋯⋯⋯⋯⋯⋯ 186
 15.1.3 主要空气污染源及污染物 ⋯ 188
15.2 空气污染监测方案的制订 ⋯⋯ 188
 15.2.1 空气监测规划与网络设计 ⋯ 188
 15.2.2 空气采样方法和技术 ⋯⋯⋯ 194
15.3 烟道气测试技术 ⋯⋯⋯⋯⋯ 198
 15.3.1 监测的目的、要求和内容 ⋯ 198
 15.3.2 采样位置和采样点的确定 ⋯ 199
 15.3.3 烟气状态参数的测量 ⋯⋯⋯ 200

思考题与习题 ⋯⋯⋯⋯⋯⋯⋯⋯ 207

第16章 桥梁检测

16.1 静载检测 ⋯⋯⋯⋯⋯⋯⋯⋯ 208
 16.1.1 静载检测的目的 ⋯⋯⋯⋯⋯ 208
 16.1.2 静载检测的程序 ⋯⋯⋯⋯⋯ 209
 16.1.3 桥梁结构静载检测的方案设计 ⋯⋯⋯⋯⋯⋯⋯⋯⋯⋯⋯ 210
 16.1.4 桥梁桩基础静载检测 ⋯⋯⋯ 214
16.2 桥梁动载检测 ⋯⋯⋯⋯⋯⋯ 218
 16.2.1 动载试验的方法与程序 ⋯⋯ 218
 16.2.2 桥梁结构动力响应的测试 ⋯ 220
 16.2.3 动测数据分析与评价 ⋯⋯⋯ 224
16.3 桥梁施工控制与长期监测 ⋯⋯ 225
 16.3.1 桥梁施工监控的基本概念 ⋯ 225
 16.3.2 桥梁施工监控的工作内容 ⋯ 226
 16.3.3 桥梁施工监控方法 ⋯⋯⋯⋯ 227
 16.3.4 影响桥梁施工监控的因素 ⋯ 229
 16.3.5 桥梁施工监控系统 ⋯⋯⋯⋯ 230
 16.3.6 桥梁结构长期监测与健康诊断技术 ⋯⋯⋯⋯⋯⋯⋯⋯⋯ 231
思考题与习题 ⋯⋯⋯⋯⋯⋯⋯⋯ 233

第17章 钢材轧制在线检测技术 ⋯ 235

17.1 线材和圆钢直径的在线测量 ⋯ 235
 17.1.1 在线测径仪的工作原理 ⋯⋯ 235
 17.1.2 在线测径仪结构 ⋯⋯⋯⋯⋯ 236
17.2 板带材厚度的在线测量 ⋯⋯⋯ 237
 17.2.1 放射性测厚仪 ⋯⋯⋯⋯⋯⋯ 237
 17.2.2 激光测厚仪 ⋯⋯⋯⋯⋯⋯⋯ 243
 17.2.3 高频电感测厚仪 ⋯⋯⋯⋯⋯ 246
 17.2.4 超声波测厚仪 ⋯⋯⋯⋯⋯⋯ 247
 17.2.5 差动变压器接触式冷轧薄带材厚度测量仪 ⋯⋯⋯⋯⋯⋯⋯⋯ 247
17.3 板带材宽度的在线测量 ⋯⋯⋯ 248
17.4 板带材长度的在线测量 ⋯⋯⋯ 249
 17.4.1 激光测长仪的结构和原理 ⋯ 249
 17.4.2 激光测长仪的应用 ⋯⋯⋯⋯ 251
思考题与习题 ⋯⋯⋯⋯⋯⋯⋯⋯ 251

第18章 无损检测 ⋯⋯⋯⋯⋯⋯⋯ 252

18.1 超声波检测 ⋯⋯⋯⋯⋯⋯⋯ 252

18.1.1　概　述 …………………… 252
　　18.1.2　超声场的特性 ……………… 254
　　18.1.3　超声波的传播 ……………… 255
　　18.1.4　超声波在介质中的传播特性 …… 257
　　18.1.5　超声波换能器 ……………… 258
　　18.1.6　超声波检测方法 …………… 261
　　18.1.7　超声波探伤仪 ……………… 262
　　18.1.8　超声波检测应用实例 ……… 265
　18.2　涡流检测 ……………………… 266
　　18.2.1　涡流探伤的特点 …………… 267
　　18.2.2　影响涡流检测的要素 ……… 268
　18.3　激光全息无损检测 …………… 270
　　18.3.1　激光全息检测的特点与原理 …… 270
　　18.3.2　激光全息检测方法 ………… 271
　　18.3.3　激光全息检测的应用 ……… 273
　思考题与习题 ……………………… 275
第 19 章　张力的在线检测技术 ……… 276
　19.1　张力的直接检测方法 ………… 276
　　19.1.1　以带材的位置检测张力 …… 276

　　19.1.2　利用压磁式传感器检测张力 …… 277
　　19.1.3　利用压电式传感器检测张力 …… 278
　19.2　张力的间接检测方法 ………… 279
　　19.2.1　几种转矩传感器介绍 ……… 279
　　19.2.2　张力的间接检测方法 ……… 280
　19.3　张力控制的基本方法 ………… 281
　　19.3.1　直接张力闭环控制 ………… 281
　　19.3.2　张力的扰动补偿控制 ……… 282
　　19.3.3　复合控制 …………………… 282
　　19.3.4　张力控制的几种方案 ……… 282
　19.4　典型举例 ……………………… 283
　思考题与习题 ……………………… 284

附　录 ………………………………… 285
　附录 A　基本常数 ………………… 285
　附录 B　国际制词冠 ……………… 285
　附录 C　国际单位制(SI)的主要单位 …… 286

参考文献 ……………………………… 291

第 1 章 绪 论

1.1 检测的作用与功能

检测是含义更广的测量。测量、测试、检测具有相近的含义,在不强调它们之间细微差别的一般工程技术应用领域中,它们可以相互替代。

测量是一个基本概念,通常可定义为"以确定被测量值为目的的一组操作",是"利用各种装置对可观测量(或称被测参数)进行定性和定量的过程"。

测试是测量与试验(实验)的简称。试验是在真实情况或模拟条件下对研究对象的特性进行测量和度量的研究过程。

检测包含有测量、检验的意义,也有对被测对象有用信号检出的含义。检验常常仅需要分辨出参数量值所属的某一范围带,以此来判别被测参数合格与否或具有某一特征现象的有、无等。

总之,检测的基本任务是获取信息。检测技术是信息科学的重要分支。

检测总是需要一定的测试设备,而检测系统是把被测参数自动转换成具有可直接观测的指示值或等效信息的测试设备,其中关键部件是传感器。传感器是由敏感元件直接感受被测量,并把被测量转变为可用电量(电信号)的一套完整的测量装置。因此,传感器是检测技术的重要支撑技术之一。

人类的日常生活、生产活动和科学实验都离不开检测技术。从本质上说,检测的功能是人们感觉器官(眼、耳、鼻、舌、身)所生产的视觉、听觉、嗅觉、味觉、触觉的延伸和替代。

1.2 检测的分类

检测的目的就是反映、揭示客观世界存在的各种运动状态的规律。检测过程、检测技术涉及到的内容非常丰富。因此对检测的分类也有许多种,这里仅列出最常用的几种。

1.2.1 电量与非电量电测技术

从对被测的信号来分类,可分为电量与非电量电测技术两大类。

非电量的检测比电量检测要复杂得多、困难得多。目前主流方向是非电量的电测技术,即通过各种传感器把非电量变换成电信号输出,再用电测的方法检测出反映非电量的电量信号。这种方法的优点是:不同的被测非电量变换成电量后,可用相同的仪器仪表实现检测;变换成电量后便于远距离传输和远距离控制与操作;进而有利于与计算机接口,从而实现对检测结果的进一步分析与处理。

1.2.2 检测原理的分类

按检测原理,可以分为物性型和结构型两大类。为了将非电量转变为电量,可以依赖各种物理的、化学的、生物的原理和有关的功能材料的特性来实现。常用的物性型检测原理有:电磁法、光电法、微波法、超声法、核辐射法和某些半导体效应以及电化学分析、色谱分析与质谱分析等方法。而结构型检测原理以结构(如形状、尺寸等)为基础,利用某些物理规律来感受被测量,并将其转换为电信号。

1.2.3 检测方法的分类

为了实现对各种被测量的检测,从不同角度,在检测上有多种分类方法。例如根据在测量过程中是否对被测对象施加能量而分为有源式和无源式,也称主动式和被动式;根据在测量过程中是否直接接触被测对象而分为接触式和非接触式;根据在测量过程中是否直接得到被测量而分为直接法和间接法;根据在测量过程中被测量与单位的比较方式而分为平衡法(零值法)与不平衡法(偏差法)以及替代法与计算法;根据在测量过程中被测量的变化快慢而分为静态检测法与动态检测法,等等。

1.3 检测系统

1.3.1 检测系统的组成

基于检测的作用与功能,检测系统的首要环节就是获取原始被测量的传感器或有关的敏感元件,实现一次变换。考虑到它们的敏感、变换原理或特性的限制以及外界影响,一次变换后的信号通常满足不了测量与控制的要求。因此总要经过一些中间环节进行处理,实现信号放大、阻抗匹配、干扰抑制、滤波等功能。这样可以按照一定的规律或方式构成开环或闭环检测系统。

图 1.3.1 为开环检测系统示意图。x 为被测量,即系统的输入量;y 为系统的输出量;K_1,K_n 分别为一次敏感环节 T 和显示环节 D 的灵敏度;$K_2 \sim K_{n-1}$ 为中间环节的灵敏度,于是系统的输入、输出特性可以描述为

$$y = \prod_{i=1}^{n} K_i x = K_T x \tag{1.3.1}$$

式中 K_T——检测系统的灵敏度,$K_T = \prod_{i=1}^{n} K_i$。

开环检测系统结构简单、易于实现、可靠性较高。但由式(1.3.1)可知:开环检测系统各环节的误差以及由它们引入的干扰都将直接影响检测结果,因此对每一个环节的准确度和抗干扰能力都要求较高。为此,发展了闭环检测系统。

图 1.3.2 为典型的闭环检测系统,其中(a)为有差检测系统结构示意图,(b)为无差检测系统结构示意图。图中 K_1,β,K_2 分别为一次敏感环节 T、反馈环节 B 和信号正向通道 A 的灵敏度。通常有差系统有显示环节 D,而无差系统有具有记忆功能的元件,如伺服电机、继电器、

双稳态触发器或保持电路等构成保持环节 R，它既起显示作用，又可以使反馈量与输入量之间的偏差 $\Delta F=F_x-F_y$ 达到零，实现无差。

图 1.3.1　开环检测系统示意图

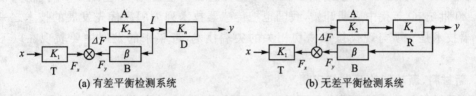

(a) 有差平衡检测系统　　　　　　　(b) 无差平衡检测系统

图 1.3.2　闭环检测系统示意图

1.3.2　检测系统的分类

检测系统可以按多种方式进行分类。按信号传输方式可以分为：开环检测系统、闭环有差检测系统、闭环误差检测系统；按实现方式可以分为：手动检测系统、自动检测系统；按应用场合可以分为：生产过程现场用检测系统和科学试验用检测系统。

1.3.3　对检测系统的要求

检测任务不同，对检测系统的要求也不一样，但在设计、综合和配置检测系统时，应考虑以下要求。

1) 性能稳定：即系统的各个环节具有时间稳定性。

2) 精度符合要求：精度主要取决于传感器、信号调节采集器等模拟变换部件。

3) 有足够的动态响应：现代检测中，高频信号成分迅速增加，要求系统必须具有足够的动态响应能力。

4) 具有实时和事后数据处理能力：能在试验过程中处理数据，便于现场实时观察分析，及时判断试验对象的状态和性能。实时数据处理的目的是确保试验安全、加速试验进程和缩短试验周期。系统还必须有事后处理能力，待试验结束后能对全部数据做完整、详尽的分析。

5) 具有开放性和兼容性：主要表现为检测设备的标准化。计算机和操作系统具有良好的开放性和兼容性，可以根据需要扩展系统硬件和软件，便于使用和维护。

1.4　检测系统的发展

当今，检测技术在科学试验、生产实践中发挥着日益重要的作用。基于检测系统的组成，这里重点介绍传感器技术与检测方法的发展趋势。

1.4.1　传感器技术的发展

近年来迅速发展起来的现代信息技术的三大技术基础是信息的获取、信息的传输和信息的分析处理。也就是传感器技术、通信技术和计算机技术，它们分别构成了信息技术系统的

"感官"、"神经"和"大脑"。20世纪70年代以来,由于微电子技术的大力发展与进步,极大地促进了通信技术与计算机技术的快速发展,相对而言,传感器技术发展却十分缓慢,被称为技术发展的瓶颈。这种发展不协调的状况以及由此带来的负面影响在近几年科学技术的大发展过程中表现得尤为突出,制约了现代信息技术的整体发展与进步。因此,许多国家都把传感器技术列为重点发展的关键技术之一。美国曾把20世纪80年代看成是传感器技术时代,并列为20世纪90年代22项关键技术之一;日本把传感器技术列为20世纪80年代十大技术之首。从20世纪80年代中后期开始,我国也把传感器技术列为国家优先发展的技术之一。可见传感器技术是一项与现代技术密切相关的尖端技术,近年来的发展主要表现在以下几个方面。

1. 新材料、新功能的开发与应用

传感器材料是传感器技术的重要基础,选择恰当的材料来制作传感器至关重要,而且要求所使用的材料具有优良的机械特性,不能有缺陷。在传感器技术领域,所应用的新型材料主要有以下各类。

1) 半导体硅材料包括单晶硅、多晶硅、非晶硅、硅蓝宝石等。硅具有相互兼容的优良的电学特性和机械特性,因此,采用硅材料研制各种类型的硅微结构传感器。

2) 石英晶体材料包括压电石英晶体和熔凝石英晶体(又称石英玻璃),具有极高的机械品质因数和非常好的温度稳定性,同时,天然的石英晶体还具有良好的压电特性,因此,采用石英晶体材料研制各种微小型化的高精密传感器。

3) 功能陶瓷材料目前已经能够按着人为的设计配方,制造出所要求性能的功能材料。特别是对于气体传感器,用不同配方混合的原料,在精密调制化学成分的基础上,经高精度成型烧结而成为对某一种或某几种气体进行识别的功能识别陶瓷,用以制成新型气体传感器。

此外,一些化合物半导体材料、复合材料、薄膜材料、形状记忆合金材料等,在传感器技术中得到了成功的应用。

2. 微机械加工工艺的发展

传感器有逐渐小型化、微型化的趋势,这些为传感器的应用带来了许多方便。以 IC 制造技术发展起来的微机械加工工艺可使被加工的敏感结构的尺寸达到微米、亚微米级,并可以批量生产,从而制造出既微型化,又便宜的传感器。微机械加工工艺主要包括:

1) 平面电子加工工艺技术,如光刻、扩散、沉积、氧化、溅射等;

2) 选择性的三维刻蚀工艺技术、各向异性腐蚀技术、外延技术、牺牲层技术、LIGA 技术(X 射线深层光刻、电铸成型、注塑工艺的组合)等;

3) 固相键合工艺技术,如 Si-Si 键合,实现硅一体化结构;

4) 机械切割技术将每个芯片用分离切断技术分割开来,以避免损伤和残余应力;

5) 整体封装工艺技术将传感器芯片封装于一个合适的腔体内,隔离外界干扰对传感器芯片的影响,使传感器工作在较理想的状态。

3. 传感器的多功能化发展

常规的传感器多测量单个参数,近年来,出现了利用一个传感器实现多参数测量的多功能传感器。如一种同时检测 Na^+、K^+ 和 H^+ 离子的传感器,可检测血液中的纳、钾和氢离子的浓度,对诊断心血管疾患非常有意义。该传感器的尺寸为 $(2.5×0.5×0.5)$ mm^3,可直接用导管送到心脏内进行检测。

4. 传感器的智能化发展

随着微处理器技术的进步,传感器技术正在向智能化方向发展,这也是信息技术发展的必然趋势。所谓智能化传感器就是将传感器获取信息的基本功能与专用的微处理器的信息分析、处理功能紧密结合在一起,并具有诊断、数字双向通信等新功能的传感器。由于微处理器具有强大的计算与逻辑判断功能,故可以方便地对数据进行滤波、变换、校正补偿、存储记忆与输出标准化(甚至是具有标准通信协议的总线式输出模式)等;同时实现必要的自诊断、自检测、自校验以及通信与控制等功能。

5. 传感器模型及其仿真技术

针对传感器技术的上述发展特点,传感器技术充分体现了其综合性。涉及到敏感元件输入输出特性规律的参数,影响传感器输入输出特性的不同环节的参数越来越多。因此,分析、研究传感器的特性,设计、研制传感器的过程,甚至在选用、对比传感器时,都要对传感器的工作机理进行有针对性的建立模型和深入细致的模拟计算。

总之,有理由相信:传感器技术的大力发展与进步,必将为检测技术领域的新发展、新进步带来新的动力与活力。

1.4.2 检测方法的发展

近年来检测方法的发展相当快,主要体现在以下几个方面。

1. 主动检测法

为了充分掌握被测对象内在的运动特征,对被测对象施加有针对性的激励信号,通过深入分析所得到的响应,实现获取有用信号的目的。

2. 非接触法检测法

基于光电、超声、微波与射线等技术,实现非接触检测。非接触检测的最大特点是检测过程尽可能简单或不与被测对象进行能量交换,从而不干扰被测对象自身的运动状态。

3. 非电信号的检测

为了提高检测过程的抗干扰能力、保密程度与防爆能力,充分利用非电量测量方法,例如采用光纤技术,特殊功能材料的物理特性,可以充分利用非电信号的检测优点。

4. 多功能检测

基于多功能传感器技术,实现单只传感器多参数的测量,从而带动与促进多功能检测方法的发展。

5. 自动检测技术

基于计算机技术的快速发展,在传感器技术智能化、集成化、接口技术与总线技术等的配合下,充分发挥计算机信息处理的强大功能,实现自动检测技术。完成对大型、复杂对象的多路与多参数的检测;或者实现系统的快速巡回检测、实时检测与同步检测;同时实现大量数据的存储、传输、分析与处理等功能。

总之,今后的检测系统将采用标准化的模块设计,大量采用光导纤维作为传输总线,并用多路复用技术同时传输测试数据、图像和语音,向着多功能、大信息量、高度综合化和自动化的方向发展。

1.5 本教材的主要内容与特点

本教材较系统地介绍检测技术涵盖的主要基本内容,包括相关的基础知识、传感器技术和典型的参数检测与测试系统。

在基础知识部分,简要介绍检测系统静、动态特性的描述与数据处理以及检测系统的噪声及其减小的方法。此外,简要介绍在传感器中应用的典型弹性体的位移特性、应变特性、应力特性以及振动特性等。

在传感器技术部分,重点介绍变电阻式传感器、变电容式传感器、变磁路式传感器、压电式传感器、谐振式传感器以及近年来快速发展起来的微机械传感器等。针对每一种具体的传感器,简要介绍其敏感机理、误差补偿、应用特点与信号转换电路等。

在典型的参数检测与测试系统部分,重点介绍航空大气数据测量系统、现代汽车微机测控系统、环境监测技术中的空气监测与噪声监测、桥梁监测技术、轧制过程中的在线检测技术、无损检测技术、张力测控系统等。

总之,本教材的特点就是通过对以各种传感器为核心的典型检测系统的介绍,使读者能够基本了解、掌握在主要工业领域中应用的一些典型的检测系统的结构组成、系统实现、关键技术等重要内容。

思考题与习题

1.1 简述测量的重要性。
1.2 简要说明检测的分类。
1.3 从检测系统的构成,分析说明传感器是检测系统中的关键部分。
1.4 简述检测系统的分类。
1.5 简要说明开环检测系统的主要组成部分,试以一具体的检测系统进行说明。
1.6 简述传感器技术的发展。
1.7 简要说明检测方法的发展趋势。
1.8 某如图 1.3.1 所示的加速度检测系统,前端采用的压电式敏感元件的测量灵敏度为:$K_1 = 12 \text{ pC} \cdot \text{m}^{-1} \cdot \text{s}^2$,第二级电荷放大器的灵敏度为 $K_2 = 50 \text{ }\mu\text{V} \cdot \text{pC}^{-1}$,电荷放大器后接有一灵敏度为 100 的显示环节 D,试计算检测系统的灵敏度 K_T ($\text{V} \cdot \text{m}^{-1} \cdot \text{s}^2$)。
1.9 1.8 题中,若被测加速度为 $50 \text{ m} \cdot \text{s}^{-2}$,试计算检测系统输出显示值。

第 2 章 检测系统的静态特性

2.1 检测系统静态特性的一般描述

检测系统的静态特性就是指,当被测量 x 不随时间变化或随时间的变化程度远缓慢于检测系统固有的最低阶运动模式的变化程度时,检测系统的输出量 y 与输入量 x 之间的函数关系。通常可以描述为

$$y = f(x) = \sum_{i=0}^{n} a_i x^i \tag{2.1.1}$$

式中 a_i——检测系统的标定系数,反映了检测系统静态特性曲线的形态。

当式(2.1.1)写成

$$y = a_0 + a_1 x \tag{2.1.2}$$

时,检测系统的静态特性为一条直线,称 a_0 为零位输出,a_1 为静态传递系数(或静态增益)。通常检测系统的零位是可以补偿的,使检测系统的静态特性变为

$$y = a_1 x \tag{2.1.3}$$

这时称检测系统为线性的。

2.2 检测系统的误差

2.2.1 误差的描述

描述事物状态及其变化过程的被测参数在客观上存在一个真实的值,简称被测量的真值,记为 x_t;对其测量就是将它作用于检测系统上,并以检测系统的输出值 y_t(或称响应值、实测值、指示值等)来表示被测真值的大小。因此,对检测系统的根本要求就是希望通过它能够无失真地给出被测量的大小。而实际检测系统,由于其实现结构及参数、测量原理、测试方法的不完善,或由于使用环节条件的变化,致使检测系统给出的输出值 y_a 不等于无失真输出值 y_t。通常定义它们之间产生的差值为测试误差,即

$$\Delta y = y_a - y_t \tag{2.2.1}$$

检测系统在测量过程中产生的测试误差的大小是衡量检测系统、测试技术水平的重要技术指标之一。

2.2.2 误差产生的原因

误差产生的原因主要有:原理误差、构造误差、设备误差、环境误差和人员误差。

1) 原理误差　又称方法误差，是由于测量某参数时所依据的理论或测量原理或测量方法不完善所引起的误差。例如理论公式推导过程中的近似假设或忽略；测量时忽略了某些因素的影响而进行了近似测量；测量装置对被测参数的干扰等。

2) 构造误差　由于检测系统的构造、材料、制造、装配、调整工艺等方面的不完善所引起的误差。

3) 设备误差　由于测量所使用的仪器、设备等本身不完善，或使用前调整不当所引起的误差。

4) 环境误差　由于外界环境条件，如环境温度、湿度、大气压的改变以及环境干扰振动的产生引起的误差。

5) 人员误差　由于测量人员生理的局限性及习惯性所造成的误差。它虽因人而异，但对同一人同一条件下却有一定的规律性。

2.2.3　误差的分类

误差问题在科学研究、工程实践以及日常生活等领域得到了人们的普遍关心与研究，但由于目的不同，关心与研究的角度以及分类方法也不尽相同。按 2.2.2 节产生误差的原因可以分为：原理误差、构造误差、设备误差、环境误差和人员误差；按误差的表达形式可分为绝对误差和相对误差；按被测量随时间变化的程度分为静态误差、动态误差；按误差出现的规律可以分为系统误差、随机误差、过失误差；按使用条件的满足程度可以分为基本误差、附加误差；按误差与被测量的关系可以分为定值误差、累计量误差和整量化误差。

1. 绝对误差与相对误差

绝对误差　检测系统的绝对误差是指被测参数的给出值 y_a 与相应的真值 y_t 之间的差，如式(2.2.1)。

检测系统的给出值是指包括其输出值、指示值或利用有关模型计算得到的近似值；真值则是指无失真检测系统对被测参数进行测量时，它所应具有的输出值。

在实际测量中，由检测系统得到的是实际的输出值 y_a，而不是所希望得到的真值 y_t。如果想知道真值 y_t 的大小，就不仅需要知道检测系统的实际输出值 y_a，还应知道其误差 Δy，于是由式(2.2.1)得

$$y_t = y_a - \Delta y \tag{2.2.2}$$

习惯上，常把与绝对误差大小相等、符号相反的量称为"修正量"，以 Δy_c 表示，则有

$$\Delta y_c = -\Delta y = y_t - y_a \tag{2.2.3}$$

于是可得

$$y_t = y_a + \Delta y_c \tag{2.2.4}$$

为了便于获得各种主要被测参数的真值，统一计量标准，各国标准计量局和国际有关机构都设立了各种实物基准和标准器，并指定以它们的数值作为相应被测参数的近似真值，还规定一切检测系统的实测值均分别与其比较，以确定其误差。这种确定检测系统误差的过程称为标定或校准。

相对误差　测试技术中将绝对误差与同量纲的约定值的百分比称为"相对误差"，根据所取约定值的不同，可分别定义。

标称相对误差:
$$\xi_s = \frac{\Delta y}{y_t} \times 100\% \tag{2.2.5}$$

实际相对误差:
$$\xi_a = \frac{\Delta y}{y_a} \times 100\% \tag{2.2.6}$$

额定相对误差:
$$\xi_{ra} = \frac{\Delta y}{y_{max} - y_{min}} \times 100\% \tag{2.2.7}$$

最大额定相对误差:
$$\xi_{max} = \frac{\Delta y_{max}}{y_{max} - y_{min}} \times 100\% \tag{2.2.8}$$

测量工程中,常用最大额定相对误差 ξ_{max} 来表示具有线性特性的仪器仪表或检测系统的精度等级。例如某仪器的精度为 0.1 级,则表明该仪器的最大额定相对误差为

$$\xi_{max} = \frac{\Delta y_{max}}{y_{max} - y_{min}} \times 100\% = 0.1\% \tag{2.2.9}$$

由于 $y_a \gg \Delta y$,且有 $y_t \approx y_a$,因此标称相对误差与实际相对误差之间的差别不大,在实际使用时可以不加以区别,可相互替代。

2. 静态误差和动态误差

静态误差 在测量过程中,被测量不随时间变化或输出达到稳态值时所测得的误差。

动态误差 在测量过程中,被测量随时间变化时所产生的附加误差称为动态误差。一般的测试过程,由于敏感元件或检测系统对变化的被测量的响应总有延迟、滞后;同时输入被测量的不同频率成分通过检测系统时受到不同的衰减和延迟。这些都会引起动态测量误差。为了进一步明确动态误差,通常将动态测试中产生的误差与静态测试中产生的误差之差称为动态误差。

3. 系统误差、随机误差与过失误差

系统误差 在测量过程中,如果测量误差保持不变,或按一定规律变化,则称这类误差为"系统误差"或称"确定性误差"。按误差值表现特点,可将其分为"恒值误差"和"变值误差"。恒值误差的数值大小和符号在整个测量过程中均保持不变。变值误差可按其误差数值及符号的变化规律分为线性误差、周期性误差和按复杂规律变化的误差。

系统误差一般是有规律性的,原则上可以修正或消除。在测量中,系统误差的大小表明测量结果偏离真值的程度,系统误差越小,说明测量结果越准确。

随机误差 又称偶然误差。在相同的条件下对同一参数进行多次重复测量时,所得各次测量值的误差,其大小和符号各不相同,且变化无确定性规律,但其平均值却随着测量次数的增加而趋于零。这种误差称为"随机误差"或"偶然误差"。

产生随机误差的原因与产生系统误差的原因相同,只是由于变化因素太多,对测量影响太复杂,以致人们尚未完全认识,并未掌握其变化规律。

对于任何一次测量,其随机误差总是不可避免的,也无一定规律可循。但若在相同条件下

对同一参数进行多次重复测量所出现的随机误差,就其总体来说,却服从于一定的统计规律,可以用概率统计的方法计算出它对测量结果的影响。随机误差决定了检测系统的精密度,随机误差越小,测量结果的精密度越高。

系统误差与随机误差之间并不存在不可逾越的鸿沟。随着人们对误差来源及其变化规律的认识的深化,就有可能把以往认识不到而归于随机误差的某些误差明确为系统误差,即在认识不足时,就可能把系统误差当成随机误差。

过失误差 又称粗大误差。这是由于测量过程中,测量者在操作、读数、记录、计算等过程中粗心大意所造成的一次性较大的误差。这类误差在合理判断后,应予以舍弃。

4. 基本误差和附加误差

基本误差 也称固有误差,是仪器仪表在标准条件下使用时所产生的误差称为基本误差。

附加误差 仪器仪表使用时,实际使用条件偏离标准条件而使误差大于基本误差,其超过的部分即为附加误差。

5. 定值误差、累计量误差和整量化误差

定值误差 又称相加误差,即误差 Δx 对于被测量 x 来说是一个定值,不随 x 而变化,典型的如仪表指针不指零,因此也称为零位误差。它属于系统误差。但对于仪表可动部分的摩擦、传动部件的间隙、执行器的起动电压等则属于随机误差。

累计量误差 又称相乘误差,整个量程内误差 Δx 随被测量 x 成比例的变化。

整量化误差 即量化误差,这是一种特殊形式的误差,产生于将连续信号转化为离散信号整量化过程中,产生的误差 Δy 在 $-\Delta y_m \sim +\Delta y_m$ 之间。其中 Δy_m 是一个量化单位 r 的一半。例如 8 位 A/D 变换器,其量化单位为 $1/2^8$,故产生的最大量化误差为 $\Delta y_m = 1/2^9$。

2.2.4 确定测量误差的基本方法

测量过程必然产生误差,如何确定误差的种类可以采用不同的方法,一般需要根据被测对象、测量过程以及具体的使用情况,综合采用数学的、物理的或实验的方法来确定。通常有以下两种方法。

1) 逐项分析法 对测量过程中可能产生的误差进行分析,逐项计算其值,并对其中主要的项目按照误差性质进行相应的综合处理。

这种做法能够反映出各种误差成分在总误差中的比例,因而可以获得产生误差的主要根源,并依此采用减小误差的措施。

这种方法主要用于评估拟定的测量方案、研究新的测量方法、设计新的测量装置和系统。

2) 实验统计法 应用数理统计的方法对实际条件下所获得的测量数据进行分析处理,确定其可靠的测量结果和估算其测量误差的极限。

由于这种方法根据实际测量数据分析而来,因此反映的是各种因素的综合作用结果,反映不了定值系统误差。

这种方法主要用于一般测量过程中和对所采用的测量方法、测量仪器仪表的实际精度进行估算和校验。

实际应用时这两种方法应当综合应用,相互补充,相互验证。

2.3 检测系统的静态标定

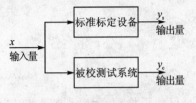

图 2.3.1 检测系统的静态标定

检测系统的静态特性是通过静态标定(Calibration)或静态校准的过程获得的。

静态标定就是在一定的标准条件下,利用一定等级的标定设备对检测系统进行多次往复测试的过程,如图 2.3.1 所示。实际进行标定时,输入量的"真实值"由标准标定设备确定。

2.3.1 静态标定条件

静态标定的标准条件主要反映在标定的环境、所用的标定设备和标定的过程上。

1. 对标定环境的要求

1) 无加速度、无振动、无冲击;
2) 温度在 15~25 ℃;
3) 相对湿度小于 85 %RH;
4) 大气压力为 0.1 MPa。

2. 对所用标定设备的要求

当标定设备和被标定的检测系统的确定性系统误差较小或可以补偿,而只考虑它们的随机误差时,应满足如下条件

$$\sigma_s \leqslant \frac{1}{3}\sigma_m \tag{2.3.1}$$

式中　σ_s——标定设备的随机误差;
　　　σ_m——被标定的检测系统的随机误差。

如果标定设备和被标定的检测系统的随机误差比较小,只考虑它们的系统误差时,应满足如下条件:

$$\varepsilon_s \leqslant \frac{1}{10}\varepsilon_m \tag{2.3.2}$$

式中　ε_s——标定设备的系统误差;
　　　ε_m——被标定的检测系统的系统误差。

3. 标定过程的要求

在上述条件下,在标定的范围内(即被测量的输入范围),选择 n 个测量点 $x_i, i=1,2,\cdots,n$;共进行 m 个循环,于是可以得到 $2mn$ 个测试数据。

正行程的第 j 个循环,第 i 个测点为 (x_i, y_{uij});
反行程的第 j 个循环,第 i 个测点为 (x_i, y_{dij})。
$j=1,2,\cdots,m$,为循环数。

应当指出:n 个测点 x_i 通常是等分的,根据实际需要也可以是不等分的。同时第一个测点 x_1 就是被测量的最小值 $x_{\min}$,第 n 个测点 x_n 就是被测量的最大值 $x_{\max}$。

2.3.2 检测系统的静态特性

基于上述标定过程,得到了 $2mn$ 个数据对:(x_i, y_{uij}),(x_i, y_{dij}),对其进行处理便可以得到检测系统的静态特性。

对于第 i 个测点,基于上述标定值,所对应的平均输出为

$$\bar{y}_i = \frac{1}{2m}\sum_{j=1}^{m}(y_{uij} + y_{dij}), \quad i = 1, 2, \cdots, n \tag{2.3.3}$$

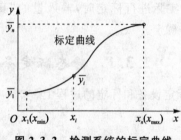

图 2.3.2 检测系统的标定曲线

通过式(2.3.3)得到了检测系统 n 个测点对应的输入输出关系 $(x_i, \bar{y}_i)(i=1,2,\cdots,n)$,这就是检测系统的静态特性。在具体表述形式上,可以将 n 个 $(x_i, \bar{y}_i)$ 用有关方法拟合成曲线来表述,如图2.3.2所示,也可以用表格、图来表述。对于计算机检测系统,一般直接利用上述 n 个离散的点进行分段(线性)插值来表述检测系统的静态特性。

2.4 检测系统的主要静态性能指标及其计算

2.4.1 测量范围

检测系统所能测量到的最小被测量(输入量) $x_{\min}$ 与最大被测量(输入量) $x_{\max}$ 之间的范围称为检测系统的测量范围(measuring range),即 $(x_{\min}, x_{\max})$。

2.4.2 量 程

检测系统测量范围的上限值 $x_{\max}$ 与下限值 $x_{\min}$ 的代数差 $x_{\max} - x_{\min}$ 称为量程(span)。

例如一温度检测系统的测量范围是 $-60 \sim +125$ ℃,那么该检测系统的量程为 185 ℃。

2.4.3 静态灵敏度

检测系统被测量的单位变化量引起的输出变化量称为静态灵敏度(sensitivity),如图2.4.1所示。

$$S = \lim_{\Delta x \to 0}\left(\frac{\Delta y}{\Delta x}\right) = \frac{\mathrm{d}y}{\mathrm{d}x}$$

某一测点处的静态灵敏度是其静态特性曲线的斜率。线性检测系统的静态灵敏度为常数;非线性检测系统的静态灵敏度是个变量。

静态灵敏度是重要的性能指标,可以根据检测系统的测量范围、抗干扰能力等进行选择。特别是对于检测系统中的敏感元件,其灵敏度的选择尤为关键。

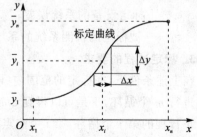

图 2.4.1 检测系统的静态灵敏度

在优选敏感元件的结构及其参数时,就要使敏感元件的输出对被测量的灵敏度尽可能地大,而对于干扰量的灵敏度尽可能地小。

2.4.4 分辨力与分辨率

检测系统的输入/输出关系在整个测量范围内不可能做到处处连续。输入量变化太小时,输出量不会发生变化,而当输入量变化到一定程度时,输出量才发生变化。因此,从微观来看,实际检测系统的输入/输出特性有许多微小的起伏,如图 2.4.2 所示。

对于实际标定过程的第 i 个测点 x_i,当有 $\Delta x_{i,\min}$ 变化时,输出就有可观测到的变化,那么 $\Delta x_{i,\max}$ 就是该测点处的分辨力(resolution),对应的分辨率为

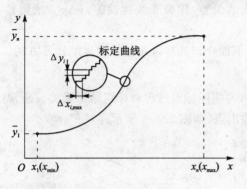

图 2.4.2 分辨力

$$r_i = \frac{\Delta x_{i,\min}}{x_{\max} - x_{\min}} \tag{2.4.2}$$

显然各测点处的分辨力是不一样的。在全部工作范围内,都能够产生可观测输出变化的最小输入量的最大值 $\max|\Delta x_{i,\max}|(i=1,2,\cdots,n)$ 就是该检测系统的分辨力,而检测系统的分辨率为

$$r = \frac{\max|\Delta x_{i,\min}|}{x_{\max} - x_{\min}} \tag{2.4.3}$$

分辨力反映了检测系统检测输入微小变化的能力,对正反行程都是适用的。造成检测系统具有有限分辨力的因素很多,例如机械运动部件的干摩擦和卡塞等、电路系统中的储能元件、A/D 变换器的位数等。

此外,检测系统在最小(起始)测点处的分辨力通常称为阈值(threshold)或死区(dead band)等。

2.4.5 漂 移

当检测系统的输入和环境温度不变时,输出量随时间变化的现象就是漂移(drift),又称时漂。它反映了检测系统的稳定性指标。通常考察检测系统时漂的时间范围可以是一个小时、一天、一个月、半年或一年等。

2.4.6 温 漂

由外界环境温度变化引起的输出量变化的现象称为温漂(temperature drift)。分为零点漂移(zero drift)和灵敏度漂移(sensitivity drift)或刻度系数漂移(scale factor drift)。

2.4.7 线性度

由式(2.1.2)描述的检测系统的静态特性是一条直线。但实际上,由于种种原因检测系统实测的输入输出关系并不是一条直线,描述检测系统实际的静态特性校准特性曲线与某一参考直线不吻合程度的最大值就是线性度(linearity),如图 2.4.3 所示。计算公式为

$$\xi_L = \frac{|(\Delta y_L)_{max}|}{y_{FS}} \times 100\% \tag{2.4.4}$$

$$(\Delta y_L)_{max} = \max |\Delta y_{i,L}|, \quad i = 1,2,\cdots,n$$

$$\Delta y_{i,L} = \bar{y}_i - y_i$$

式中 y_{FS}——满量程输出,$y_{FS} = |B(x_{max} - x_{min})|$;$B$ 为所选定的参考直线的斜率。$\Delta y_{i,L}$ 是第 i 个校准点平均输出值与所选定的参考直线的偏差,称为非线性偏差;$(\Delta y_L)_{max}$ 则是 n 个测点中的最大偏差。

选取不同的参考直线,将得到不同的线性度。下面介绍几种常用的线性度的计算方法。

1. 绝对线性度 ξ_{La}

又称理论线性度,其参考直线是事先规定好的,与实际标定过程和标定结果无关。通常这条参考直线过坐标原点 (O,O) 和所期望的满量程输出点,如图 2.4.4 所示。

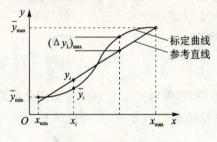

图 2.4.3 线性度

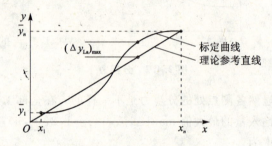

图 2.4.4 理论参考直线

2. 端基线性度 ξ_{Lt}

参考直线是标定过程获得的两个端点 $(x_1, \bar{y}_1)$,$(x_n, \bar{y}_n)$ 的连线,如图 2.4.5 所示。端基直线为

$$y = \bar{y}_1 + \frac{\bar{y}_n - \bar{y}_1}{x_n - x_1}(x - x_1) \tag{2.4.5}$$

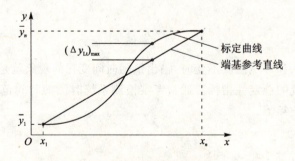

图 2.4.5 端基参考直线

端基直线只考虑了实际标定的两个端点,对于其它测点的实际分布情况并没有考虑因此实测点对上述参考直线的偏差分布,也不合理。为了尽可能减小最大偏差,可将端基直线平移,以使最大正、负偏差绝对值相等。这样就可以得到"平移端基直线",如图 2.4.6 所示。按此直线计算得到的线性度就是"平移端基线性度"。

假设上述 n 个偏差 Δy_i 的最大正偏差为 $\Delta y_{P,max} \geq 0$,最大负偏差为 $\Delta y_{N,max} \leq 0$,"平移端基直线"为

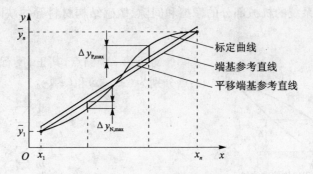

图 2.4.6 平移端基参考直线

$$y = \bar{y}_1 + \frac{\bar{y}_n - \bar{y}_1}{x_n - x_1}(x - x_1) + \frac{1}{2}(\Delta y_{P,\max} - \Delta y_{N,\max}) \tag{2.4.6}$$

n 个测点的标定值对于"平移端基直线"的最大正偏差与最大负偏差的绝对值是相等的,均为

$$\Delta y_{M\_BASE} = \frac{1}{2}(\Delta y_{P,\max} - \Delta y_{N,\max}) \tag{2.4.7}$$

于是"平移端基线性度"为

$$\xi_{L,M\_BASE} = \frac{\Delta y_{M\_BASE}}{y_{FS}} \times 100\% \tag{2.4.8}$$

3. 最小二乘线性度 ξ_{LS}

基于所得到的 n 个标定点 $(x_i, \bar{y}_i)(i=1,2,\cdots,n)$,利用偏差平方和最小来确定"最小二乘直线",可以描述为

$$y = a + bx \tag{2.4.9}$$

$$a = \frac{\sum_{i=1}^{n} x_i^2 \sum_{i=1}^{n} \bar{y}_i - \sum_{i=1}^{n} x_i \sum_{i=1}^{n} x_i \bar{y}_i}{n \sum_{i=1}^{n} x_i^2 - \left(\sum_{i=1}^{n} x_i\right)^2} \tag{2.4.10}$$

$$b = \frac{n \sum_{i=1}^{n} x_i \bar{y}_i - \sum_{i=1}^{n} x_i \sum_{i=1}^{n} \bar{y}_i}{n \sum_{i=1}^{n} x_i^2 - \left(\sum_{i=1}^{n} x_i\right)^2} \tag{2.4.11}$$

第 i 个测点的偏差为

$$\Delta y_i = \bar{y}_i - y_i = \bar{y}_i - (a + bx_i) \tag{2.4.12}$$

利用式(2.4.12)可以得到最大偏差,进一步求出最小二乘线性度。

4. 独立线性度 ξ_{Ld}

相对于"最佳直线"的线性度,又称最佳线性度。所谓最佳直线指的是,依此直线作为参考直线时,得到的最大偏差是最小的。

2.4.8 迟 滞

检测系统同一个输入量对应的正、反行程的输出不一致的一现象就是"迟滞"(hysteresis)。它是由于检测系统的机械部分的摩擦和间隙、敏感结构材料等的缺陷、磁性材料的磁滞等引起的。

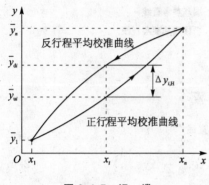

图 2.4.7 迟 滞

对于第 i 个测点,其正、反行程输出的平均校准点分别为 $(x_i, \bar{y}_{ui})$ 和 $(x_i, \bar{y}_{di})$

$$\bar{y}_{ui} = \frac{1}{m}\sum_{j=1}^{m} y_{uij} \quad (2.4.13)$$

$$\bar{y}_{di} = \frac{1}{m}\sum_{j=1}^{m} y_{dij} \quad (2.4.14)$$

第 i 个测点的正、反行程的偏差为(如图 2.4.7 所示)

$$\Delta y_{i,H} = |\bar{y}_{ui} - \bar{y}_{di}| \quad (2.4.15)$$

则迟滞指标为

$$(\Delta y_H)_{\max} = \max(\Delta y_{i,H}), \quad i = 1, 2, \cdots, n \quad (2.4.16)$$

迟滞误差为

$$\xi_H = \frac{(\Delta y_H)_{\max}}{2 y_{FS}} \times 100\% \quad (2.4.17)$$

2.4.9 重复性

同一个测点,检测系统按同一方向作全量程的多次重复测量时,每一次的输出值都不一样,其大小是随机的。为反映这一现象,引入重复性(repeatability)指标,如图 2.4.8 所示。

基于统计学的观点,将 y_{uij} 看成第 i 个测点正行程的子样,式(2.4.13)计算得到的 $\bar{y}_{ui}$ 则是第 i 个测点正行程输出值的数学期望值的估计值,可以利用极差法来计算第 i 个测点的标准偏差。

$$s_{ui} = \frac{W_{ui}}{d_m} \quad (2.4.18)$$

$$W_{ui} = \max(y_{uij}) - \min(y_{uij}), \quad j = 1, 2, \cdots, m$$

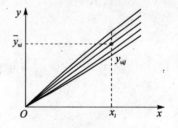

图 2.4.8 重复性

式中 W_{ui}——极差,即第 i 个测点正行程的 m 个标定值中的最大值与最小值之差;

d_m——极差系数,取决于测量循环次数,即样本容量 m。极差系数与 m 的关系见表 2.4.1 所列。类似可以得到第 i 个测点反行程的极差 W_{di} 和相应的 s_{di}。

表 2.4.1 极差系数表

m	2	3	4	5	6	7	8	9	10	11	12
d_m	1.41	1.91	2.24	2.48	2.67	2.83	2.96	3.08	3.18	3.26	3.33

s_{ui} 的物理意义是:当随机测量值 y_{uij} 可以看成是正态分布时,y_{uij} 偏离期望值 $\bar{y}_{ui}$ 的范围在 $(-s_{ui}, s_{ui})$ 之间的概率为 68.37%;在 $(-2s_{ui}, 2s_{ui})$ 之间的概率为 95.40%;在 $(-3s_{ui}, 3s_{ui})$ 之间的概率为 99.73%,如图 2.4.9 所示。

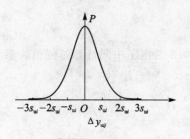

图 2.4.9 正态分布概率曲线

类似地可以给出第 i 个测点反行程的子样标准偏差 s_{di}。

对于整个测量范围,综合考虑正反行程问题,并假设正、反行程的测量过程是等精度(等精密性)的,即正行程的子样标准偏差和反行程的子样标准偏差具有相等的数学期望。这样第 i 个测点的子样标准偏差

$$s_i = \sqrt{0.5(s_{ui}^2 + s_{di}^2)} \tag{2.4.19}$$

对于全部 n 个测点,当认为是等精度测量时,整个测试过程的标准偏差

$$s = \sqrt{\frac{1}{n}\sum_{i=1}^{n}s_i^2} = \sqrt{\frac{1}{2n}\sum_{i=1}^{n}(s_{ui}^2 + s_{di}^2)} \tag{2.4.20}$$

整个测试过程的标准偏差 s 就可以描述检测系统的随机误差,则检测系统的重复性指标为

$$\xi_R = \frac{3s}{y_{FS}} \times 100\% \tag{2.4.21}$$

式中,3 为置信概率系数,$3s$ 为置信限或随机不确定度。其物理意义是:在整个测量范围内,检测系统相对于满量程输出的随机误差不超过 ξ_R 的置信概率为 99.73%。

2.4.10 综合误差

这里考虑系统误差与随机误差的综合。它反映了检测系统的实际输出在一定置信率下对其参考特性的偏离程度都不超过的一个范围。目前计算综合误差的方法尚不统一。下面以线性检测系统为例简要介绍几种方法。

1. 综合考虑非线性、迟滞和重复性

可以采用直接代数和或方和根来表示综合误差,见式(2.4.22)和式(2.4.23)。

$$\xi_a = \xi_L + \xi_H + \xi_R \tag{2.4.22}$$

$$\xi_a = \sqrt{\xi_L^2 + \xi_H^2 + \xi_R^2} \tag{2.4.23}$$

2. 综合考虑迟滞和重复性

现在的检测系统绝大多数应用了计算机,因此可以针对校准点进行计算。将平均校准点作为参考点,这时只考虑迟滞与重复性,非线性误差可以不考虑,则可以由式(2.4.25)计算综合误差。

$$\xi_a = \xi_H + \xi_R \tag{2.4.24}$$

由于不同的参考直线将影响各分项指标的具体数值,所以在提出综合误差的同时应指出使用何种参考直线。

通常认为直接代数和表示所考虑的各个分项误差是线性相关的,而方和根则表明所考虑的各个分项误差是完全独立的。另一方面,由于非线性、迟滞或非线性迟滞误差属于系统误差,重复性属于随机误差,实际上系统误差与随机误差的最大值并不一定同时出现在相同的测点上。总之上述处理方法虽然简单,但是近似的。

2.4.11 计算实例

表 2.4.2 给出了一压力检测系统的实际标定值。表 2.4.3 给出了中间计算过程值。参考直线选为最小二乘直线

$$y = -2.5350 + 96.7125x$$

表 2.4.2 某压力检测系统标定数据

行程	输入压力 $x/10^5$ Pa	检测系统输出电压 y/mV				
		第1循环	第2循环	第3循环	第4循环	第5循环
正行程	2	190.9	191.1	191.3	191.4	191.4
	4	382.8	383.2	383.5	383.8	383.8
	6	575.8	576.1	576.6	576.9	577.0
	8	769.4	769.8	770.4	770.8	771.0
	10	963.9	964.6	965.2	965.7	966.0
反行程	10	964.4	965.1	965.7	965.7	966.1
	8	770.6	771.0	771.4	771.4	772.0
	6	577.3	577.4	578.1	578.1	578.5
	4	384.1	384.2	384.1	384.9	384.9
	2	191.6	191.6	192.0	191.9	191.9

表 2.4.3 某压力检测系统标定数据的计算处理过程

计算内容	输入压力 $x/10^5$ Pa					备注
	2	4	6	8	10	
正行程平均输出 $\bar{y}_{ui}$	191.22	383.42	576.48	770.28	965.08	
反行程平均输出 $\bar{y}_{di}$	191.80	384.56	577.88	771.28	965.40	
迟滞 $\Delta y_{i,H}$	0.58	1.14	1.40	1.00	0.32	$(\Delta y_H)_{max}=1.40$
总平均输出 $\bar{y}_i$	191.51	383.99	577.18	770.78	965.24	
最小二乘直线输出 y_i	190.89	384.32	577.74	771.17	964.59	$y_{FS}=773.70$
非线性偏差 $\Delta y_{i,L}$	0.62	−0.33	−0.56	−0.39	0.65	$(\Delta y_L)_{max}=0.65$
正行程极差 W_{ui}	0.5	1.0	1.2	1.6	2.1	
反行程极差 W_{di}	0.4	0.8	1.2	1.4	1.7	

1) 非线性(最小二乘线性度)

$$\xi_{LS} = \frac{|(\Delta y_L)_{max}|}{y_{FS}} \times 100\% = \frac{0.65}{773.70} \times 100\% = 0.084\%$$

2) 迟滞

$$\xi_H = \frac{(\Delta y_H)_{max}}{2 y_{FS}} \times 100\% = \frac{1.40}{2 \times 773.70} \times 100\% = 0.091\%$$

3) 重复性

利用式（2.4.18）可以计算出各个测点处的 s_{ui}，类似地可以计算出 s_{di}，然后利用式(2.4.19)计算出 s_i。则按式(2.4.20)计算出的标准偏差为

$$s = \sqrt{\frac{1}{n}\sum_{i=1}^{n}s_i^2} = \sqrt{\frac{1}{2n}\sum_{i=1}^{n}(s_{ui}^2+s_{di}^2)} =$$

$$\sqrt{\frac{1}{2\times5}\left[\frac{1}{2.48^2}(0.5^2+0.4^2+1.0^2+0.8^2+1.2^2+1.2^2+1.6^2+1.4^2+2.1^2+1.7^2)\right]} = 0.522$$

重复性为

$$\xi_R = \frac{3s}{y_{FS}} \times 100\% = \frac{3\times 0.522}{773.70} \times 100\% = 0.202\%$$

4) 综合误差

1) 直接代数和

$$\xi_a = \xi_L + \xi_H + \xi_R = 0.084\% + 0.091\% + 0.202\% = 0.377\%$$

2) 方和根

$$\xi_a = \sqrt{\xi_L^2 + \xi_H^2 + \xi_R^2} = \sqrt{(0.084\%)^2+(0.091\%)^2+(0.202\%)^2} = 0.237\%$$

3) 综合考虑迟滞和重复性

$$\xi_a = \xi_H + \xi_R = 0.091\% + 0.202\% = 0.293\%$$

思考题与习题

2.1 如何描述检测系统静态特性？

2.2 检测系统的误差如何描述？简述其产生的原因。

2.3 说明检测系统的误差分类。

2.4 简述确定测量误差的基本方法。

2.5 说明检测系统进行静态标定的条件。

2.6 对于一个实际检测系统，如何获得它的静态特性？怎样评价其静态性能指标？

2.7 检测系统静态校准的条件是什么？

2.8 在计算检测系统的综合误差时，说明式(2.4.22)、式(2.4.23)式(2.4.24)的意义。

2.9 试求题表2.1所列一组数据的有关线性度：

(1) 理论（绝对）线性度，给定方程为 $y=5.0x$；

(2) 端基线性度；

(3) 平移端基线性度；

(4) 最小二乘线性度。

题表 2.1 输入输出数据表

x	1	2	3	4	5	6
y	5.05	10.00	14.95	19.80	25.30	30.13

2.10 试计算某压力检测系统的迟滞误差和重复性误差，工作特性选端基直线。一组标定数据如题表2.2所列。

题表 2.2　某压力检测系统的一组标定数据

行程	输入压力 $x/10^5\text{Pa}$	输出电压 y/mV		
		第 1 循环	第 2 循环	第 3 循环
正行程	2.0	190.9	191.1	191.3
	4.0	382.8	383.2	383.5
	6.0	575.8	576.1	576.6
	8.0	769.4	769.8	770.4
	10.0	963.9	964.6	965.2
反行程	10.0	964.4	965.1	965.7
	8.0	770.6	771.0	771.4
	6.0	577.3	577.4	578.1
	4.0	384.1	384.2	384.7
	2.0	191.6	191.6	192.0

第 3 章
检测系统的动态特性

3.1 检测系统动态特性方程

实际测试中,被测量 $x(t)$ 处于变化过程中,因此,检测系统的输出 $y(t)$ 也是变化的。检测系统的任务就是通过其输出 $y(t)$ 来获取、评估输入被测量 $x(t)$。这就要求输出 $y(t)$ 能够实时地、无失真地跟踪被测量 $x(t)$ 的变化过程,因此就必须要研究检测系统的动态特性。

检测系统的动态特性反映了检测系统在动态测量过程中的特性。在动态测量过程中,描述系统的一些特征量随时间而变化,而且随时间的变化程度与系统固有的最低阶运动模式的变化程度相比不是缓慢的变化过程。

检测系统动态特性方程就是指在动态测量时,检测系统的输出量与输入被测量之间随时间变化的函数关系。它依赖于检测系统本身的测量原理、结构,取决于系统内部机械的、电气的、磁性的、光学的等各种参数,而且这个特性本身不随输入量、时间和环境条件的不同而变化。为了便于分析、讨论问题,本书只针对线性检测系统来讨论。

3.1.1 微分方程

对于线性检测系统,利用其测试原理、结构和参数,可以建立输入输出的微分方程。典型检测系统的微分方程如下。

1. 零阶检测系统

$$a_0 y(t) = b_0 x(t) \tag{3.1.1}$$
$$y(t) = k x(t)$$

式中 $x(t)$——检测系统的输入量(被测量);

$y(t)$——检测系统的输出量;

k——检测系统的静态灵敏度,或静态增益,$k = \dfrac{b_0}{a_0}$。

2. 一阶检测系统

$$a_1 \frac{\mathrm{d}y(t)}{\mathrm{d}t} + a_0 y(t) = b_0 x(t) \tag{3.1.2}$$

$$T \frac{\mathrm{d}y(t)}{\mathrm{d}t} + y(t) = k x(t)$$

式中 T——检测系统的时间常数(s),$T = \dfrac{a_0}{a_0}(a_0 a_1 \neq 0)$。

3. 二阶检测系统

$$a_2 \frac{\mathrm{d}^2 y(t)}{\mathrm{d}t^2} + a_1 \frac{\mathrm{d}y(t)}{\mathrm{d}t} + a_0 y(t) = b_0 x(t) \tag{3.1.3}$$

$$\frac{1}{\omega_n^2} \cdot \frac{d^2 y(t)}{dt^2} + \frac{2\zeta_n}{\omega_n} \cdot \frac{dy(t)}{dt} + y(t) = kx(t)$$

式中 ω_n——检测系统的固有频率(无阻尼自振频率)(rad/s),$\omega_n^2 = \frac{a_0}{a_2}(a_0 a_2 \neq 0)$;

ζ_n——检测系统的阻尼比系数,$\zeta = \frac{a_1}{2\sqrt{a_0 a_2}}$。

4. 高阶检测系统

三阶及以上阶次的检测系统称为高阶检测系统,一般可以描述为

$$\sum_{i=0}^{n} a_i \frac{d^i y(t)}{dt^i} = \sum_{j=0}^{m} b_j \frac{d^j x(t)}{dt^j} \tag{3.1.4}$$

式中 n——检测系统的阶次。

式(3.1.4)描述的为 $n(\geq 3)$ 阶检测系统;一般情况下 $n \geq m$;同时上述某些常数不能为零。

3.1.2 传递函数

检测系统输出量的拉氏变换 $Y(s)$ 与输入量的拉氏变换 $X(s)$ 之比称为系统的传递函数 $G(s)$,由式(3.1.4)可得 n 阶检测系统的传递函数

$$G(s) = \frac{Y(s)}{X(s)} = \frac{\sum_{j=0}^{m} b_j s^j}{\sum_{i=0}^{n} a_i s^i} \tag{3.1.5}$$

3.2 检测系统动态响应及动态性能指标

若检测系统的单位脉冲响应函数为 $g(t)$,输入被测量为 $x(t)$,那么系统的输出为

$$y(t) = g(t) \cdot x(t) \tag{3.2.1}$$

若检测系统的传递函数为 $G(s)$,输入被测量的拉氏变换为 $X[s]$,那么系统在复频域的输出为

$$Y(s) = G(s) \cdot X[s] \tag{3.2.2}$$

系统的时域输出为

$$y(t) = \mathscr{L}^{-1}[Y(s)] = \mathscr{L}^{-1}[G(s) \cdot X(s)] \tag{3.2.3}$$

对于检测系统的动态特性可以从时域和频域来分析。通常在时域,主要分析检测系统在阶跃输入下的响应;而在频域,主要分析系统在正弦输入下的稳态响应,并着重从系统的幅频特性和相频特性来讨论。

3.2.1 检测系统动态误差的描述

当被测量为单位阶跃时

$$x(t) = \varepsilon(t) = \begin{cases} 1, & t \geq 0 \\ 0, & t < 0 \end{cases} \tag{3.2.4}$$

若要求检测系统能对此信号进行无失真、无延迟测量,使其输出为

$$y(t) = k \times \varepsilon(t) \tag{3.2.5}$$

式中 k——系统的静态增益。

在实际中要做到这一点十分困难,需要分析检测系统的动态误差。因此在时域,针对阶跃响应引入"相对动态误差"$\xi(t)$,则有

$$\xi(t) = \frac{y(t) - y_s}{y_s} \times 100\% \tag{3.2.6}$$

式中 y_s——检测系统的稳态输出,$y_s = y(\infty) = k$。

当被测量为正弦函数时

$$x(t) = \sin \omega t \tag{3.2.7}$$

要求检测系统能对此信号进行无失真、无延迟测量,使其输出为

$$y(t) = k \cdot \sin \omega t \tag{3.2.8}$$

式中 k——系统的静态增益。

实际检测系统不可能做到这一点,系统的稳态输出响应曲线为

$$y(t) = k \cdot A(\omega)\sin[\omega t + \varphi(\omega)] \tag{3.2.9}$$

式中 $A(\omega)$——测试系统的归一化幅值频率特性,即幅值增益;
$\varphi(\omega)$——测试系统的相位频率特性,即相位差。

因此在频域,引入检测系统归一化幅值增益 $A(\omega)$ 与所希望的无失真的归一化幅值增益 $A(0)$ 的误差 $\Delta A(\omega)$ 和检测系统实际的相位差 $\varphi(\omega)$ 与所希望的无失真的相位差 $\varphi(0)$ 的误差 $\Delta \varphi(\omega)$

$$\Delta A(\omega) = A(\omega) - A(0) \tag{3.2.10}$$

$$\Delta \varphi(\omega) = \varphi(\omega) - \varphi(0) = -\arctan T\omega \tag{3.2.11}$$

3.2.2 检测系统时域动态性能指标

1. 一阶检测系统的时域响应特性及其动态性能指标

设某一阶检测系统的传递函数为

$$G(s) = \frac{k}{Ts + 1} \tag{3.2.12}$$

式中 T——检测系统的时间常数(s);
k——检测系统的静态增益。

当输入为单位阶跃时,系统的输出为

$$y(t) = k[\varepsilon(t) - e^{-\frac{t}{T}}] \tag{3.2.13}$$

图 3.2.1 给出了一阶检测系统阶跃输入下的归一化响应曲线。图 3.2.2 给出了一阶检测系统阶跃输入下的相对动态误差 $\xi(t)(=-e^{-\frac{t}{T}})$。

对于检测系统的实际输出特性曲线,可以选择几个特征时间点作为其时域动态性能指标。

1) 时间常数 T 输出 $y(t)$ 由零上升到稳态值 y_s 的 63% 所需的时间 T 称为"时间常数"。

2) 响应时间 t_s 输出 $y(t)$ 由零上升达到并保持在与稳态值 y_s 的偏差的绝对值不超过某一量值 σ 的时间 t_s 称为"响应时间"(又称过渡过程时间)。σ 可以理解为检测系统所允许的动态相对误差值,通常为 5%,2% 或 10%。这时响应时间分别记为:$t_{0.05}$,$t_{0.02}$ 和 $t_{0.10}$。在本书中,若不特殊指出,则响应时间即指 $t_{0.05}$。

3) 延迟时间 t_d 输出 $y(t)$ 由零上升到稳态值 y_s 的一半所需要的时间 t_d 称为"延迟时间"。

4) 上升时间 t_r 输出 $y(t)$ 由 $0.1y_s$ 上升到 $0.9y_s$ 所需要的时间 t_r 称为"上升时间"。

对于一阶检测系统,时间常数是非常重要的指标,其它指标与它的关系是

$$t_{0.05} = 3T$$
$$t_{0.02} = 3.91T$$
$$t_{0.10} = 2.3T$$
$$t_d = 0.69T$$
$$t_r = 2.20T$$

显然时间常数越大,到达稳态的时间就越长,即相对动态误差就越大,检测系统的动态特性就越差。因此,应当尽可能地减小时间常数,以减小动态测试误差。

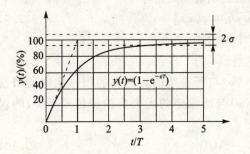

图 3.2.1 一阶检测系统阶跃输入下的归一化响应曲线

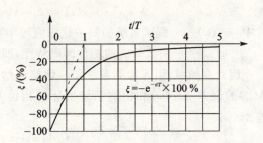

图 3.2.2 一阶检测系统阶跃输入下的相对动态误差 $\xi(t)$

2. 二阶检测系统的时域响应特性及其动态性能指标

设某二阶检测系统的传递函数为

$$G(s) = \frac{k\omega_n^2}{s^2 + 2\zeta\omega_n s + \omega_n^2} \tag{3.2.14}$$

式中 ω_n——检测系统的固有频率(无阻尼自振频率)(rad/s);

ζ_n——检测系统的阻尼比系数;

k——检测系统的静态增益。

当输入为单位阶跃时,系统的输出与 ω_n、ζ_n 密切相关;同时系统的归一化输出特性曲线与其阻尼比系数密切相关,见图 3.2.3 所示。下面重点讨论欠阻尼振荡系统,即阻尼比系数 $0 < \zeta_n < 1$ 的情况。这时检测系统的阶跃响应为

$$y(t) = k\left[\varepsilon(t) - \frac{1}{\sqrt{1-\zeta_n^2}} e^{-\zeta_n \omega_n t} \cos(\omega_d t - \varphi)\right] \tag{3.2.15}$$

式中 ω_d——检测系统的阻尼振荡角频率(rad/s), $\omega_d = \sqrt{1-\zeta_n^2}\, \omega_n$;其倒数的 2π 倍为阻尼振荡周期 $T_d = \dfrac{2\pi}{\omega_d}$;

φ——检测系统的相位延迟, $\varphi = \arctan\left(\dfrac{\zeta_n}{\sqrt{1-\zeta_n^2}}\right)$。

可见,二阶检测系统的响应以其稳态输出 $y_s = k$ 为平衡位置的衰减振荡曲线,其包络线为

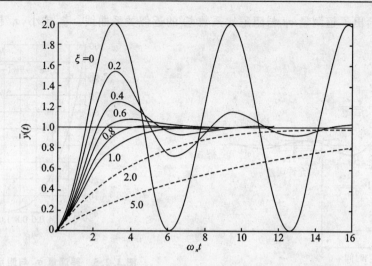

图 3.2.3 二阶检测系统归一化阶跃响应曲线与阻尼比系数关系

$1-\dfrac{1}{\sqrt{1-\zeta_n^2}}e^{-\zeta_n\omega_n t}$ 和 $1+\dfrac{1}{\sqrt{1-\zeta_n^2}}e^{-\zeta_n\omega_n t}$（如图3.2.4所示）。响应的振荡频率和衰减的快慢程度取决于 ω_n, ζ_n 的大小。

当 ζ_n 一定时，ω_n 越高，振荡频率越高，衰减越快；当 ω_n 一定时，ζ_n 越接近于1，振荡频率越低，振荡衰减部分前的系数 $\dfrac{1}{\sqrt{1-\zeta_n^2}}$ 也越大，这两个因素使衰减变缓。另一方面，$e^{-\zeta_n\omega_n t}$ 部分的衰减将加快，因此阻尼比系数对系统的影响比较复杂。

这时，二阶检测系统的相对动态误差 $\xi(t)$ 为

$$\xi(t) = -\frac{1}{\sqrt{1-\zeta_n^2}}e^{-\zeta_n\omega_n t}\cos(\omega_d t - \varphi) \times 100\% \qquad (3.2.16)$$

为便于计算，相对误差的大小可以用其包络线来限定（这是较为保守的做法），即

$$|\xi(t)| \leqslant \frac{1}{\sqrt{1-\zeta_n^2}}e^{-\zeta_n\omega_n t} \qquad (3.2.17)$$

图3.2.4给出了衰减振荡二阶检测系统的阶跃响应包络线和有关指标示意图。

对于二阶检测系统，在设计时通常希望其超调量小于其所允许的动态误差带。这时检测系统的响应时间 t_s 可以由式(3.2.18)来求解

$$\sigma_T = \frac{1}{\sqrt{1-\zeta_n^2}}e^{-\zeta_n\omega_n t}\cos\left[\sqrt{1-\zeta_n^2}\,\omega_n t - \arctan\left(\frac{\zeta_n}{\sqrt{1-\zeta_n^2}}\right)\right] \qquad (3.2.18)$$

上升时间 t_r、延迟时间 t_d 可以近似写为

$$t_r = \frac{0.5 + 2.3\zeta_n}{\omega_n} \qquad (3.2.19)$$

$$t_d = \frac{1 + 0.7\zeta_n}{\omega_n} \qquad (3.2.20)$$

二阶检测系统的超调量是指峰值时间对应的相对动态误差值，即

$$\sigma_P = \frac{1}{\sqrt{1-\zeta_n^2}}e^{-\zeta_n\omega_n t_P}\cos(\omega_d t_p - \varphi) \times 100\% = e^{-\frac{\pi\zeta_n}{\sqrt{1-\zeta_n^2}}} \times 100\% \qquad (3.2.21)$$

图 3.2.5 给出了超调量 σ_P 与阻尼比系数 ζ_n 的近似关系曲线。ζ_n 越小，σ_P 越大。

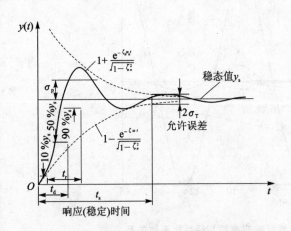

图 3.2.4　二阶检测系统阶跃响应包络线及指标

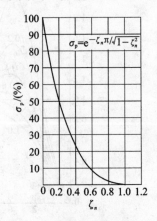

图 3.2.5　超调量 σ_P 与阻尼比系数 ζ_n 的近似关系曲线

3.2.3　检测系统频域动态性能指标

1. 一阶检测系统的频域响应特性及其动态性能指标

设某一阶检测系统的传递函数为

$$G(s) = \frac{k}{Ts+1}$$

其归一化幅值增益和相位特性分别为

$$A(\omega) = \frac{1}{\sqrt{(T\omega)^2+1}} \tag{3.2.22}$$

$$\varphi(\omega) = -\arctan T\omega \tag{3.2.23}$$

一阶检测系统归一化幅值增益 $A(\omega)$ 与所希望的无失真的归一化幅值增益 $A(0)$ 的误差为

$$\Delta A(\omega) = \frac{1}{\sqrt{(T\omega)^2+1}} - 1 \tag{3.2.24}$$

一阶检测系统相位差 $\varphi(\omega)$ 与所希望的无失真的相位差 $\varphi(0)$ 的误差为

$$\Delta\varphi(\omega) = -\arctan T\omega \tag{3.2.25}$$

图 3.2.6 给出了一阶检测系统的归一化幅频特性和相频特性曲线。

对于一阶检测系统，除了幅值增益误差和相位误差以外，其动态性能指标有通频带和工作频带。

1) 通频带 ω_B。幅值增益的对数特性衰减 $-3\ dB$ 处所对应的频率范围。依式(3.2.22)可得

$$-20\lg\left[\sqrt{(T\omega_B)^2+1}\right] = -3$$

$$\omega_B = \frac{1}{t} \tag{3.2.26}$$

2) 工作频带 ω_g。归一化幅值误差小于所规定的允许误差 σ_F 时，幅频特性曲线所对应的频率范围。

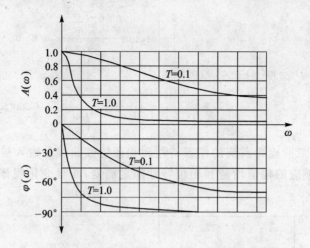

图 3.2.6 一阶检测系统的归一化幅频特性和相频特性曲线

$$|\Delta A(\omega)| \leqslant \sigma_F \tag{3.2.27}$$

依式(3.2.44)以及一阶检测系统幅值增益随频率 ω 单调变化的规律,可得

$$1 - \frac{1}{\sqrt{(T\omega_g)^2 + 1}} \leqslant \sigma_F$$

$$\omega_g = \frac{1}{T}\sqrt{\frac{1}{(1-\sigma_F)^2} - 1} \tag{3.2.28}$$

式(3.2.28)表明:提高一阶检测系统的工作频带的有效途径是减小系统的时间常数。

2. 二阶检测系统的频域响应特性及其动态性能指标

设某二阶检测系统的传递函数为

$$G(S) = \frac{k\omega_n^2}{s^2 + 2\zeta\omega_n s + \omega_n^2}$$

其归一化幅值增益和相位特性分别为

$$A(\omega) = \frac{1}{\sqrt{\left[1 - \left(\frac{\omega}{\omega_n}\right)^2\right]^2 + \left(2\zeta\frac{\omega}{\omega_n}\right)^2}} \tag{3.2.29}$$

$$\varphi(\omega) = \begin{cases} -\arctan\dfrac{2\zeta_n \dfrac{\omega}{\omega_n}}{1 - \left(\dfrac{\omega}{\omega_n}\right)^2}, & \omega \leqslant \omega_n \\[2ex] -\pi + \arctan\dfrac{2\zeta_n \dfrac{\omega}{\omega_n}}{\left(\dfrac{\omega}{\omega_n}\right)^2 - 1}, & \omega > \omega_n \end{cases} \tag{3.2.30}$$

二阶检测系统归一化幅值增益 $A(\omega)$ 与所希望的无失真的归一化幅值增益 $A(0)$ 的误差为

$$\Delta A(\omega) = A(\omega) - A(0) = \frac{1}{\sqrt{\left[1 - \left(\frac{\omega}{\omega_n}\right)^2\right]^2 + \left(2\zeta_n\frac{\omega}{\omega_n}\right)^2}} - 1 \tag{3.2.31}$$

二阶检测系统相位差 $\varphi(\omega)$ 与所希望的无失真的相位差 $\varphi(0)$ 的误差为

$$\Delta\varphi(\omega) = \varphi(\omega) - \varphi(0) = \begin{cases} -\arctan \dfrac{2\zeta_n \dfrac{\omega}{\omega_n}}{1-\left(\dfrac{\omega}{\omega_n}\right)^2}, & \omega \leqslant \omega_n \\ -\pi + \arctan \dfrac{2\zeta_n \dfrac{\omega}{\omega_n}}{\left(\dfrac{\omega}{\omega_n}\right)^2-1}, & \omega > \omega_n \end{cases} \quad (3.2.32)$$

图 3.2.7 给出了二阶检测系统的幅频特性和相频特性曲线。输入被测量的频率 ω 变化时,检测系统的稳态响应的幅值增益和相位特性随之而变,而且变化规律与阻尼比系数密切相关。

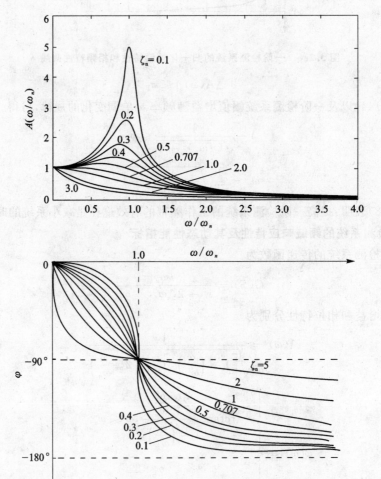

图 3.2.7 二阶检测系统的幅频特性和相频特性曲线

幅频特性曲线是否出现峰值取决于系统所具有的阻尼比系数 ζ_n 的大小,依 $\dfrac{\mathrm{d}A(\omega)}{\mathrm{d}\omega}=0$,可得

$$\omega_r = \sqrt{1-2\zeta_n^2}\,\omega_n \leqslant \omega_n \quad (3.2.33)$$

由式(3.2.33)可知:当阻尼比系数在 $0\leqslant\zeta_n<\dfrac{1}{\sqrt{2}}$ 时,幅频特性曲线才出现峰值,这时 ω_r 称为系统的谐振频率。谐振频率 ω_r 对应的谐振峰值为

$$A_{\max} = A(\omega_r) = \dfrac{1}{2\zeta_n\sqrt{1-\zeta_n^2}} \tag{3.2.34}$$

相应的相角为

$$\varphi(\omega_r) = -\arctan\dfrac{\sqrt{1-2\zeta_n^2}}{2\zeta_n} \geqslant -\dfrac{\pi}{2} \tag{3.2.35}$$

从上述分析可知:二阶检测系统对于正弦周期输入信号的响应与输入信号的频率、检测系统的固有频率、阻尼比系数密切相关。

对于二阶检测系统,由于幅值增益有时会产生峰值,而且其峰值可能比较大,故二阶系统的通频带的实际意义并不是很重要,相对而言,工作频带更确切、更有意义。

3.3 检测系统动态特性测试与标定

通过静态标定可以获取检测系统的静态模型,并研究、分析其静态特性;若要分析、研究检测系统的动态性能指标就必须要对检测系统进行动态标定,在此基础上研究、分析检测系统的动态特性,或首先通过建立检测系统动态模型的方法,再针对动态模型研究、分析检测系统的动态特性。对检测系统进行动态标定的过程要比静态标定的过程复杂得多,而且目前也没有统一的方法。

检测系统的动态特性通常可以从时域和频域两方面来研究、分析。对时域,主要针对检测系统在阶跃输入、回零过渡过程、脉冲输入下的瞬态响应进行分析;而对频域,主要针对系统在正弦输入下的稳态响应的幅值增益和相位差进行分析。通过上述检测系统对时域或频域的典型响应就可以分析、获取检测系统的有关动态性能指标。

对检测系统进行动态标定,除了获取系统的动态性能指标、检测系统的动态模型,还有一个重要的目的,就是通过动态标定,认为检测系统的动态性能不满足动态测试需求时,确定一个动态补偿环节的模型,以改善检测系统的动态性能指标。

为了对实际的检测系统进行动态标定,获取系统在典型输入下的动态响应,必须要有合适的动态测试设备,包括合适的典型输入信号发生器、动态信号记录设备和数据采集处理系统。由于动态测试设备与实际的被标定的测量系统是连接在一起的,因此实际的输出响应包含了动态检测系统和被标定的检测系统响应。为了减少动态检测系统对实际输出的影响,就必须考虑如何选择动态测试设备的问题。

通常为了获得较高准确度的动态测试数据,就要求动态测试设备中的所有影响动态测试过程的环节,如典型输入信号发生器、动态信号记录设备和数据采集处理系统等具有很宽的频带。例如典型信号发生器要能够产生较为理想的动态输入信号,如果是要获得时域的脉冲响应,就必须要保证输入能量足够大,且脉冲宽度尽可能地窄;如果是要获得频域的幅值频率特性和相位频率特性,就必须要保证输入信号是不失真的正弦周期信号,而不能有其它谐波信号。

对于动态信号记录设备,工作频带要足够宽,应大于被标定测量系统输出响应中最高次的谐波的频率。但这一点在实际系统中很难满足,因此实际动态标定中,常选择记录设备的固有频率不低于动态检测系统的固有频率的 3~5 倍,或记录设备的工作频带不低于被标定测试设备固有频率的 2~3 倍,即

$$\begin{cases} \Omega_n \geqslant (3\sim 5)\omega_n \\ \Omega_g \geqslant (2\sim 3)\omega_n \end{cases} \tag{3.3.1}$$

式中　Ω_n,Ω_g ——记录设备的固有频率(rad/s)和工作频带(rad/s);

　　　ω_n ——被标定检测系统的固有频率(rad/s)。

对于信号采集系统来说,为了减少其对检测系统输出响应的影响,其采样频率或周期应按下式选择,即

$$f_s \geqslant 10 f_n \tag{3.3.2}$$
$$T_s \leqslant 0.1 T_n \tag{3.3.3}$$

式中　f_s,T_s ——数据采集处理系统的采样频率(Hz)和周期(s);

　　　f_n,T_n ——被标定检测系统的固有频率(Hz)和周期(s)。

由式(3.3.2)和式(3.3.3)可以看出,对于二阶系统,当其阻尼比系数较小时,系统的输出响应相当于在一个衰减振荡周期内采集 10 个以上的数据;当阻尼比系数为 0.7 时,相当于在一个衰减集 14 个以上的数据。

在动态测试过程中,为了减少干扰的影响,还应正确连接测试线路的地线和加强输入信号的强度,并适当对输出响应信号进行滤波处理。

思考题与习题

3.1　描述检测系统的动态模型有哪些主要形式?各自的特点是什么?

3.2　检测系统动态校准时,应注意哪些问题?

3.3　检测系统动态特性的时域指标主要有哪些?

3.4　检测系统动态特性的频域指标主要有哪些?

3.5　简述检测系统动态校准的目的。

3.6　某一阶测试系统的时间常数 $t_{0.05}=5$ s。试绘制其幅值增益曲线与相位曲线。

3.7　某二阶测试系统的固有频率 $\omega_n=10$ rad/s,阻尼比系数 $\zeta_n=0.5$。试绘制其幅值增益曲线与相位曲线。

3.8　某动态测试系统记录设备的固有频率为 1 000 rad/s,能否用它对固有频率为 120 Hz 的被标定检测系统进行正常的动态标定?为什么?

第 4 章 电位器式传感器

4.1 概述

在仪器仪表、传感器中,电位器(potentiometer)是一种将机械位移转换为电阻阻值变化的变换元件。其基本结构如图 4.1.1 所示,主要包括电阻元件和电刷(滑动触点)。电阻元件通常由极细的绝缘导线按照一定规律整齐地绕在一个绝缘骨架上形成。在它与电刷接触的部分,去掉绝缘导线表面的绝缘层,并抛光,形成一个电刷可在其上滑动的光滑而平整的接触道。电刷通常由具有一定弹性的耐磨金属薄片或金属丝制成,接触端处弯曲成弧形。要求电刷与电阻元件之间保持一定的接触压力,使接触端在电阻元件上滑动时始终可靠地接触,良好地导电。电阻元件除了由极细的绝缘导线绕制外,还可以采用具有较高电阻率的薄膜。

根据不同的应用场合,电位器可以用作变阻器或分压器,如图 4.1.2 所示。

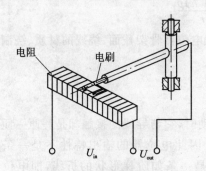

图 4.1.1 电位器基本结构

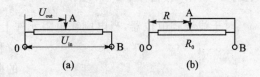

图 4.1.2 用作变阻器或分压器的电位器

电位器的优点主要有:结构简单,参数设计灵活,输出特性稳定,可以实现线性和较为复杂的特性,受环境因素影响小,输出信号强,一般不需要放大就可以直接作为输出,成本低,测量范围宽等。其不足点主要是触点处始终存在着摩擦和损耗。由于有摩擦,就要求电位器有比较大的输入功率,否则就会降低电位器的性能。由于有摩擦和损耗,使电位器的可靠性和寿命受到影响,也会降低电位器的动态性能。对于线绕式电位器(wire-wound potentiometer),阶梯误差是其固有的不足。

电位器的种类很多。按其结构形式不同,可分为线绕式、薄膜式、光电式、磁敏式等。在线绕式电位器中,又分为单圈式和多圈式两种。按其输入输出特性可分为线性电位器和非线性电位器两种。这里重点讨论线绕式电位器。

4.2 线绕式电位器的特性

4.2.1 灵敏度

图 4.2.1 所示为线绕式电位器的构造示意图,骨架为矩形截面。在电位器的 x 处,骨架的宽和高分别为 b 和 h,所绕导线的截面积为 A,电阻率为 ρ,匝与匝之间的距离(定义为节距)为 r。即在 $\mathrm{d}x$ 微段上,有 $\mathrm{d}x/r$ 匝导线,每匝的长度为 $2(b+h)$,于是在 $\mathrm{d}x$ 微段上,导线的长度为 $2(b+h)\mathrm{d}x/r$,所对应的电阻为

$$\mathrm{d}R = 2(b+h)\frac{\mathrm{d}x}{r}\cdot\frac{\rho}{A} \qquad (4.2.1)$$

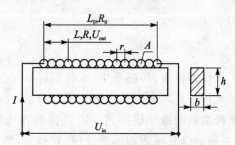

图 4.2.1 线绕式电位器

于是电位器的电阻灵敏度

$$\frac{\mathrm{d}R}{\mathrm{d}x} = \frac{2(b+h)\rho}{Ar} \qquad (4.2.2)$$

当电位器通过的电流为 I 时,电压灵敏度为

$$\frac{\mathrm{d}U}{\mathrm{d}x} = \frac{\mathrm{d}R}{\mathrm{d}x}I = \frac{2(b+h)\rho}{Ar}I \qquad (4.2.3)$$

通过上述分析,对于线绕式电位器,可以通过改变电位器骨架截面、绕线的材质、绕制方式等改变其灵敏度。

4.2.2 阶梯特性与误差

对于线绕式电位器,当电刷在电阻元件上连续滑动时,它与导线的接触却是一匝一匝为单位移动的。因此电位器的输出特性不是一条光滑的曲线,而是一条如阶梯形状的折线,即电位器的电阻输出或电压输出随着电刷的移动而出现阶跃变化。电刷每移动一个节距,输出电阻或输出电压都有一个微小的跳跃。当电位器有 W 匝时,其特性有 W 次跳跃。这就是线绕式电位器的阶梯特性,如图 4.2.2 所示。

线绕式电位器的阶梯特性带来的误差称为阶梯误差,通常可以用理想阶梯特性折线与理论参考输出特性之间的最大偏差同最大输出的比值的百分数来表示。对于线性电位器,当电位器的总匝数为 W,总电阻为 R 时,其阶梯误差表述为

$$\xi_\mathrm{S} = \frac{\frac{R}{2W}}{R} = \frac{1}{2W}\times 100\% \qquad (4.2.4)$$

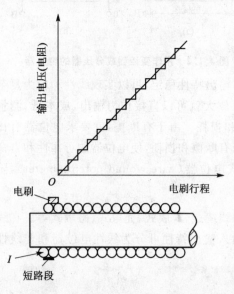

图 4.2.2 线绕式电位器的阶梯特性

4.2.3 分辨力与分辨率

对于线绕式电位器,由其阶梯特性引起的分辨力是指电位器所能反映的输入量的最小变化量,即

$$\Delta R_{\min} = \frac{R}{W} \tag{4.2.5}$$

电位器的阶梯特性带来的分辨率为

$$r_{\mathrm{s}} = \frac{\Delta R_{\min}}{R} = \frac{\frac{R}{W}}{R} = \frac{1}{W} \times 100\% \tag{4.2.6}$$

线绕式电位器的阶梯误差和分辨率是由于其工作原理的不完善而引起的,是一种原理误差。减少阶梯误差的主要方式就是增加总匝数 W。例如当骨架长度一定时,就要减少导线直径;而导线直径一定时,就要增加骨架长度,多圈螺旋电位器就是基于这一原理设计的。

4.3 非线性电位器

4.3.1 功用

非线性电位器是指其输出电压(电阻)与电刷位移之间具有非线性函数关系的一种电位器。它可以实现指数函数、三角函数、对数函数,也可以实现其它一些函数。

非线性电位器的主要功用为:
1) 获得所需要的非线性输出,以满足测控系统的一些特殊要求;
2) 由于测量系统有些环节出现了非线性,为了修正、补偿非线性,需要将电位器设计成非线性特性,使测量系统的最后输出获得所需要的线性特性;
3) 用于消除或改善负载误差。

4.3.2 实现途径

实现非线性电位器的方式主要有两类:一类是通过改变电位器的绕制方式;另一类是通过改变电位器使用时的电路连接方式。

对于线绕式电位器,其非线性特性的实现可以采用改变其不同部位的灵敏度来实现。基于电位器灵敏度的表达式——(4.2.1),可以采用三种不同的绕线方法实现非线性电位器:变骨架方式(如图 4.3.1 所示)、变绕线节距方式(如图 4.3.2 所示)和变电阻率方式。

要提高线绕式电位器在某一部位的灵敏度,可以采用增大骨架的高度或宽度,减小绕线节距或用高电阻率的导线绕制的方法。

在实际应用中,可以采用阶梯骨架来近似代替曲线骨架。将非线性电位器的输入输出特性曲线分成若干段,每一段都近似为一直线,只要取的段数足够多,就可以使折线与原定曲线的误差在允许的范围内。当用折线代替曲线后,特性曲线的每一段均为直线。因此,每一段都可以做成一个小线性电位器,只是每一段的斜率不同。工艺上,为了便于在相邻两段过渡,骨架结构在过渡处做成斜角,伸出尖端 2~3 mm,以免导线滑落,如图 4.3.3 所示。

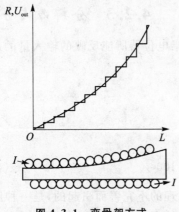

图 4.3.1 变骨架方式

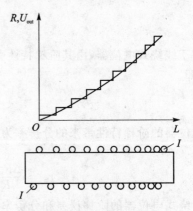

图 4.3.2 变绕线节距方式

由阶梯骨架式非线性电位器原理可知,当用折线代替曲线后,实现折线特性的关键是要使电位器各段特性的斜率不等。对于一个线绕式线性电位器,在其上分成若干段,在每一分段处引出一些抽头,然后在各段上并联一定阻值的电阻,使各段上的等效电阻下降,就可以改变该段上的电阻斜率。适当选择各段的并联电阻,就能够实现各段的斜率,满足预定的折线特性。基于这一思路,利用分路电阻法实现非线性电位器,如图 4.3.4 所示。分路电阻非线性电位器将电位器的制造变为一个带若干抽头线性电位器的制造,因而大大降低了工艺实现的难度。同时,它不像变绕线节距或变骨架方式那样受特性曲线斜率变化范围的限制,而可以实现有较大的斜率变化的特性曲线。它既可以实现单调函数,也可以实现非单调函数,只要适当改变并联电阻的阻值和电路的连接方式即可。

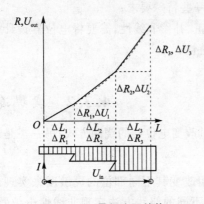

图 4.3.3 骨架实际结构

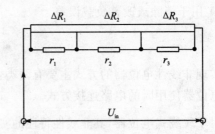

图 4.3.4 分路电阻法非线性电位器

除了上述方法外,还有一种电位给定法非线性电位器。它也是利用了折线近似曲线的方法。根据特性分段要求,同样也做成抽头线性电位器。各抽头点的电位由其它电位器来设定,从而实现非线性电位器,如图 4.3.5 所示。线性电位器 R_0 称为抽头电位器,电阻 $R_1 \sim R_5$ 即为给定电位器,用来确定各抽头处的电位。为了便于计算与调整,通常选择给定电位器的电阻阻值要远远小于抽头电位器的阻值。显然,这种方法在实现非线性电位器的特性方面比较灵活。

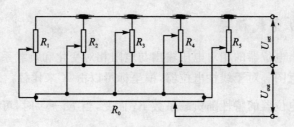

U_{set}：加在给定电位器上的电压

图 4.3.5 电位给定法非线性电位器

4.4 电位器的负载特性及负载误差

4.4.1 电位器的负载特性

前面讨论的都是在电位器空载情况下的特性,即电位器的输出端接至输入阻抗非常大的放大器时的特性,称为电位器的空载特性。当电位器输出端带有有限负载时所具有的特性就是电位器的负载特性。负载特性将偏离理想的空载特性,它们之间的偏差称为电位器的负载误差。无论是线性电位器还是非线性电位器,在带载工作时都会产生负载误差,这一点在使用电位器时要特别注意。

由图 4.4.1 可以得到负载电位器的输出电压为

$$U_{out} = \frac{\dfrac{R_f R}{R_f + R}}{\dfrac{R_f R}{R_f + R} + (R_0 - R)} U_{in} = \frac{U_{in} R R_f}{R_f R_0 + R R_0 - R^2} \tag{4.4.1}$$

式中　R_f——负载电阻(Ω);
　　　R_0——电位器的总电阻(Ω);
　　　R——电位器的实际工作电阻(Ω)。

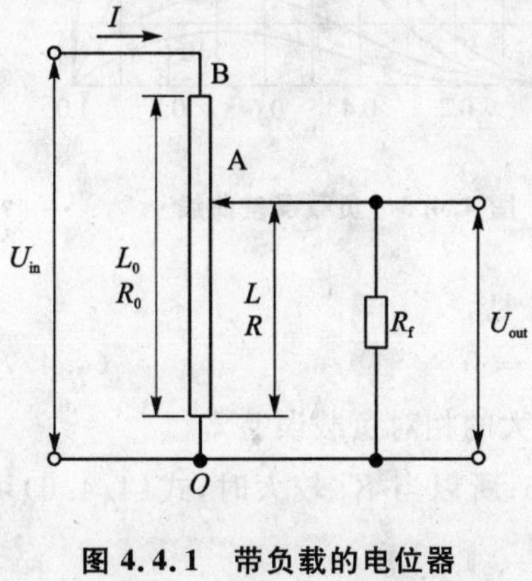

假设电位器的总长度(总行程)为 L_0;电刷的实际行程为 x;引入电阻的相对变化 $r = R/R_0$;电位器的负载系数 $K_f = R_f/R_0$;电刷的相对行程 $X = x/L_0$;电压的相对输出 $Y = U_{out}/U_{in}$;由式(4.4.1)可得

$$Y = \frac{r}{1 + \dfrac{r}{K_f} - \dfrac{r^2}{K_f}} \tag{4.4.2}$$

对于线性电位器,$r = X$,这时有

$$Y = \frac{X}{1 + \dfrac{X}{K_f} - \dfrac{X^2}{K_f}} \tag{4.4.3}$$

图 4.4.1 带负载的电位器

式(4.4.2)对于任意电位器都是适合的,是电位器负载特性的一般表达式;而式(4.1.8)只适合于线性电位器。

4.4.2 电位器的负载误差

由式(4.4.2)可知:电位器的相对电压输出与电阻相对变化和负载系数有关。图 4.4.2 给出了负载特性曲线示意图。对于线性电位器,横坐标可以由 X 来代替。

显然带有负载的电位器的特性随负载系数 K_f 而变,当 $K_f \to \infty$ 时,可得空载特性

$$Y_{kz} = r \tag{4.4.4}$$

对于线性电位器,空载特性为

$$Y_{kz} = X \tag{4.4.5}$$

由图 4.4.2 可知:负载系数越大,负载特性曲线离空载特性曲线越近;反之则越远。

负载特性与空载特性的偏差定义为负载误差。为便于分析,讨论负载误差与满量程输出的比值,由式(4.4.2)~式(4.4.5)可得相对负载误差

$$\xi_{fz} = Y - Y_{kz} = \frac{r^2(r-1)}{K_f + r - r^2} \tag{4.4.6}$$

在不同的负载系数 K_f 值下,相对负载误差 ξ_{fz} 与电位器电阻的相对变化 r 的关系曲线如图 4.4.3 所示。下面来确定最大负载误差及对应的电刷的位置。

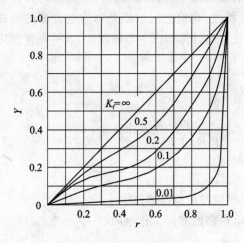

图 4.4.2 负载特性曲线

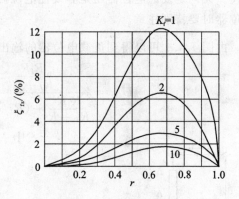

图 4.4.3 负载误差曲线

由式(4.4.6),利用 $d\xi_{fz}/dr = 0$,可得

$$r^3 - 2r^2 - r(3K_f - 1) + 2K_f = 0 \tag{4.4.7}$$

由式(4.4.7)可以求出最大误差处的 r_m,进而可得到最大的相对负载误差 ξ_{fzmax}。

考虑到实际应用情况,$r \in [0,1]$,$\max(|r-r^2|) \leqslant 0.25$;所以当 K_f 较大时,式(4.4.6)可近似写为

$$\xi_{fz} \approx \frac{-r^2(1-r)}{K_f} \tag{4.4.8}$$

由式(4.4.8),利用 $d\xi_{fz}/dr = 0$,可得

$$r_m = \frac{2}{3} \tag{4.4.9}$$

由式(4.4.8),所对应的最大的负相对偏差为

$$\xi_{\text{fzmax}} = \frac{-0.148}{K_f} \tag{4.4.10}$$

一般情况下,利用式(4.4.8)~式(4.4.10)进行负载误差计算比较简捷,而且有足够的精度。负载误差的最大值大约发生在电阻相对变化的 0.667 处。对于线性电位器,即大约在电刷相对行程的 0.667 处;而对于非线性电位器,可以根据电位器的特性求得电阻相对变化 $r=0.667$ 时所对应的电刷的相对行程 X 值,从而确定发生最大负载误差时的电刷位置。

4.4.3 减小负载误差的措施

基于上述分析,可以采用以下措施减小负载误差。

1. 提高负载系数 K_f

提高负载系数 K_f 就意味着增大负载电阻 R_f 或减小电位器总电阻 R_0。负载电阻可以根据允许的最大负载误差来确定。通常应满足 $K_f \geqslant 4$。如果电位器输出接到运算放大器,则应尽量提高放大器的输入阻抗。

2. 限制电位器的工作范围

如图 4.4.4 所示,电位器负载特性 2 为下垂于空载特性 1 的曲线,在全量程范围两者之间有很大的偏差。如果通过 $r=2R_0/3$ 的最大负载误差发生处的 M 点作 OM 连线,则负载特性曲线与 OM 线之间的偏差却是很小的。因此,如果电位器的工作范围在 OM 段(且以直线 OM 作为参考特性),则可以大大减小负载误差(如图 4.4.4(a)和(b)所示)。当然,这样做势必导致电位器的灵敏度下降,分辨率降低,而且使电位器浪费 1/3 的资源。为此,可以用一个固定电阻 $R_C = 0.5R_0$ 来代替原来电位器电阻元件不工作的部分(如图 4.4.4(c)所示)。同时,为了保持原来的灵敏度,可以增大原来电位器两端的工作电压。这种方法的特点是:简单、实用,以牺牲灵敏度、增加能耗换取精度。

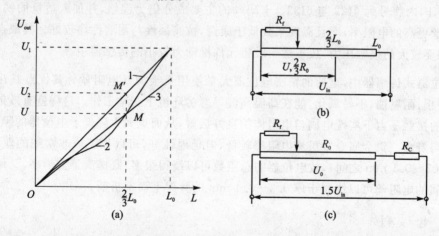

图 4.4.4 限制电位器的工作范围以减少负载误差

3. 重新设计电位器的空载特性

由于电位器的负载特性相对于其空载特性下凹,如图 4.4.2 或图 4.4.5 所示。如果将电位器的空载特性设计成某种上凸的曲线,在起始段,灵敏度适当增大,而在末端,灵敏度适当减小,这样加上负载后就可使其负载特性正好落在原来要求的直线特性上。由式(4.4.2)所示的电位器的负载特性可以得到

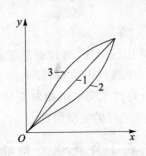

图 4.4.5　负载误差的完全补偿方式

$$r = \frac{\left(1-\dfrac{K_\mathrm{f}}{Y}\right)+\sqrt{\left(1-\dfrac{K_\mathrm{f}}{Y}\right)^2+4K_\mathrm{f}}}{2} \quad (4.4.11)$$

如果某一电位器带有负载后的特性要求为 $Y=f(X)$，则所设计的电位器的空载特性应为

$$r = \frac{\left(1-\dfrac{K_\mathrm{f}}{f(X)}\right)+\sqrt{\left(1-\dfrac{K_\mathrm{f}}{f(X)}\right)^2+4K_\mathrm{f}}}{2} \stackrel{\mathrm{def}}{=\!=} F(X) \quad (4.4.12)$$

若要求电位器的负载特性为线性的，即 $Y=X$，则空载特性为

$$r = \frac{\left(1-\dfrac{K_\mathrm{f}}{X}\right)+\sqrt{\left(1-\dfrac{K_\mathrm{f}}{X}\right)^2+4K_\mathrm{f}}}{2} \quad (4.4.13)$$

所设计的非线性特性 3 为原线性电位器负载特性 2 关于线性特性 1 的镜像。

4.5　电位器的结构与材料

4.5.1　电阻丝

在线绕式电位器中，对电阻丝的主要要求是：电阻率高、电阻温度系数小、耐磨损、耐腐蚀、延展性好、便于焊接等。

在非贵金属中，最常见的电阻丝材料为康铜、镍铬和卡玛。其中卡玛丝的国外商品名为"Karama"，国内牌号为 6J22 与 6J33。卡玛丝的主要成分仍为镍铬，并加入适量的铁和铝，具有比镍铬丝更高的电阻率，而且温度系数低于康铜，抗腐蚀性与耐磨性均较好。其缺点是接触电阻大，需要较大的接触压力，故不适于敏感元件推动力较小的传感器中。

在电位器式传感器中，重要的精密电位器大量使用贵金属基电阻丝。其优点是化学稳定性好、耐磨损、耐腐蚀、不易氧化，能在高温高湿等恶劣环境下正常工作。这样就有效地保证了其在较小的接触压力下实现电刷与电阻体的良好接触，从而也大大降低了电位器的噪声，提高了可靠性与寿命。贵金属合金虽然电阻率较低，但延展性好，可以加工成非常细的丝材（直径一般在 0.02~0.1 mm 之间），故电位器的总匝数可以绕得很多，既提高了分辨率，又保证了阻值。贵金属的电阻丝可以绕制于厚 0.3~0.4 mm 的骨架上而不折断。

4.5.2　电　刷

电刷是电位器式传感器中非常重要的零件之一。对其材料的要求基本上与对电阻丝的要求一致。由于电刷材料用量很少，所以一般采用贵金属材料。

传感器中的电刷结构简单，通常用一根金属丝弯成适当的形状即可。普通电位器的电刷和电刷臂一体，用磷青铜等材料制成。常见的电刷结构如图 4.5.1 所示。

贵金属的直径很细，约 0.1~0.2 mm。有时为了保证可靠接触，同一电刷可由多根电刷

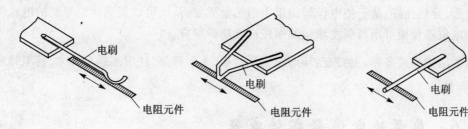

图 4.5.1 常见的几种电刷结构

丝构成,即所谓多指电刷。当选择各电刷丝的长度不同时,它们的固有频率各不相同,故在某一频率下,不会同时谐振起来,从而有效地保证了电刷与电阻体的接触。采用多指电刷后,在保证总接触压力不变的条件下,每一电刷丝的接触压力则可降低,同时由于形成多条接触道,电阻体的磨损较为均匀,有利于提高电位器的使用寿命。

电刷头部应弯成一定的圆角半径。经验表明:对于用细丝绕成的精密电位器,电刷圆角半径最好选为导线半径的10倍左右。圆角半径过小,易使电刷与电阻体过早磨损,甚至损坏接触道;圆角半径过大,易使电刷接触面过早磨平,并造成电位器绕组短路,从而导致电位器精度下降,增加电刷运动时的不平稳性。

为了保证电刷与电阻体之间的可靠接触,电刷必须要有一定的接触压力,通常可由电刷本身的弹性变形来产生。接触压力值的大小对于电位器的工作可靠性和寿命都有很大影响。接触压力大,接触可靠稳定,遇到振动过载时不易跳开。但同时也使摩擦力增大,磨损程度增加,寿命降低。因此,必须根据具体情况正确选择接触压力。对于电刷由推动力较小的弹性敏感元件来带动,且导线很细(直径小于 0.1 mm)的电位器,接触压力可以选择在 1~20 mN 之间;对于作用于电刷的推动力较大,如由伺服电机带动的,导线直径又较粗(直径大于 0.1 mm)的电位器,接触压力可以选择在 50~150 mN 之间,或者更大。

电刷材料与电阻体材料的匹配是关系到电位器寿命和可靠性的重要因素。相互间材料选配的好,接触电阻小而稳定,电位器噪声小,并且能经受数百万次的工作,而保持性能基本不变。一般电刷材料的硬度与电阻丝材料的硬度相近或略微高一些。

对于上述匹配关系,可取干摩擦系数 0.25~0.5。近年来采用粉末状的固体润滑剂二硒化铌,能大大降低摩擦和磨损,干摩擦系数可降低一个数量级,可基本达到绕组无磨损,电刷磨损也很轻微的程度。

4.5.3 骨　架

在线绕式电位器中,对骨架的要求是:绝缘性能好,具有足够的强度和刚度,抗湿,耐热,加工性能好,以便制成所需形状及结构参数的骨架,并使之在空气温度和湿度变化时不致变形。

对于一般精度的电位器,骨架材料多采用塑料、夹布胶木等。这些材料易于加工,但抗湿性、耐热性不够好,易于变形。塑料骨架还会分解出有机气体,污染电刷与绕组,故一般不用来制造高精度电位器。

高精度电位器广泛采用金属骨架。为使金属骨架表面有良好的绝缘性能,通常在铝合金或铝镁合金外表,通过阳极化处理生成一层绝缘薄膜。金属骨架强度大、尺寸制造精度高、遇潮不易变形、导热性好,易于使电位器绕组中的热量散发,从而可以提高绕组导线的电流密度。有些小型电位器骨架可用高强度漆包圆铜线或玻璃棒制成。

骨架的结构形式多样,主要有:环形或弧形骨架、条形骨架、柱形和棒形骨架、特型骨架等。

4.6 典型的电位器式传感器

4.6.1 电位器式压力传感器

图 4.6.1 是一种电位器式压力传感器的原理结构图。被测压力作用在膜盒上,使膜盒产生位移,经放大传动机构带动电刷在电位器上滑动。当电位器两端加有直流工作电压时,则可从电位器电刷与电源地端间得到相应的输出电压,该输出电压的大小即可反映出被测压力的大小。

对于如图 4.6.1 所示的传感器,当忽略弹簧刚度时,膜盒系统中心位移与均布压力 p 的关系可以描述为

$$W_{s,c} = C_B p \quad (4.6.1)$$

式中 $W_{s,c}$——膜盒系统的中心挠度(m);
C_B——膜盒系统的灵敏系数(m/Pa),与波纹膜片结构参数、材料的弹性模量(Pa)、泊松比等有关。

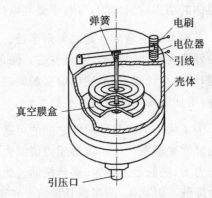

图 4.6.1 电位器式压力传感器

于是电位器电刷位移与被测均布压力 p 的关系为

$$W_P = W_{s,c} \frac{l_P}{l_C} = \frac{C_B l_P}{l_C} \cdot p \quad (4.6.2)$$

式中 W_P——电位器电刷位移(m);
l_P——连接电位器的力臂(m);
l_C——连接膜盒的力臂(m)。

4.6.2 电位器式加速度传感器

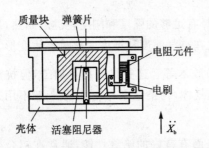

图 4.6.2 电位器式加速度传感器原理结构

图 4.6.2 所示为一种电位器式过载加速度传感器。电位器的电刷与质量块刚性连接,电阻元件固定安装在传感器壳体上。杯形空心质量块 m 由硬弹簧片支承,内部装有与壳体相连接的活塞。当质量块感受加速度相对于活塞运动时,就产生气体阻尼效应。阻尼系数可通过一个螺丝改变排气孔的大小来调节。质量块带动电刷在电阻元件上滑动,从而输出与位移成比例的电压。因此,当质量块感受加速度时,并在

系统处于平衡状态后,电位器的输出电压与质量块所感受的加速度成正比。电位器式加速度传感器主要用于测量变化很慢的线加速度和低频振动加速度,测量范围一般为 1～5 g,分辨力为满量程的 0.45～0.25 ％,固有频率为 12～80 Hz。电位器电阻一般在 1～10 kΩ 之间,功率为 0.5 W。

基于测量质量块相对位移的电位器式加速度传感器一般灵敏度都比较低,所以当前广泛采用基于测量惯性力产生的应变、应力的加速度传感器,例如电阻应变式、压阻式和压电式加速度传感器。相关内容将在下面章节介绍。

总之,对于电位器式传感器,其优点是输出信号较大(可达 V 级),使用时不需专门的信号放大电路;缺点是精度不太高、寿命短、工作频带窄、功耗高。

4.1 电位器的主要用途是什么?

4.2 电位器的特点是什么?

4.3 什么是电位器的阶梯特性?在实际使用时,如何减小电位器的阶梯特性?

4.4 研究非线性电位器的出发点是什么?如何实现非线性电位器?

4.5 什么是电位器的负载特性和负载误差?如何减小电位器的负载误差?

4.6 一骨架为圆形截面的电位器,半径为 r;现用直径 d,电阻率 ρ 的导线绕制,共紧密地绕了 W 匝。试导出该线绕式电位器的灵敏度表达式。

4.7 题图 4.1 给出了某位移传感器的检测电路。$U_{in}=12$ V,$R_0=10$ kΩ,AB 为线性电位器,总长度 150 mm,总电阻 30 kΩ,C 点为电刷位置。问
(1) 输出电压 $U_{out}=0$ V 时,位移 $x=$?
(2) 当位移 x 的变化范围在 10～140 mm 时,输出电压 U_{out} 的范围为多少?

4.8 某线绕式电位器的骨架直径 $D_0=10$ mm,总长 $L_0=100$ mm;导线直径 $d=0.1$ mm,电阻率 $\rho=0.5\times10^{-6}$ Ω·m,总匝数 $W=1\,000$,试计算该电位器的空载电阻灵敏度 dR/dx。

4.9 某线绕式非线性电位器的骨架宽度 $b=10$ mm,高度 $h(x)=(10+0.02x)$ mm,x 为电位器的工作位移,导线的截面积 $A=0.03$ mm²,电阻率 $\rho=0.8\times10^{-6}$ Ω·m,绕线节距 $t=0.1$ mm,当该电位器工作位移范围为:0～50 mm 时,试计算其电阻灵敏度的范围。

4.10 某位移测量装置采用了两个相同的线性电位器。电位器的总电阻为 R_0,总工作行程为 L_0。当被测位移变化时,带动这两个电位器一起滑动(如题图 4.2 所示,虚线表示电刷的机械臂),如果采用电桥检测方式,电桥的激励电压为 U_{in}。
(1) 设计电桥的连接方式;
(2) 被测位移的测量范围为 0～L_0 时,电桥的输出电压范围是多少?

4.11 给出一种电位器式压力传感器的结构原理图,并说明其工作过程与特点。

4.12 针对题图 4.6.2 所示的电位器式加速度传感器的结构示意图,说明其工作过程与特点。

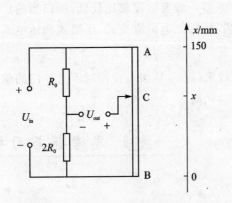

题图 4.1 电位器式位移传感器检测电路

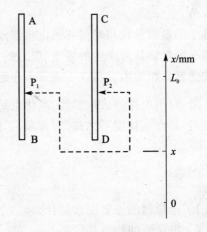

题图 4.2 电位器式加速度传感器结构图

第 5 章 应变式传感器

利用应变式变换原理可以制成电阻式应变片(resistance strain gage)或应变薄膜,用于感受物体受力或力矩时所产生的应变,并将应变变化转换为电阻变化,通过电桥进一步转换为电压或电流的变化。利用应变式变换原理实现的传感器称为应变式传感器(strain gage transducer/sensor)。

5.1 应变式变换原理

以金属电阻丝来说明应变式变换原理。

截面为圆形的金属电阻丝的电阻值为

$$R = \frac{L\rho}{A} = \frac{L\rho}{\pi r^2} \tag{5.1.1}$$

式中 R——电阻值(Ω);
  ρ——电阻率($\Omega \cdot m$);
  L——金属丝的长度(m);
  A——金属丝的横截面积(m^2);
  r——金属丝的横截面的半径(m)。

考虑一段如图5.1.1所示金属电阻丝,当其受到拉力而伸长 dL 时,其横截面积将相应减少 dA,电阻率则因金属晶格畸变因素的影响也将改变 $d\rho$,从而引起金属丝的电阻改变 dR。由式(5.1.1)可得

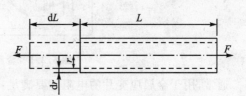

图 5.1.1 金属电阻丝的应变效应

$$\frac{dR}{R} = \frac{d\rho}{\rho} + \frac{dL}{L} - 2\frac{dr}{r} \tag{5.1.2}$$

依材料力学可知:电阻丝的轴向应变 $\varepsilon_L = dL/L$ 与径向应变 $\varepsilon_r = dr/r$ 满足

$$\varepsilon_r = -\mu \varepsilon_L \tag{5.1.3}$$

式中 μ——金属电阻丝材料的泊松比。

利用式(5.1.2)、式(5.1.3)可得

$$\frac{dR}{R} = \frac{d\rho}{\rho} + (1+2\mu)\varepsilon_L = \left[\frac{d\rho}{\varepsilon_L \rho} + (1+2\mu)\right]\varepsilon_L = K_0 \varepsilon_L \tag{5.1.4}$$

$$K_0 \stackrel{def}{=} \frac{\left(\dfrac{dR}{R}\right)}{\varepsilon_L} = \frac{d\rho}{\varepsilon_L \rho} + (1+2\mu)$$

式中 K_0——金属材料的应变灵敏系数,表示单位应变引起的电阻变化率。

大量实验表明:在电阻丝拉伸的比例极限内,电阻的相对变化与其轴向应变成正比,即 K_0

为一常数。例如对康铜材料，$K_0 \approx 1.9 \sim 2.1$；镍铬合金，$K_0 \approx 2.1 \sim 2.3$；铂电阻，$K_0 \approx 3 \sim 5$。

5.2 金属应变片

5.2.1 结构及应变效应

利用金属丝的应变效应可以制成金属应变片，图 5.2.1 给出了金属应变片的基本结构。它一般由敏感栅、基底、粘合层、引线、盖片等组成。敏感栅由金属细丝制成，直径大约为 0.01～0.05 mm，用粘合剂将其固定在基底上。基底的作用是将被测构件上的应变不失真地传递到敏感栅上，因此它非常薄，一般为 0.03～0.06 mm。此外，基底应有良好的绝缘、抗潮和耐热性能，且随外界条件变化的变形小。基底材料有纸、胶膜、玻璃纤维布等。敏感栅上面粘贴有覆盖层，用于保护敏感栅。敏感栅电阻丝两端焊接引出线，用以和外接电路相连接。

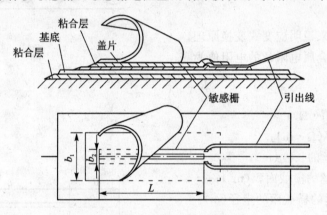

图 5.2.1 金属应变片的基本结构

通常，用于金属应变片的电阻丝要满足：
1) 金属丝的应变系数 K_0 要大，且在相当大的范围内保持常数；
2) 电阻率要大，这样在一定电阻值的情况下，其长度可短一些；
3) 电阻温度系数要小；
4) 高温用的应变片，应耐高温；
5) 优良的加工焊接性能。

由金属丝制成敏感栅并构成应变片后，应变片的电阻应变效应与金属电阻单丝的情况稍有不同，取决于结构、制作工艺和工作状态。所以在应变片出厂时，必须按照统一标准重新进行试验测定。测定时规定，将电阻应变片粘贴在一维应力作用下的试件上，如一维受轴向拉伸的杆或纯弯的梁等。试件材料规定为泊松比 $\mu_0 = 0.285$ 的钢。采用精密电阻电桥或其它仪器测出应变片的电阻变化，得到电阻应变片的电阻与其所受的轴向应变的特性。实验表明：应变片的电阻相对变化 $\Delta R/R$ 与应变片受到的轴向应变 ε_x 的关系在很大范围内具有很好的线性特性，即

$$\frac{\Delta R}{R} = K \varepsilon_x \tag{5.2.1}$$

$$K \stackrel{\text{def}}{=} \frac{\frac{\Delta R}{R}}{\varepsilon_x}$$

式中 K——电阻应变片的灵敏系数,又称标称灵敏系数。

实验表明:应变片的灵敏系数 K 小于同种材料金属丝的灵敏系数 K_0。主要原因就是应变片的横向效应和粘贴胶带来的应变传递失真。因此应变片在实际使用时,一定要注意被测工件的材料以及受力状态。为确保测试精度,应变片的灵敏系数要通过抽样法测定,每批产品抽取一定比例(如 5 %)实测其灵敏系数 K 值,以其平均值作为这批产品在所使用的场合的灵敏系数。

5.2.2 横向效应及横向灵敏度

直的金属丝受单向拉伸时,其任一微段所感受的应变都相同,且每一段都伸长,因此,每一段电阻都将增加,线材总电阻的增加为各微段电阻增加的总和。当同样长度的线材制成金属应变片时(如图 5.2.2 所示),在电阻丝的弯段,电阻的变化率与直段明显不同。例如对于单向拉伸,当 x 方向的应变 ε_x 为正时,y 方向的应变 ε_y 为负(如图 5.2.2(b)所示),这样,应变片的灵敏系数要比直段线材的灵敏系数小。于是产生了所谓的"横向效应"。应变片的电阻变化包括两部分:它们分别是由 ε_x 和 ε_y 引起的,对于如图 5.2.2 所示的应变片,在图示应变场的作用下,"电阻丝"总的电阻相对变化量可以写为

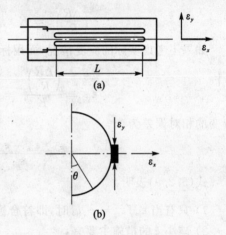

图 5.2.2 应变片的横向效应

$$\frac{\Delta R}{R} = K_{x0}\varepsilon_x + K_{y0}\varepsilon_y \quad (5.2.2)$$

式中 K_{x0}——图 5.2.2 所示"电阻丝"的轴向应变灵敏系数;

K_{y0}——图 5.2.2 所示"电阻丝"的横向应变灵敏系数;

ε_x——沿应变片轴向的应变;

ε_y——垂直于轴向的应变。

而对于实际的应变片,其应变效应可以描述为

$$\frac{\Delta R}{R} = K_x\varepsilon_x + K_y\varepsilon_y \quad (5.2.3)$$

式中 K_x——电阻应变片对轴向应变 ε_x 的应变灵敏系数,表示 $\varepsilon_y=0$ 时应变片电阻相对变化与 ε_x 的比值;

K_y——电阻应变片对横向应变 ε_y 的应变灵敏系数,表示 $\varepsilon_x=0$ 时应变片电阻相对变化与 ε_y 的比值。

类似于直段金属丝 K_0 要稍稍大于由同种材料构成应变片的 K,K_{x0} 与 K_{y0} 分别要稍稍大于由同种材料构成应变片的 K_x 与 K_y。

依上述定义,电阻的变化率(相对变化量)为

$$\frac{\Delta R}{R}=K_x\left(\varepsilon_x+\frac{K_y}{K_x}\varepsilon_y\right)=K_x(\varepsilon_x+C\varepsilon_y) \tag{5.2.4}$$

式中 C——应变片的横向灵敏度,$C=K_y/K_x$;横向灵敏度反映了横向应变对应变片输出的影响,一般由实验方法来确定 K_x,K_y,再求得 C。

根据应变片出厂标定情况,应变片处于单向拉伸状态,$\varepsilon_y=-\mu_0\varepsilon_x$,由式(5.2.3)可得

$$\frac{\Delta R}{R}=K_x(\varepsilon_x+C\varepsilon_y)=K_x(1-C\mu_0)\varepsilon_x=K\varepsilon_x \tag{5.2.5}$$

$$K=K_x(1-C\mu_0) \tag{5.2.6}$$

式(5.2.6)给出了应变片的标称灵敏系数 K 与 K_x,C 的关系。

由于横向效应的存在,如果电阻应变片用来测量 μ 不为 0.285 的试件,或者不是单向拉伸而是在任意两向受力的情况下,如果仍按标称灵敏系数计算应变,必将造成误差。现考虑实测情况,即在任意的应变场 $\varepsilon_{xa},\varepsilon_{ya}$ 下,应变片电阻的相对变化量为

$$\left(\frac{\Delta R}{R}\right)_a=K_x\varepsilon_{xa}+K_y\varepsilon_{ya}=K_x(\varepsilon_{xa}+C\varepsilon_{ya}) \tag{5.2.7}$$

如果不考虑实际的应变情况,而用标准灵敏系数计算,则有

$$\varepsilon_{xc}=\frac{\left(\dfrac{\Delta R}{R}\right)_a}{K}=\frac{K_x(\varepsilon_{xa}+C\varepsilon_{ya})}{K_x(1-C\mu_0)}=\frac{\varepsilon_{xa}+C\varepsilon_{ya}}{1-C\mu_0} \tag{5.2.8}$$

应变的相对误差为

$$\xi=\frac{\varepsilon_{xc}-\varepsilon_{xa}}{\varepsilon_{xa}}=\frac{C}{1-C\mu_0}\left(\mu_0+\frac{\varepsilon_{ya}}{\varepsilon_{xa}}\right) \tag{5.2.9}$$

式(5.2.9)表明:

1) 只有当 $\varepsilon_{ya}/\varepsilon_{xa}=-\mu_0$ 时,即符合标准的使用条件时,才有 $\xi=0$;
2) 减小 ξ 的措施主要有:
① 按标准条件使用;
② 减小 C,采用短接措施(如图5.2.3所示)或采用箔式应变片(如图5.2.4所示);
③ 针对实用情况,重新标定在实际使用的应变场 $\varepsilon_{xa},\varepsilon_{ya}$ 下的应变片的应变灵敏系数。

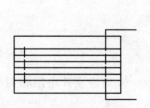

图 5.2.3 短接式应变片　　　　图 5.2.4 箔式应变片

考虑一种实测情况,应变片的横向灵敏度 $C=0.03$,被测工件处于平面应力状态,即 $\varepsilon_{xa}/\varepsilon_{xy}=1$,则相对误差为

$$\xi=\frac{0.03}{1-0.03\times0.285}(0.285+1)=3.9\% \tag{5.2.10}$$

5.2.3 电阻应变片的种类

目前应用的电阻应变片主要有丝式应变片、箔式应变片、半导体应变片以及薄膜式应变器件。

1. 金属丝式应变片

这是一种普通的金属应变片,制作简单,性能稳定,价格低,易于粘贴。敏感栅材料直径在 0.01～0.05 mm 之间。其基底很薄,一般在 0.03 mm 左右,能保证有效地传递变形。引线多用 0.15～0.3 mm 直径的镀锡铜线与敏感栅相连。

2. 金属箔式应变片

箔式应变片是利用照相制版或光刻腐蚀法将电阻箔材在绝缘基底上制成各种图案形成应变片(如图 5.2.4 所示)。作为敏感栅的箔片很薄,厚度在 1～10 μm 之间,与金属丝式应变片相比,金属箔式应变片有如下优点:

1) 制造工艺保证了敏感栅尺寸准确,线条均匀,可以根据不同测量需求制成任意形状,而且尺寸很小;
2) 横向效应小;
3) 允许电流大,从而可以提高灵敏度;
4) 疲劳寿命长,蠕变小,机械滞后小;
5) 生产效率高,成本低。

3. 半导体应变片

半导体应变片是基于半导体材料的"压阻效应",即电阻率随作用应力而变化的效应(详见 6.1.1 节)。由于半导体特殊的导电机理,由半导体制作敏感栅的压阻效应特别显著,能反映出非常小的应变。

常见的半导体应变片采用锗和硅等半导体材料制成,一般为单根状,如图 5.2.5 所示。半导体应变片的突出优点是:体积小,灵敏度高,机械滞后小,动态特性好等。最明显的缺点是:灵敏系数的温度稳定性差。此外半导体应变片特性的非线性大,分散性大,互换性差。

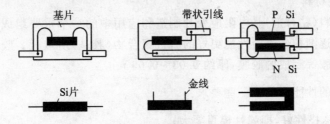

图 5.2.5 半导体应变片

4. 薄膜式应变片

薄膜式应变片极薄,其厚度不大于 0.1 μm。它是采用真空蒸发或真空沉积等镀膜技术将电阻材料镀在基底上,制成各种各样的敏感栅而形成应变片。它灵敏度高,易于实现工业化;特别是它可以直接制作在弹性敏感元件上,形成测量元件或传感器。由于这种应用方式免去了应变片的粘贴工艺过程,因此具有一定优势。

5.2.4 电阻应变片材料

1. 敏感栅材料

对制造敏感栅的材料主要有下列要求：

1) 灵敏系数 K_0 和电阻率 ρ 尽可能高而稳定，且 K_0 在很大范围内为常数，亦即电阻变化率 $\Delta R/R$ 与机械应变 ε 之间应具有良好而范围较宽的线性关系；

2) 电阻温度系数小，电阻与温度间的线性关系和重复性好，与其它金属之间的接触热电势小。

3) 机械强度高，压延及焊接性能好，抗氧化、抗腐蚀能力强，机械滞后微小，价格便宜。

常用敏感栅材料有康铜、镍铬、铁铬铝、铁镍铬、贵金属等合金。康铜是用得最广泛的应变片材料。它有很多优点，上述要求都能满足，其 K_0 值对应变的恒定性非常好，不但在弹性变形范围内 K_0 保持常值，在微量塑变形范围内也基本上保持常值，所以康铜丝应变片的测量范围大。另一方面，康铜的电阻温度系数足够小，而且稳定，因而测量时的温度误差小。另外还能通过改变合金比例，进行冷作加工或不同的热处理来控制其电阻温度系数，使之能在从负值到正值的很大范围内变化，因而可做成温度自补偿应变片。康铜的电阻率 ρ 值也足够大，便于制造适当的阻值和尺寸的应变片，且它的加工性好，容易拉丝，易于焊接，因而国内外应变丝材料均以康铜丝为主。

与康铜相比，镍铬合金的电阻率高，抗氧化能力较好，使用温度较高。其最大的缺点是电阻温度系数大，因此主要用于温度变化较小的测量过程中。

镍铬铝合金也是一种性能良好的应变丝材料，其电阻率高，电阻温度系数低，K_0 在 2.8 左右。其重要特点是抗氧化能力比镍铬合金更高，静态测量时使用温度可达 700 ℃，因此，宜做成高温应变片；其最大缺点是电阻温度特性的线性度差。

贵金属及其合金的特点是具有很强的抗氧化能力，电阻温度特性线性度好，宜作高温应变片，但其电阻温度系数特大，且价格贵。

2. 应变片基底材料

应变片基底材料（粘合剂）是电阻应变片制造和应用中的一个重要组成部分，有纸和聚合物两大类。纸基已逐渐被各方面性能更好的有机聚合物（胶基）所取代。胶基是由环氧树脂、酚醛树脂和聚酰亚胺等制成的胶膜，厚约 0.03～0.06 mm。

对粘合剂材料的性能有以下一些要求：

1) 机械强度好，挠性好，即弹性模量要大；
2) 粘合力大，固化内应力小（固化收缩小、膨胀系数要和试件的相接近等）；
3) 电绝缘性能好；
4) 耐老化性好，对温度、湿度、化学药品或特殊介质的稳定性要好，用于长期动态应变测量时，还应有良好的耐疲劳性能；
5) 蠕变小，滞后现象弱；
6) 对被粘结的材料不起腐蚀作用；
7) 对使用者没有毒害或毒害小；

8) 有较大的使用温度范围。

事实上,在实际应用中很难找到一种粘合剂能同时满足上述全部要求,因为有些要求是相互矛盾的,例如抗剪切强度高的,固化收缩率就大,耐疲劳性能较差,在高温下使用的粘合剂,固化程序和粘贴操作就比较复杂。由此可见,只能根据不同试验条件,针对主要性能要求选用适当的粘合剂。

3. 引线材料

康铜丝敏感栅应变片的引线常采用直径为 0.15~0.18 mm 的银铜丝,其它类型敏感栅多采用铬镍、铁铬铝金属丝引线。引线与敏感栅点焊相连接。

5.2.5 应变片的主要参数

要正确选用电阻应变片,必须了解下面影响其工作特性的一些主要参数。

1. 应变片电阻值(R_0)

这是应变片在未使用和不受力的情况下,在室温条件下测定的电阻值,也称原始阻值。应变片电阻值已趋于标准化,有 60 Ω,120 Ω,350 Ω,600 Ω 和 1 000 Ω 等多种阻值,其中,120 Ω 最常用。应变片的电阻值大,可以加大应变片承受的电压,从而可以提高输出信号,但一般情况下其相应的敏感栅的尺寸也要随之增大。

2. 绝缘电阻

这是敏感栅与基底之间的电阻值,一般应大于 10^{10} Ω。

3. 灵敏系数(K)

当应变片应用于试件表面,在其轴线方向的单向应力作用下,应变片的电阻值相对变化与试件表面上粘贴应变片区域的轴向应变之比称为应变片的应变灵敏系数。要求 K 值尽量大,且稳定。

4. 机械滞后

这是指粘贴的应变片在一定温度下受到增(加载)、减(卸载)循环机械应变时,同一应变量下应变指示值的最大差值。

产生机械滞后的主要原因是敏感栅基底和粘结合剂在承受机械应变之后留下的残余变形所致。经过几次加、卸载循环之后,机械滞后便明显减少。通常,在正式使用之前都预先加、卸载若干次,以减少机械滞后对测量结果的影响。

5. 允许电流

这是指应变片不因电流产生的热量而影响测量精度所允许通过的最大电流。它与应变片本身、试件、粘合剂和使用环境等有关,要根据应变片的阻值和具体电路来计算。为了保证测量精度,在静态测量时,允许电流一般为 25 mA;在动态测量时,可达 75~100 mA。通常箔式应变片的允许电流较大。

6. 应变极限

应变片的应变极限是指一定温度下,指示应变值与真实应变的相对差值不超过规定值(一般为 10 %)时的最大真实应变值,即当指示应变值大于真实应变的 10 % 时的真实应变值即为应变片的应变极限。

7. 零漂和蠕变

对于已粘贴好的应变片,在一定温度下不承受机械应变时,其指示应变随时间变化的特性称为该应变片的零漂。

如果在一定温度下使应变片承受一恒定的机械应变,这时指示应变随时间而变化的特性称为应变片的蠕变。

应变片在制造过程中产生的残余内应力、丝材、粘合剂和基底在温度和载荷作用情况下内部结构的变化是造成应变片零漂和蠕变的主要因素。

5.3 应变片的温度误差及其补偿

5.3.1 温度误差产生的原因

当把应变片安装在一个可以自由膨胀的试件上,在试件不受任何外力的作用,而环境温度变化时,电阻应变片的电阻也将随之变化。如果在应变测量中不排除这种影响,则势必给测量带来很大误差。这种由于环境温度带来的误差称为应变片的温度误差。

造成电阻应变片温度误差的原因主要如下。

1) 电阻的热效应,即敏感栅金属丝电阻自身随温度产生的变化。电阻与温度的关系可以写为

$$R_t = R_0(1+\alpha\Delta t) = R_0 + \Delta R_{t\alpha} \tag{5.3.1}$$

$$\Delta R_{t\alpha} = R_0 \alpha \Delta t \tag{5.3.2}$$

式中 R_t——温度 t 时的电阻值(Ω);
R_0——温度 t_0 时的电阻值(Ω);
Δt——温度的变化值(℃);
$\Delta R_{t\alpha}$——温度改变 Δt 时的电阻变化值(Ω);
α——应变丝的电阻温度系数,表示单位温度变化引起的电阻相对变化(1/℃)。

2. 试件与应变丝的材料线膨胀系数不一致使应变丝产生附加变形,从而造成电阻变化,如图 5.3.1 所示。

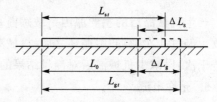

图 5.3.1 线膨胀系数不一致引起的温度误差

若电阻应变片上的电阻丝的初始长度为 L_0,当温度改变 Δt 时,应变丝受热膨胀至 L_{st},而应变丝下的构件相应地由 L_0 伸长到 L_{gt},则它们与温度的关系为

$$L_{st} = L_0(1+\beta_s \Delta t) \tag{5.3.3}$$

$$\Delta L_s = L_{st} - L_0 = L_0 \beta_s \Delta t \tag{5.3.4}$$

$$L_{gt} = L_0(1+\beta_g \Delta t) \tag{5.3.5}$$

$$\Delta L_g = L_{gt} - L_0 = L_0 \beta_g \Delta t \tag{5.3.6}$$

式中 β_s——应变丝的线膨胀系数(1/℃),表示单位温度引起的相对长度变化;
β_g——构件的线膨胀系数(1/℃),表示单位温度引起的相对长度变化;

ΔL_s——应变丝的膨胀量(m);

ΔL_g——构件的膨胀量(m)。

当 $\Delta L_s = \Delta L_g$ 时,应变丝与构件的相对长度变化一致,而当 $\Delta L_s \neq \Delta L_g$ 时,构件将应变丝从"L_{st}"拉伸至"L_{gt}",从而使应变丝产生了附加的变形

$$\Delta L_\beta = \Delta L_g - \Delta L_s = (\beta_g - \beta_s)\Delta t L_0 \tag{5.3.7}$$

于是引起了附加应变

$$\varepsilon_\beta = \frac{\Delta L_\beta}{L_{st}} = \frac{(\beta_g - \beta_s)\Delta t L_0}{L_0(1+\beta_s \Delta t)} \approx (\beta_g - \beta_s)\Delta t \tag{5.3.8}$$

相应引起的电阻变化量(基于应变效应)为

$$\Delta R_{t\beta} = R_0 K \varepsilon_\beta = R_0 K (\beta_g - \beta_s)\Delta t \tag{5.3.9}$$

综上,总的电阻变化量及相对变化量为

$$\Delta R_t = \Delta R_{t\alpha} + \Delta R_{t\beta} = R_0 \alpha \Delta t + R_0 K (\beta_g - \beta_s)\Delta t \tag{5.3.10}$$

$$\frac{\Delta R_t}{R_0} = \alpha \Delta t + K(\beta_g - \beta_s)\Delta t \tag{5.3.11}$$

折合成相应的应变量为

$$\varepsilon_t = \frac{\left(\frac{\Delta R_t}{R_0}\right)}{K} = \left[\frac{\alpha}{K} + (\beta_g - \beta_s)\right]\Delta t \tag{5.3.12}$$

式(5.3.12)即为温度变化引起的附加电阻变化带来的附加应变变化。它与 $\Delta t, \alpha, k, \beta_s, \beta_g$ 等有关,当然也与粘合剂等有关。

5.3.2 温度误差的补偿方法

1. 自补偿法

利用式(5.3.11)可以得到

$$\alpha + K(\beta_g - \beta_s) = 0 \tag{5.3.13}$$

因此,合理选择应变片与使用构件就能使温度引起的附加应变为零。这种方法的最大不足是:一种确定的应变片只能用于一种确定材料的试件上,局限性很大。

2. 线路补偿法

选用两个应变片,它们处于相同的温度场,但受力状态不同。R_1 处于受力状态,称为工作应变片;R_B 处于不受力状态,称为补偿应变片,如图5.3.2所示。R_1 和 R_B 分别为电桥的相邻两臂。当温度发生变化时,工作应变片 R_1 与补偿应变片 R_B 的电阻都发生变化。由于它们是同类应变片,粘贴在相同材料上,又处于相同的温度场,所以温度变化引起的电阻变化量是相同的。而当试件受到外力,产生应变后,工作应变片 R_1 会有变化,补偿应变片 R_B 的电阻不会发生变化。因此电桥的输出对温度不敏感,而对应变很敏感,从而起到温度补偿的作用。这种方法简单,在常温下补偿效果较好,其不足是:在温度变化梯度较大时很难做到工作片与补偿片处于完全一致的情况,因而影响补偿效果。

上述方法进一步改进就形成了一种非常理想的差动方式,如图5.3.3所示。两个应变片 $R_1(R_4)$ 和 $R_2(R_3)$ 完全相同,处于相同的温度场,但处于互为相反的受力状态。当 $R_1(R_4)$ 受拉伸时,$R_2(R_3)$ 受压缩,反之亦然。即当试件受到被测量作用时,应变片 $R_1(R_4)$ 和 $R_2(R_3)$,

一个电阻增加，一个电阻减小；同时由于它们处于相同的温度场，因温度变化带来的电阻变化是相同的。因此，当把它们接入电桥的相邻两臂时，可以很好地补偿温度误差，同时还可以提高测量灵敏度和测量精度。

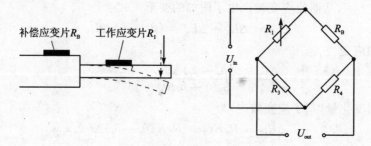

图 5.3.2　差动补偿法

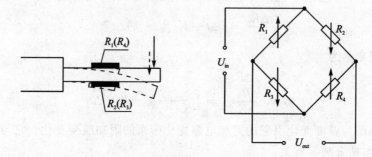

图 5.3.3　差动应变片补偿法

5.4　电桥原理

利用应变片可以感受由被测量产生的应变，并得到电阻的相对变化。通常可以通过电桥（bridge circuit）将电阻的变化转变成电压或电流信号。图 5.4.1 给出了常用的全桥电路，U_{in} 为工作电压，R_1 为受感应变片，其余 R_2，R_3，R_4 为常值电阻。为便于讨论，假设电桥的输入电源内阻为零，输出为空载。

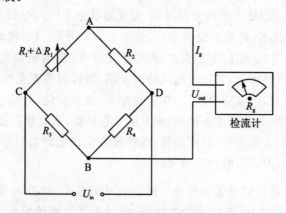

图 5.4.1　单臂受感全桥电路

5.4.1 电桥的平衡

基于上面的假设,电桥的输出电压为

$$U_{\text{out}} = \left(\frac{R_1}{R_1+R_2} - \frac{R_3}{R_3+R_4}\right)U_{\text{in}} = \frac{R_1 R_4 - R_2 R_3}{(R_1+R_2)(R_3+R_4)}U_{\text{in}} \quad (5.4.1)$$

平衡电桥就是指电桥的输出电压 U_{out} 为零的情况。如果在电桥的输出端接有检流计时,流过检流计的电流为零,即平衡电桥应满足

$$\frac{R_1}{R_2} = \frac{R_3}{R_4} \quad (5.4.2)$$

在上述电桥中,R_1 为受感应变片,即单臂受感。当被测量变化引起应变片的电阻产生 ΔR_1 的变化时,上述平衡关系被破坏,检流计有电流通过。为建立新的平衡关系,可以调节其桥臂的电阻值。若调节 R_2 使之成为 $(R_2+\Delta R_2)$,得到

$$\frac{R_1+\Delta R_1}{R_2+\Delta R_2} = \frac{R_3}{R_4} \quad (5.4.3)$$

电桥达到新的平衡。结合式(5.4.2)和式(5.4.3),有

$$\Delta R_1 = \frac{R_3}{R_4}\Delta R_2 \quad (5.4.4)$$

可见,当 R_3 和 R_4 恒定时,ΔR_2 即可以表示 ΔR_1 的大小;如果改变 R_3 和 R_4 的比值,就可以改变 ΔR_1 的测量范围。通常称电阻 R_2 为调节臂,可以用它来刻度被测应变量。

平衡电桥在测量静态应变时比较理想,由于检流计对通过它的电流非常灵敏,所以测量的分辨率和精度较高。此外,测量过程中它不直接受电桥工作电压波动的影响,故有较强的抗干扰能力。但当被测量变化较快时,调节 R_2 的过程跟不上应变片电阻 R_1 的变化过程,从而就会引起较大的动态测量误差,这时就必须采用不平衡电桥。

5.4.2 电桥的不平衡输出

电桥中只有 R_1 为应变片,其余为固定电阻。假设被测量为零时,应变片的电阻值为 R_1,电桥应处于平衡状态,即满足式(5.4.2)。当被测量变化引起应变片的电阻 R_1 产生 ΔR_1 的变化时,电桥将产生不平衡输出,为

$$U_{\text{out}} = \left(\frac{R_1+\Delta R_1}{R_1+R_2+\Delta R_1} - \frac{R_3}{R_3+R_4}\right)U_{\text{in}} = \frac{\frac{R_4}{R_3} \cdot \frac{\Delta R_1}{R_1} \cdot U_{\text{in}}}{\left(1+\frac{R_2}{R_1}+\frac{\Delta R_1}{R_1}\right)\cdot\left(1+\frac{R_4}{R_3}\right)} \quad (5.4.5)$$

引入电桥的桥臂比 $n=\dfrac{R_2}{R_1}=\dfrac{R_4}{R_3}$,忽略式(5.4.5)分母中的小量 $\dfrac{\Delta R_1}{R_1}$ 项,输出电压 U_{out} 与 $\dfrac{\Delta R_1}{R_1}$ 成正比,则有

$$U_{\text{out}} \approx \frac{n}{(1+n)^2}\cdot\frac{\Delta R_1}{R_1}\cdot U_{\text{in}} \stackrel{\text{def}}{=} U_{\text{out}0} \quad (5.4.6)$$

式中 $U_{\text{out}0}$——$U_{\text{out}0}$ 的线性描述(V)。

定义应变片单位电阻变化量引起的输出电压变化量为电桥的电压灵敏度

$$K_U = \frac{U_{out0}}{\frac{\Delta R_1}{R_1}} = \frac{n}{(1+n)^2} \cdot U_{in} \tag{5.4.7}$$

电桥的电压灵敏度 K_U 与电桥的桥臂比和工作电压相关。K_U 增加,说明相同的电阻相对变化引起的电桥输出电压大。利用 $dK_U/dn=0$ 可得:$n=1$,即 $R_1=R_2$,$R_3=R_4$ 的对称条件下(或 $R_1=R_2=R_3=R_4$ 的完全对称条件下),电压的灵敏度最大,这种对称电路最为常用。电压的最大灵敏度为

$$(K_U)_{max} = \frac{1}{4}U_{in} \tag{5.4.8}$$

基于上述分析,提高 K_U 的措施是:
1) $n=1$;
2) 提高工作电压 U_{in}。

5.4.3 差动电桥

基于被测试件的应用情况,在电桥相邻的两臂接入相同的电阻应变片,一片受拉,一片受压,如图 5.4.2 所示,并参见图 5.3.3。这时电桥输出电压为

$$U_{out} = \left(\frac{R_1 + \Delta R_1}{R_1 + \Delta R_1 + R_2 - \Delta R_2} - \frac{R_3}{R_3 + R_4}\right) U_{in} \tag{5.4.9}$$

考虑一特例,$n=1$,$\Delta R_1 = \Delta R_2$,则

$$U_{out} = \frac{U_{in}}{2} \cdot \frac{\Delta R_1}{R_1} \tag{5.4.10}$$

$$K_U = \frac{1}{2}U_{in} \tag{5.4.11}$$

不仅消除了非线性误差,而且还提高了电桥的电压灵敏度;进一步地采用四臂受感差动电桥,如图 5.4.2(b)所示。

$$U_{out} = U_{in} \cdot \frac{\Delta R_1}{R_1} \tag{5.4.12}$$

$$K_U = U_{in} \tag{5.4.13}$$

下面讨论四臂受感差动检测方式时对温度误差的补偿问题,如图 5.4.3 所示。每一臂的电阻初始电阻值均为 R,被测量引起的电阻变化值为 ΔR,其中两个臂的电阻增加 ΔR,两个臂的电阻减小 ΔR。同时四个臂的电阻由于温度变化引起的电阻值的增量均为 ΔR_t,则电桥的输出电压为

$$U_{out} = \left(\frac{R + \Delta R + \Delta R_t}{2R + 2\Delta R_t} - \frac{R - \Delta R + \Delta R_t}{2R + 2\Delta R_t}\right) U_{in} = \frac{\Delta R U_{in}}{R + \Delta R_t} \tag{5.4.14}$$

不采用差动方案时,考虑单臂受感的情况,电桥的输出电压为

$$U_{out} = \left(\frac{R + \Delta R + \Delta R_t}{2R + \Delta R + \Delta R_t} - \frac{1}{2}\right) U_{in} = \frac{(\Delta R + \Delta R_t) U_{in}}{2(2R + \Delta R + \Delta R_t)} \tag{5.4.15}$$

比较式(5.4.14)与式(5.4.15)可知:当温度引起的电阻变化 ΔR_t 出现在分子上时,温度引起的测量误差非常大。因此差动电桥检测是一种非常好的温度误差补偿方式。

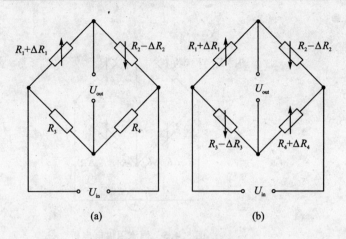
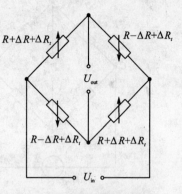

图 5.4.2 差动电桥输出电压

图 5.4.3 差动检测方式时的温度误差补偿

5.4.4 采用恒流源供电电桥

图 5.4.4 给出了恒流源供电电桥电路,供电电流为 I_0,通过各桥臂的电流 I_1 和 I_2 为

$$I_1 = \frac{R_3 + R_4}{R_1 + \Delta R_1 + R_2 + R_3 + R_4} I_0 \tag{5.4.16}$$

$$I_2 = \frac{R_1 + \Delta R_1 + R_2}{R_1 + \Delta R_1 + R_2 + R_3 + R_4} I_0 \tag{5.4.17}$$

则电桥的输出电压为

$$U_{\text{out}} = (R_1 + \Delta R_1)I_1 - I_2 R_3 = \frac{R_4 \Delta R_1 I_0}{R_1 + R_2 + R_3 + R_4 + \Delta R_1} \tag{5.4.18}$$

也有非线性问题,忽略分母中的小量 ΔR_1,得

$$U_{\text{out0}} = \frac{R_4 \Delta R_1 I_0}{R_1 + R_2 + R_3 + R_4} \tag{5.4.19}$$

则非线性误差为

$$\xi_L = \frac{U_{\text{out}} - U_{\text{out0}}}{U_{\text{out0}}} = \frac{\Delta R_1}{R_1 + R_2 + R_3 + R_4 + \Delta R_1} = \frac{-\dfrac{\Delta R_1}{R_1}}{\left(1 + \dfrac{R_2}{R_1}\right)\left(1 + \dfrac{R_3}{R_1}\right) + \dfrac{\Delta R_1}{R_1}} \tag{5.4.20}$$

图 5.4.5 所示为四臂受感的恒流源供电电桥方式,供电电流为 I_0,通过各桥臂的电流为 I_1 和 I_2 为

$$I_1 = \frac{I_0}{2} \tag{5.4.23}$$

$$I_2 = \frac{I_0}{2} \tag{5.4.24}$$

则电桥的输出电压为

$$U_{\text{out}} = (R + \Delta R + \Delta R_t)I_1 - I_2(R - \Delta R + \Delta R_t)I_1 = \Delta R I_0 \tag{5.4.25}$$

从原理上很好地解决了非线性问题。

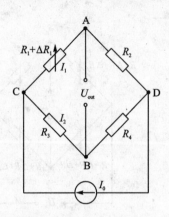

图 5.4.4 恒流源供电电桥

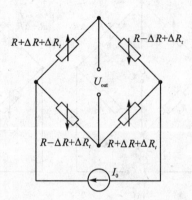

图 5.4.5 恒流源供电电桥

5.5 典型的应变式传感器

在检测技术中,除了直接用电阻应变丝(片)来测量试件的应变和应力外,还广泛利用它制成各种应变式传感器来测量各种物理量,如力、力矩、压力、加速度、流体速度等。应变式传感器通常包括弹性敏感元件、应变片(丝)和电桥电路。弹性元件在被测物理量的作用下产生一个与被测物理量成正比的应变,利用应变片(丝)将应变转换为电阻变化,然后利用电桥原理将电阻变化转换为电压或电流的变化。

与其它类型传感器相比,应变式传感器具有以下特点:
1) 测量范围广,如应变力传感器可以实现对 $10^{-2} \sim 10^7$ N 力的测量,应变式压力传感器可以实现对 $10^{-1} \sim 10^6$ Pa 压力的测量;
2) 精度较高,测量误差可小于 0.1 ‰ 或更小;
3) 输出特性的线性度好;
4) 性能稳定,工作可靠;
5) 性能价格比高;
6) 能在恶劣环境、大加速度和振动条件下工作,只要进行适当的传感器结构设计及选用合适的材料,可在高温或低温、强腐蚀及核辐射条件下可靠工作;
7) 必须考虑由应变片横向效应引起的横向灵敏度与温度补偿问题。

由于应变式传感器具有以上特点,因此它在检测技术中应用十分广泛。应变式传感器按照不同的应变丝的固定方式,可分为粘贴式和非粘贴式两类。下面以工作原理和结构特点,介绍几种典型的应变式传感器。

5.5.1 应变式力传感器

载荷和力传感器是试验技术和工业测量中用得较多的一种传感器。其中,又以采用应变片的应变式力传感器为最多,传感器量程从 $0.1 \sim 10^7$ N。测力传感器主要作为各种电子秤和材料试验机的测力元件,或用于飞机和航空发动机的地面检测等。测力传感器常用的弹性敏感元件有柱式、悬臂梁式、环式、框式等多种。

应变式传感器中使用4个相同的应变片。当被测力变化时,其中两个应变片感受拉伸应变,电阻增大;另外两个应变片感受压缩应变,电阻减小。通过四臂受感电桥将电阻变化转换为电压的变化。这样将获得最大的灵敏度,同时具有良好的线性度及温度补偿性能。

1. 圆柱式力传感器

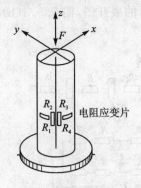

图 5.5.1 圆柱式力传感器

圆柱式力传感器如图 5.5.1 所示。其弹性敏感元件分实心圆柱(图中(a))和空心圆柱(图中(b))两种。实心圆柱可以承受较大的载荷,在弹性范围内应力与应变成正比关系。利用材料力学的有关知识,应当在圆柱体的轴向和环向粘贴应变片,如图 5.5.1 所示。

当圆柱体的轴向受有压缩力 F 时沿圆柱体轴向和环向的应变分别为

$$\varepsilon_x = \frac{-F}{EA} \tag{5.5.1}$$

$$\varepsilon_\theta = \frac{\mu F}{EA} \tag{5.5.2}$$

式中　A——圆柱体的横截面积(m^2);
　　　E——材料的弹性模量(Pa);
　　　μ——材料的泊松比。

基于式(5.5.1),式(5.5.2)以及图 5.5.1,假设感受圆柱体环向应变的电阻为

$$R_1 = R_4 = R + \Delta R_1 \tag{5.5.3}$$

基于应变效应式(5.2.8),式(5.5.2)可得

$$\Delta R_1 = K\varepsilon_\theta R = \frac{K\mu FR}{EA} = -KR\mu\varepsilon_x \tag{5.5.4}$$

同时,假设感受圆柱体轴向应变的电阻为

$$R_2 = R_3 = R + \Delta R_2 \tag{5.5.5}$$

基于应变效应式(5.2.8),式(5.5.1),可得

$$\Delta R_2 = K\varepsilon_x R = \frac{-KFR}{EA} \tag{5.5.6}$$

于是,当采用图 5.5.2(b)差动电桥进行检测时,可得输出电压为

$$U_{\text{out}} = \left(\frac{R_1}{R_1+R_2} - \frac{R_3}{R_3+R_4}\right)U_{\text{in}} = -\frac{(1+\mu)K\varepsilon_x U_{\text{in}}}{2-(1-\mu)K\varepsilon_x} = \frac{KF(1+\mu)U_{\text{in}}}{2EA-KF(1-\mu)} \tag{5.5.7}$$

由式(5.5.7)可知:只有应变 ε_x 在较小的范围内,输出电压才近似与被测力成正比。

在实际测量中,被测力不可能正好沿着柱体的轴线作用,而总是与轴线之间成一微小的角度或微小的偏心,这就使得弹性柱体除了受纵向力作用外,还受到横向力和弯矩的作用,从而影响测量精度。为了消除横向力的影响,可以采用以下的措施。

一是采用承弯膜片结构。它是在传感器刚性外壳上端加一片或二片极薄的膜片,如图 5.5.2所示。由于膜片在其平面方向刚度很大,所以作用在膜片平面内的横向力就经膜片传至外壳和底座。在垂直于其平面方向上膜片刚度很小,所以沿柱体轴向的变形正比于被测力。这样,膜片就承受了绝大部分横向力和弯曲,消除了它们对测量精度的影响。当然,由于

膜片要承受一部分轴向作用力,使作用于敏感柱体上的力有所减小,从而导致测量灵敏度稍有下降,但通常不超过5%。

二是采用增加应变敏感元件的方式,如图5.5.3所示。共采用8个相同的应变片,其中4个沿着柱体的环向粘贴,4个沿着轴向粘贴。图5.5.3(a)为圆柱面的展开图,图5.5.3(b)为桥路连接。

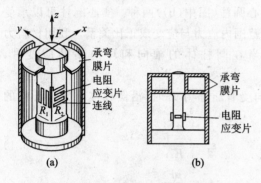

图5.5.2 承弯柱式测力传感器　　　　图5.5.3 圆柱式力传感器应变片的粘贴方式

3. 梁式测力传感器

梁式传感器一般用于较小力的测量,常见结构形式有一端固定的悬臂梁、两端固定梁和剪切梁等。

(1) 悬臂梁

悬臂梁的特点是结构简单,应变片比较容易粘贴;有正应变区和负应变区;灵敏度高,适于小载荷情况的测量。具体结构又分为等截面式和等强度楔式两种,如图5.5.4所示,(a)为等截面梁,(b)为等强度模式梁。

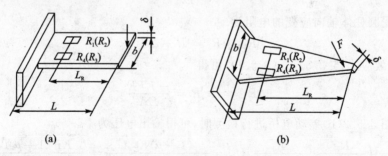

图5.5.4 悬臂梁式力传感器

设梁的宽度为b(对于等强度梁为根部的宽度),厚度为δ,长度为L。当自由端受力F作用时,梁就发生弯曲变形,在一表面上产生正应力,另一表面上产生负应力。沿梁长度方向各处的应变(应力)与该处的弯矩成正比,而该处的弯矩又与其力臂成正比,因此梁根部的上表面的应变(应力)最大(对于等强度梁,各处的应变、应力相等),其值为

$$\varepsilon_{max} = \frac{6L}{Eb\delta^2}F \tag{5.5.8}$$

悬臂梁式力传感器,通常在梁根部的上、下表面各贴两个应变片,并接成四臂受感电桥电路,输出电压与作用力成正比。

对于等强度梁,由于其各处沿梁的长度方向的应变相同,所以粘贴应变片要方便得多。

图 5.5.5 给出了悬臂梁自由端受力作用时,弯矩 M 和剪切力 F_Q 沿长度方向的分布图。可以看出与剪切力 F_Q 成正比的剪切应变为常数,而弯矩则正比于到力作用点的距离,所以力作用点的变化将影响测量结果。

(2) 剪切梁

为了克服力作用点变化对梁测力传感器输出的影响,可采用剪切梁。为了增强抗侧向力的能力,梁的截面通常采用工字形,如图 5.5.6 所示。

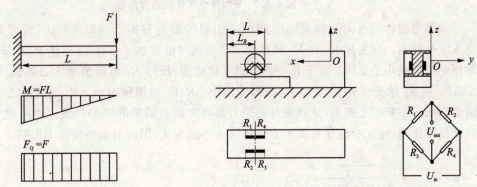

图 5.5.5 弯矩和剪切力的分布　　　图 5.5.6 剪切梁式力传感器

从图 5.5.6 可知,悬臂梁在自由端受力作用时,其剪切应力在梁长度方向各处是相等的,不受力作用点变化的影响。基于剪应力与剪应变的关系可知:剪切应变在梁长度方向各处是相等的,不受力作用点变化的影响。

剪切应变本身无法直接测量,在与梁中心线成 $\pm 45°$ 的方向上,正应变数值上达到最大值,与剪切应变的关系是

$$\varepsilon_{45°} = \frac{\varepsilon_{xy}}{2} \tag{5.5.9}$$

$$\varepsilon_{-45°} = \frac{-\varepsilon_{xy}}{2} \tag{5.5.10}$$

式中　$\varepsilon_{45°}, \varepsilon_{-45°}$——与梁中心线成 $45°, -45°$ 方向上的正应变;

　　　ε_{xy}——被测作用力引起的梁的剪切应变。

因此接成全桥的 4 个应变片都贴在工字梁腹板的两侧面上,两应个变片的方向互为 $90°$,而与梁中心线的夹角为 $45°$。由于应变片只感受由剪切应力引起的拉应力和压应力,而不受弯曲应力的影响,因而测量精度高,线性度和稳定性好,并有很强的抗侧向力的能力,所以这种传感器广泛地用于各种电子衡器中。

(3) S 型弹性元件测力传感器

S 型弹性元件一般用于"称重"或测量 $10 \sim 10^3$ N 的力,具体结构有双连孔型、圆孔型和剪切梁型,如图 5.5.7 所示。

以双连孔型弹性元件为例,介绍其工作原理。4 个应变片贴在开孔的中间梁上下两侧最薄的地方,并接成全桥电路。当力 F 作用在上下端时,其弯矩 M 和剪切力 F_Q 的分布如图 5.5.8 所示。应变片 R_1 和 R_4 因受拉伸而电阻值增大,R_2 和 R_3 受压缩而电阻值减小,电桥

输出与作用力成比例的电压 U_{out}。

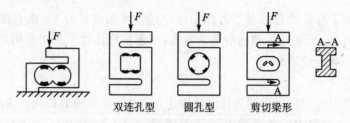

双连孔型　圆孔型　剪切梁形

图 5.5.7　S 型弹性元件测力传感器

如果力的作用点向左偏离 ΔL，则偏心引起的附加弯矩为 $\Delta M = F\Delta L$，此时弯矩分布如图 5.5.9 所示。应变片 R_1 和 R_3 所感受的弯矩绝对值增加了 ΔM，应变片 R_2 和 R_4 所感受的弯矩绝对值减小了 ΔM。由于 R_1 和 R_4 感受拉应变，所以 R_1 电阻值增大 ΔR，R_4 电阻值减小 ΔR；R_2 和 R_3 感受压应变，所以 R_2 电阻值增加 ΔR，R_3 电阻值减小 ΔR。它们的变化量对电桥输出电压的影响相互抵消，这样就补偿了力偏心对测量结果的影响。侧向力只对中间梁起拉伸或压缩作用，使 4 个应变片发生方向相同的电阻变化，因而对电桥输出无影响。

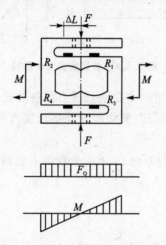

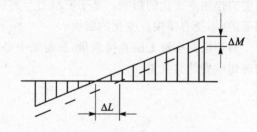

图 5.5.8　弯矩和剪切力分布示意图　　图 5.5.9　偏心力补偿原理

5.5.2　应变式加速度传感器

应变式加速度传感器的具体结构形式很多，但都可简化为图 5.5.10 所示的形式。等强度楔形弹性悬臂梁(参见图 5.5.10(a))安装固定在传感器的基座上，梁的自由端固定一质量块 m，在梁的根部附近粘贴四个性能相同的应变片，上下表面各两个，同时应变片接成对称差动电桥。

下面考虑被测加速度的频率远小于悬臂梁固有频率的情况。

在被测加速度 $a(\ddot{x}_b)$ 变化时，其中两个应变片感受拉伸应变，电阻增大；另外两个应变片感受压缩应变，电阻减小。通过四臂受感电桥将电阻变化转换为电压的变化。这样将获得最大的灵敏度，同时具有良好的线性度及温度补偿性能。当被测加速度为零时，四个桥臂的电阻值相等，电桥输出电压为零。当被测加速度不为零时，四个桥臂的电阻值发生变化，电桥输出电压与加速度成线性关系。从而通过检测电桥输出电压,实现对惯性力的测量,即实现对加速度的测量。

当质量块感受加速度 a 而产生惯性力 F_a 时,在力 F_a 的作用下,悬臂梁发生弯曲变形,由材料力学的知识可得其轴向应变 $\varepsilon_x(x)$

$$\varepsilon_x(x) = \frac{6(L-x)}{Eb\delta^2}F_a = \frac{-6(L-x)}{Eb\delta^2}ma \tag{5.5.11}$$

式中　L,b,δ——梁的长度(m)、根部宽度(m)和厚度(m);

　　　x——梁的轴向坐标(m);

　　　E——材料的弹性模量(Pa);

　　　m——质量块的质量(Kg);

　　　a——被测加速度(m/s²)。

粘贴在梁两面上的应变片分别感受正(拉)应变和负(压)应变而使电阻增加和减小,电桥失去平衡而输出与加速度成正比的电压 U_{out},即

$$U_{out} = U_{in}\frac{\Delta R}{R} = K_a a \tag{5.5.12}$$

$$K_a = \frac{-6U_{in}Km}{Eb\delta^2} \cdot (L-x_s) \tag{5.5.13}$$

式中　U_{in}——电桥工作电压(V);

　　　x_s——应变片中心在梁上的位置(m);

　　　K_a——传感器的灵敏度(V·s²/m);

　　　R——应变片的初始电阻(Ω);

　　　ΔR——应变片产生的附加电阻(Ω);

　　　K——应变片的灵敏系数。

通常认为 $L\gg x_s$,即将应变片在梁上的位置看成一个点,且位于梁的根部,则式(5.5.13)描述的传感器的灵敏度可以简化为

$$K_a = \frac{-6U_{in}LKm}{Eb\delta^2} \tag{5.5.14}$$

通过上述分析,这种应变式加速度传感器的结构简单、设计灵活、具有良好的低频响应,可测量常值加速度。

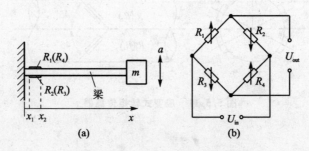

图 5.5.10　应变式加速度传感器原理

5.5.3 应变式转矩传感器

转矩是作用在转轴上的旋转力矩,又称扭矩。如果作用力 F 与转轴中心线的垂直距离为 L,则转矩 M 的大小为 $M=FL$。图 5.5.11 所示为一种典型的应变式转矩传感器。

轴在受到纯扭作用后,将轴看成圆柱体,利用材料力学的知识可知:在轴的外表面上与轴线方向成±45°角的正应变

$$\varepsilon_{45°} = \frac{M}{\pi R^3 G} \tag{5.5.15}$$

$$\varepsilon_{-45°} = \frac{-M}{\pi R^3 G} \tag{5.5.16}$$

式中 R——圆柱体的半径(m);
G——圆柱体材料的剪弹性模量(Pa)。

基于上述分析,沿轴向±45°角方向分别粘贴 4 个应变片组成全桥电路,感受轴的最大正、负应变,从而输出与转矩成正比的电压信号

$$U_{\text{out}} = U_{\text{in}} \frac{\Delta R}{R} = K_M M \tag{5.5.17}$$

$$K_M = \frac{U_{\text{in}} K}{\pi R^3 G} \tag{5.5.18}$$

式中 U_{in}——电桥工作电压(V);
K_M——传感器的灵敏度(V·s^2/m);
R——应变片的初始电阻(Ω);
ΔR——应变片产生的附加电阻(Ω);
K——应变片的灵敏系数。

电阻应变片式转矩传感器结构简单,精度较高。当贴在转轴上的电阻应变片与测量电路的连线通过导电滑环直接引出时,触点接触力太小时工作不可靠;增大接触力时则触点磨损严重,而且还增加了被测轴的摩擦力矩,这时应变式转矩传感器不适于测量高速转轴的转矩,一般转速不超过 4 000 r/min。近年来,随着蓝牙技术的应用,采用无线发射的方式可以有效地解决上述问题。

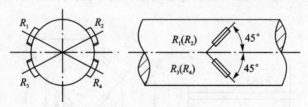

图 5.5.11 应变式转矩传感器

思考题与习题

5.1 什么是金属电阻丝的应变效应？它是如何产生的？

5.2 什么是电阻应变片的横向效应？它是如何产生的？如何消除电阻应变片的横向效应？

5.3 说明半导体应变片和薄膜式应变片各自的特点。

5.4 应变片在使用时，为什么会出现温度误差？如何减小它？

5.5 说明电桥工作原理。

5.6 如何提高应变片电桥的输出电压灵敏度及线性度？

5.7 有一悬臂梁，在其中部上、下两面各贴两片应变片，组成全桥，如题图 5.1 所示。

(1) 请给出由这四个电阻构成四臂受感电桥的电路示意图。

(2) 如题图 5.1 所示，若该梁悬臂端受一向下力 $F=1$ N，长 $L=0.25$ m，宽 $W=0.06$ m，厚 $\delta=0.003$ m，$E=70\times10^9$ Pa，$x=0.5L$，应变片灵敏系数 $K=2.1$，应变片空载电阻 $R=120$ Ω；试求此时这四个应变片的电阻值。

(3) 若该电桥的工作电压 $U_{in}=5$ V，试计算电桥的输出电压 U_{out}。

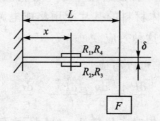

题图 5.1 悬臂梁测力示意图

5.8 说明差动电桥减小温度误差的原理。

5.9 什么是等强度梁？说明它在测力传感器中使用的特点。

5.10 某等强度悬臂梁应变式测力传感器采用 4 个相同的应变片，试给出一种正确粘贴应变片的实现方式和相应的电桥连接方式原理图。

5.11 给出一种应变式加速度传感器的原理结构图，说明其工作过程及其特点。

5.12 分析如图 5.5.11 所示的转矩传感器的设计特点，如何根据轴的直径确定被测转矩的范围？

第 6 章
压阻式传感器

6.1 压阻式变换原理

利用压阻式变换原理可以制成压敏电阻(piezoresistor),用于感受被测对象受力或力矩时所产生的应力。应力使压敏电阻阻值变化,通过电桥进一步将电阻变化量转换为电压或电流的变化量。利用压阻式变换原理实现的传感器称为压阻式传感器(piezoresistive transducer/sensor)。

固体受到作用力后会产生应力,从而使其电阻率(或电阻)发生变化,这就是固体的压阻效应。所有的固体都有这个特点,其中以半导体材料最为显著,因而具有实用价值。半导体材料的压阻效应通常有两种应用方式:一种是利用半导体材料的体电阻做成粘贴式应变片,已在5.2.3中介绍过;另一种是在半导体材料的基片上用集成电路工艺制成扩散型压敏电阻或离子注入型压敏电阻,这里重点讨论这种效应。

导电材料制成的电阻的变化率可以写成

$$\frac{dR}{R} = \frac{d\rho}{\rho} + \frac{dL}{L} - 2\frac{dr}{r}$$

对于金属电阻而言,电阻率的相对变化量 $d\rho/\rho$ 很小,主要由几何变形量 dL/L 和 dr/r 形成电阻的应变效应;对于半导体材料而言,$d\rho/\rho$ 很大,相对而言几何变形量 dL/L 和 dr/r 很小,这是由半导体材料的导电特性决定的。

由实验研究可知,半导体材料的电阻率的相对变化可写为

$$\frac{d\rho}{\rho} = \pi_L \sigma_L \tag{6.1.1}$$

式中 π_L——压阻系数(Pa^{-1}),表示单位应力引起的电阻率的相对变化量;

σ_L——应力(Pa)。

对于单向受力的晶体,引入 $\sigma_L = E\varepsilon_L$;由式(6.1.1),电阻率的变化率可写为

$$\frac{d\rho}{\rho} = \pi_L E \varepsilon_L \tag{6.1.2}$$

电阻的变化率可写为

$$\frac{dR}{R} = \frac{d\rho}{\rho} + \frac{dL}{L} + 2\mu\frac{dL}{L} = (\pi_L E + 2\mu + 1)\varepsilon_L = K\varepsilon_L \tag{6.1.3}$$

$$K = \pi_L E + 2\mu + 1 \approx \pi_L E \tag{6.1.4}$$

半导体材料的弹性模量 E 的量值范围为:$1.3 \times 10^{-11} \sim 1.9 \times 10^{11}$ Pa;压阻系数 π_L 的量值范围为:$40 \times 10^{11} \sim 80 \times 10^{11}$ Pa^{-1}。故式(6.1.4)描述的等效应变系数 K 的范围在:$50 \sim 150$,远远大于金属的应变系数,且主要是由电阻率的相对变化引起的,而不是由几何形变引起的。

基于上面分析,有

$$\frac{dR}{R} \approx \pi_L \sigma_L = \pi_L E \varepsilon_L \tag{6.1.5}$$

利用半导体材料的压阻效应可以制成压阻式传感器。其主要优点是:压阻系数很高,分辨率高,动态响应好,易于向集成化、智能化方向发展。但最大的缺点是压阻效应的温度系数大,存在较大的温度误差。这是由其特有的导电性决定的。

对于应变片的应变效应,由式(5.2.2)得

$$\frac{\Delta R}{R} = K_x \varepsilon_x + K_y \varepsilon_y$$

相应地对于半导体电阻的压敏效应,可以描述为

$$\frac{\Delta R}{R} = \pi_a \sigma_a + \pi_n \sigma_n \tag{6.1.6}$$

式中 π_a, π_n——纵向压阻系数和横向压阻系数(Pa^{-1});
σ_a, σ_n——纵向(主方向)应力和横向(副方向)应力(Pa)。

6.2 典型的压阻式传感器

6.2.1 压阻式压力传感器

图 6.2.1 给出了一种常用的压阻式压力传感器的结构示意图。敏感元件圆形平膜片采用单晶硅来制作。基于单晶硅材料的压阻效应,利用微电子加工中的扩散工艺在硅膜片上制造所期望的压敏电阻。

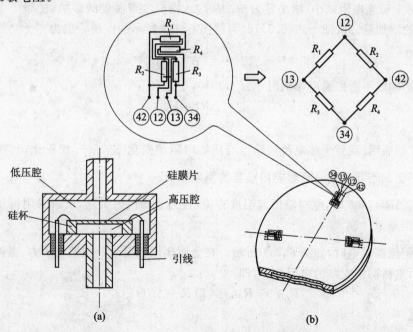

图 6.2.1 压阻式压力传感器结构示意图

设计压敏电阻的位置就是使由式(6.1.6)确定的电阻相对变化量尽可能的大,理想情况应当达到最大值。对于周边固支的圆平膜片,在其上表面的半径 r 处,径向应力 σ_r、切向应力 σ_θ 与所承受的压力 p 间的关系为

$$\sigma_r = \frac{3p}{8\delta^2}[(1+\mu)R^2 - (3+\mu)r^2] \tag{6.2.1}$$

$$\sigma_\theta = \frac{3p}{8\delta^2}[(1+\mu)R^2 - (1+3\mu)r^2] \tag{6.2.2}$$

式中　R——平膜片的工作半径(m);

　　　δ——平膜片的厚度(m);

　　　μ——平膜片材料的泊松比,取 $\mu=0.18$。

图 6.2.2 给出了周边固支圆平膜片的上表面应力随半径 r 变化的曲线关系。

结合压阻系数的变化规律,可以得到电阻条的电阻变化率在圆膜片不同位置时的变化规律,从而得到压敏电阻条的设置位置。为了提高测量灵敏度,应将电阻条设置于圆形膜片的边缘处,即靠近平膜片的固支($r=R$)处。通常,沿径向和切向各设置两个。

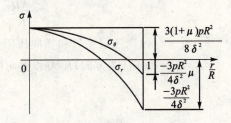

图 6.2.2　平膜片的应力曲线

由上述设置的 4 个压敏电阻构成的四臂受感电桥就可以把压力的变化转换为电压的变化。当压力为零时,4 个桥臂的电阻值相等,电桥输出电压为零;当压力不为零时,4 个桥臂的电阻值发生变化,电桥输出电压与压力成线性关系。从而通过检测电桥输出电压,实现对压力的测量。当采用恒压源供电时,如图 6.2.3 所示。假设 4 个受感电阻的初始值完全一样,均为 R;当有被测压力作用时,两个敏感电阻增加,增加量为 $\Delta R(p)$;两个敏感电阻减小,减小量为 $-\Delta R(p)$。同时考虑温度的影响,使每一个压敏电阻都有 $\Delta R(t)$ 的增加量。借助于式(5.5.16)可得图 6.2.3 所示的电桥输出为

$$U_{\text{out}} = U_{\text{BD}} = \frac{\Delta R(p) U_{\text{in}}}{R + \Delta R(t)} \tag{6.2.3}$$

当没有温度影响或不考虑温度影响时,$\Delta R(t)=0$,于是有

$$U_{\text{out}} = \frac{\Delta R(p) U_{\text{in}}}{R} \tag{6.2.4}$$

式(6.2.4)表明:四臂受感电桥的输出与压敏电阻的变化率 $\frac{\Delta R(p)}{R}$ 成正比,与所加的工作电压 U_{in} 成正比。当其变化时会影响传感器的测量精度。

同时,当 $\Delta R(t) \neq 0$ 时,电桥输出与温度有关,且为非线性的关系,所以采用恒压源供电不能消除温度误差。

当采用恒流源供电时,如图 6.2.4 所示。在上面压敏电阻以及与被测压力、温度的变化规律的假设下,电桥两个支路的电阻相等,即

$$R_{\text{ABC}} = R_{\text{ADC}} = 2[R + \Delta R(t)] \tag{6.2.5}$$

或

$$I_{\text{ABC}} = I_{\text{ADC}} = \frac{I_0}{2} \tag{6.2.6}$$

因此,图 6.2.4 所示的电桥输出为

$$U_{\text{out}} = U_{\text{BD}} = \frac{1}{2}I_0[R + \Delta R(p) + \Delta R(t)] - \frac{1}{2}I_0[R - \Delta R(p) + \Delta R(t)] = I_0 \Delta R(p)$$

(6.2.7)

电桥的输出与压敏电阻的变化量 $\Delta R(p)$ 成正比,即与被测量成正比;也与恒流源供电电流 I_0 成正比,即传感器的输出与供电恒流源的电流大小和精度有关。但电桥输出与温度无关,这是恒流源供电的最大优点。通常恒流源供电要比恒压源供电的稳定性高,加之有与温度无关的优点,因此在硅压阻传感器中主要采用恒流源供电工作方式。

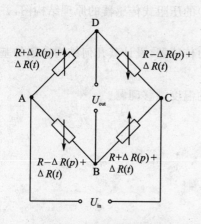

图 6.2.3 恒压源供电电桥

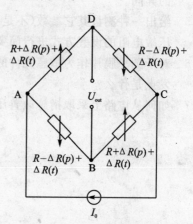

图 6.2.4 恒流源供电电桥

6.2.2 压阻式加速度传感器

压阻式加速度传感器是利用单晶硅材料制作悬臂梁,如图 6.2.5 所示。在其根部设置 4 个电阻,当悬臂梁自由端的质量块受外力作用产生加速度 a 时,悬臂梁受到弯矩作用,产生应力,使压敏电阻发生变化。

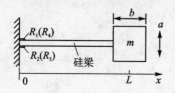

图 6.2.5 压阻式加速度传感器结构示意图

悬臂梁上表面根部沿 x 方向的正应力为

$$\sigma_x = \frac{6mL}{b\delta^2}a \quad (6.2.8)$$

式中　m——敏感质量块的质量(kg);
　　　b,δ——梁宽度(m)和厚度(m);
　　　L——质量块中心至悬臂梁根部的距离(m);
　　　a——被测加速度(m/s²)。

可见,按上述原则在悬臂梁根部设置的压敏电阻符合构成四臂受感差动电桥的原则,因此输出电路与 6.2.1 讨论的压阻式压力传感器完全相同,此不赘述。

思考题与习题

6.1 比较应变效应与压阻效应。

6.2 硅压阻效应的温度特性为什么较差？

6.3 说明图 6.2.1 所示的压阻式压力传感器的工作机理与特点。

6.4 比较图 5.5.10 所示的应变式加速度传感器与图 6.2.5 所示的压阻式加速度传感器的异同。

6.5 给出一种测量其它参数（不是压力与加速度）的压阻式传感器的原理结构图，并对其压敏电阻的设置方式进行简要分析。

6.6 对于圆平膜片作为敏感元件的硅压阻式压力传感器，设计其几何结构参数的基本出发点是什么？

6.7 如何从电路上采取措施改善压阻式传感器的温度漂移问题？

第7章 热电式传感器

7.1 概 述

7.1.1 温度的概念

温度是表征物体冷、热程度的物理量,反映了物体内部分子运动平均动能的大小。温度高,表示分子动能大,运动剧烈;温度低,分子动能小,运动缓慢。因此,自然界中几乎所有的物理化学过程都与温度密切相关。在日常生活、工农业生产和科学研究的各个领域中,温度的测量与控制都占有重要的地位。

温度概念的建立是以热平衡为基础的。如果两个冷热程度不同的物体相互接触,必然会发生热交换现象,热量将由热程度高的物体向热程度低的物体传递,直至达到两个物体的冷热程度一致,处于热平衡状态,即两个物体的温度相等。可见,温度是一个内涵量,只能进行相等或不相等的描述,不能对两个温度相加。

7.1.2 温 标

由于测温原理和感温元件的形式很多,即使感受相同的温度,它们所提供的物理量的形式和变化量的大小却不相同。因此,为了给温度以定量的描述,并保证测量结果的精确性和一致性,需要建立一个科学的、严格的、统一的标尺,简称"温标"(temperature scale)。作为一个温标,应满足以下三条基本内容:

1) 有可实现的固定点温度;
2) 有在固定点温度上分度的内插仪器;
3) 确定相邻固定温度点间的内插公式。

目前使用的温标主要有摄氏温标(又叫百度温标)、华氏温标、热力学温标及国际实用温标。

摄氏温标:其单位是摄氏度,记为℃。所用标准仪器是水银玻璃温度计。分度方法是规定在标准大气压力下,水的冰点为 0 ℃,沸点为 100 ℃。

华氏温标:其单位是华氏度,记为℉。所用标准仪器是水银温度计,选取氯化铵和冰水混合物的温度为 0 ℉,摄氏温度和华氏温度的关系为

$$\frac{t_F}{℉} = 1.8t/℃ + 32 \qquad (7.1.1)$$

这样,依式(7.1.1),水的冰点为 32 ℉,沸点是 212 ℉。

热力学温标：它以卡诺循环为基础。卡诺定律指出，一个工作于恒温热源与恒温冷源之间的可逆热机，其效率只与热源和冷源的温度有关，假设热机从温度为 T_2 的热源获得的热量为 Q_2，放给温度为 T_1 的冷源的热量为 Q_1，则有

$$\frac{Q_2}{Q_1} = \frac{T_2}{T_1} \tag{7.1.2}$$

为了在分度上和摄氏温标取得一致，选取水三相点温度（273.16 K）为惟一的参考温度。热力学温度的单位是 K（开尔文）。

热力学温标与测温物质无关，故是一个理想温标。但能实现卡诺循环的可逆热机是没有的，故它又是一个不能实现的温标。

国际实用温标建立的指导思想是该温标要尽可能地接近热力学温标，而且温度复现性要好，以保证国际上温度量值传递的统一。1927 年制定了第一个国际实用温标，以后几经修改就形成了当前所使用的国际实用温标 ITS－90。其制定的原则是：在全量程中，任何温度的 T_{90} 值非常接近于温标采纳时 T 的最佳估计值。与直接测量热力学温度相比，T_{90} 的测量要方便得多，并且更为精密和具有很高的复现性。

ITS－90 的定义是：

0.65～5.0 K 之间，T_{90} 由 ^{3}He 和 ^{4}He 的蒸汽压与温度的关系式来定义。

在 3.0 K 到氖三相点（24.556 1 K）之间，T_{90} 由氦气体温度计来定义。它使用三个定义固定点及利用规定的内插方法来分度。这三个定义固定点可以实验复现，并具有给定值。

平衡氢三相点（13.803 3 K）到银凝固点（961.78 ℃）之间，T_{90} 由铂电阻温度计来定义，它使用一组规定的定义固定点及利用所规定的内插方法来分度。

银凝固点（961.78 ℃）以上，T_{90} 借助于一个定义固定点和普朗克辐射定律来定义。

7.1.3 测温方法与测温仪器的分类

总体来说，温度的测量都采用间接方式，通常利用某些材料或元件的性能随温度而变化的特性，通过测量该性能参数，而得到检测温度的目的。用以测量温度特性的有：材料的热电动势、电阻、热膨胀、导磁率、介电系数、光学特性、弹性等等，其中前三者尤为成熟，应用最广泛。

按照所用测温方法的不同，温度测量可分为接触式和非接触式两大类。接触式的特点是感温元件直接与被测对象相接触，两者之间进行充分的热交换，最后达到热平衡，这时感温元件的某一物理参数的量值就代表了被测对象的温度值。接触测温的主要优点是直观可靠；缺点是被测温度场易受感温元件的影响，接触不良时会带来测量误差，此外温度太高和腐蚀性介质对感温元件的性能和寿命会产生不利影响等。非接触测温的特点是感温元件不与被测对象相接触，而是通过辐射进行热交换，故可避免接触测温法的缺点，具有较高的测温上限。非接触测温法的热惯性小，可达 1 ms，故便于测量运动物体的温度和快速变化的温度。

对应于两种不同的测温方法，测温仪器亦分为接触式和非接触式两大类。接触式仪器又可分为膨胀式温度计（包括液体和固体膨胀式温度计、压力式温度计）、电阻式温度计（包括金属热电阻温度计和半导体热敏电阻温度计）、热电式温度计（包括热电偶和 P－N 结温度计）以及其它原理的温度计。非接触式温度计又可分为辐射温度计、亮度温度计和比色温度计，由于

它们都是以光辐射为基础的,故也被统称为辐射温度计。

按照温度测量范围,可分为超低温、低温、中高温和超高温温度测量。超低温一般是指 0～10 K,低温指 10～800 K,中温指 500～1 600 ℃,高温指 1 600～2 500 ℃ 的温度,2 500 ℃ 以上被认为是超高温。

对于超低温的测量,现有的方法都只能用于该范围内的个别小段上。例如,低于 1 K 的温度用磁性温度计测量,微量铝掺杂磷青铜热电阻只适用于 1～4 K,高于 4 K 的可用热噪声温度计测量。超低温测量的主要困难在于温度计与被测对象热接触的实现和测温仪器的刻度方法。低温测量的特殊问题是感温元件对被测温度场的影响,故不宜用热容量大的感温元件来测量低温。

在中高温测量中,要注意防止有害介质的化学作用和热辐射对感温元件的影响,为此要用耐火材料制成的外套对感温元件加以保护。对保护套的基本要求是结构上高度密封和温度稳定性。测量低于 1 300 ℃ 的温度一般可用陶瓷外套,测量更高温度时用难熔材料(如刚玉、铝、钍或铍氧化物)外套,并充以惰性气体。

在超高温下,物质处于等离子状态,不同粒子的能量对应的温度值不同,而且它们可能相差较大,变化规律也不一样。因此,对于超高温的测量,应根据不同情况利用特殊的亮度法和比色法来实现。

7.2 热电阻测温传感器

当温度变化时,金属热电阻(thermal resistor)或半导体热敏电阻(semiconductor thermistor resistor)的阻值将发生变化,这就构成了热电阻测温传感器的基本原理。

物质的电阻率随温度变化的物理现象称为热阻效应。大多数金属电阻随温度的升高而增加。原因是:温度增加时,自由电子的动能增加,这样改变自由电子的运动方式,使之作定向运动所需要的能量就增加,反映在电阻上阻值就会增加。一般可以描述为

$$R_t = R_0[1 + \alpha(t - t_0)] \tag{7.2.1}$$

式中 R_t——温度 t 时的电阻值(Ω);

R_0——温度 t_0 时的电阻值(Ω);

α——热电阻的电阻温度系数(1/℃),表示单位温度引起的电阻相对变化。

电阻灵敏度为

$$K = \frac{1}{R_0} \cdot \frac{dR_t}{dt} = \alpha \tag{7.2.2}$$

金属的电阻温度系数 α 一般在 0.003/℃～0.006/℃ 之间,绝大多数金属导体的电阻温度系数 α 并不是一个常数,它随温度的变化而变化,只能在一定的温度范围内将其看成是一个常数。不同的金属电阻,α 保持常数所对应的温度范围是不相同的,而且通常这个范围小于该导体能够工作的温度范围。

根据热电阻的电阻、温度特性不同,可分为金属热电阻和半导体热敏电阻两大类。

7.2.1 金属热电阻

作为金属热电阻,常用的材料有铂、铜、镍等。下面分别进行介绍。

1. 铂热电阻

铂热电阻是最佳的热电阻。其优点主要有:物理、化学性能非常稳定,特别是耐氧化能力很强,在很宽的温度范围内(1200 ℃以下)都能保持上述特性;铂热电阻的电阻率较高,易于加工,可以制成非常薄的铂箔或极细的铂丝等。其缺点主要有:电阻温度系数较小,成本较高,在还原性介质中易变脆等。

铂热电阻在国际实用温标 IPTS-68 和 ITS-90 中都有着重要的作用。在 IPTS-68 中,规定在 $-259.34 \sim 630.74$ ℃温度范围内,以铂热电阻作为标准仪器,传递从 $13.81 \sim 903.89$ K 温度范围内国际温标;而在 ITS-90 中,规定从平衡氢三相点(13.803 3 K)到银凝固点(961.78 ℃)之间,T_{90} 由铂电阻温度计来定义,它使用一组规定的定义固定点及利用所规定的内插方法来分度。符合 ITS-90 要求的铂热电阻温度计必须由无应力的纯铂制成,并必须满足以下两个关系式之一。

$$\frac{R(29.764\,6\,℃)}{R(0.01\,℃)} \geqslant 1.118\,07 \tag{7.2.3}$$

$$\frac{R(-38.834\,4\,℃)}{R(0.01\,℃)} \leqslant 0.844\,235 \tag{7.2.4}$$

在实际应用中,可以利用如下模型来描述铂热电阻与温度之间的关系:

在 $-200 \sim 0$ ℃

$$R_t = R_0 \lfloor 1 + At + Bt^2 + C(t-100)t^3 \rfloor \tag{7.2.5}$$

在 $0 \sim 850$ ℃

$$R_t = R_0 \lfloor 1 + At + Bt^2 \rfloor \tag{7.2.6}$$

式中 R_t——温度为 t 时铂热电阻的电阻值(Ω);

R_0——温度为 0 ℃时铂热电阻的电阻值(Ω);

系数 A, B, C 由实验确定,分别为:

$A = 3.968\,47 \times 10^{-3}\ ℃^{-1}$;

$B = -5.847 \times 10^{-7}\ ℃^{-2}$;

$C = -4.22 \times 10^{-12}\ ℃^{-4}$。

目前,我国常用的标准化铂热电阻按分度号有 B_{A1},B_{A2} 和 B_{A3},它们相应地记为 Pt50、Pt100 和 Pt300,有关技术指标如表 7.2.1 所列。

表 7.2.1 常用的标准化铂热电阻技术特性表

分度号	R_0/Ω	R_{100}/R_0	精度等级	R_0 允许的误差/(%)	最大允许误差/℃
B_{A1} (Pt50)	46.0 (50.00)	1.391 ± 0.0007	I	±0.05	对于 I 级精度 $-200\sim0$ ℃ $\pm(0.15\text{℃}+4.5\times10^{-3}t)$
		1.391 ± 0.001	II	±0.1	$0\sim500$ ℃ $\pm(0.15\text{℃}+3\times10^{-3}t)$
B_{A2} (Pt100)	100.00	1.391 ± 0.0007	I	±0.05	对于 II 级精度 $-200\sim0$ ℃
		1.391 ± 0.001	II	±0.1	$\pm(0.3\text{℃}+6\times10^{-3}t)$ $0\sim500$ ℃
B_{A3} (Pt300)	300.00	1.391 ± 0.001	II	±0.1	$\pm(0.3\text{℃}+4.5\times10^{-3}t)$

2. 铜热电阻

铜热电阻也是一种常用的热电阻。由于铂热电阻价格高,通常,在一些测量精度要求不高,而且测量温度较低的场合(如$-50\sim150$ ℃),普遍采用铜热电阻。其电阻温度系数较铂热电阻的高,容易提纯,价格低廉。其最主要的缺点是电阻率较小,约为铂热电阻的0.172,因而铜电阻的电阻丝细而且长,其机械强度较低,体积较大。此外铜热电阻易被氧化,不宜在侵蚀性介质中使用。

在$-50\sim150$ ℃温度范围内,铜热电阻与温度之间的关系如下:

$$R_t = R_0[1+At+Bt^2+Ct^3] \tag{7.2.7}$$

式中 R_t——温度为 t 时铜热电阻的电阻值(Ω);

R_0——温度为 0 ℃时铜热电阻的电阻值(Ω)。

系数 A,B,C 由实验确定,分别为:

$A = 4.28899\times10^{-3}$ ℃$^{-1}$;

$B = -2.133\times10^{-7}$ ℃$^{-2}$;

$C = -1.233\times10^{-9}$ ℃$^{-3}$。

我国生产的铜热电阻的代号为 WZC,按其初始电阻 R_0 的不同,有 50 Ω 和 100 Ω 两种,分度号为 Cu50 和 Cu100,其材料的百度电阻比 $W(100)=R_{100}/R_0$(R_{100},R_0 分别为 100 ℃和 0 ℃时铜热电阻的电阻值)不得小于 1.425。在$-50\sim50$ ℃温度范围内,其误差为±0.5 ℃;在 $50\sim150$ ℃温度范围内,其误差为$\pm1\%t$。

3. 热电阻的结构

热电阻的结构主要由不同材料的电阻丝绕制而成,为了避免通过交流电时产生感抗,或有交变磁场时产生感应电动势,在绕制时要采用双线无感绕制法。由于通过这两股导线的电流方向相反,从而使其产生的磁通相互抵消。

铜热电阻的结构如图 7.2.1 所示。它由铜引出线、补偿线阻、铜热电阻线、线圈骨架所构成。采用与铜热电阻线串联的补偿线阻是为了保证铜电阻的电阻温度系数与理论值相等。

铂热电阻的结构如图 7.2.2 所示。它由铜铆钉、铂热电阻线、云母支架、银导线等构成。

为了改善热传导,将铜制薄片与两侧云母片和盖片铆在一起,并用银丝做成引出线。

图 7.2.1　铜热电阻结构示意图

图 7.2.2　铂热电阻结构示意图

7.2.2　半导体热敏电阻

半导体热敏电阻是利用半导体材料的电阻率随温度变化的性质而制成的温度敏感元件。半导体和金属具有完全不同的导电机理。由于半导体中参与导电的是载流子,载流子的密度(单位体积内的数目)要比金属中的自由电子的密度小得多,所以半导体的电阻率大。随着温度的升高,一方面,半导体中的价电子受热激发跃迁到较高能级而产生的新的电子-空穴对增加,使电阻率减小;另一方面,半导体材料的载流子的平均运动速度升高,导致电阻率增大。因此,半导体热敏电阻有多种类型。

1. 半导体热敏电阻的类型

半导体热敏电阻随温度变化的典型特性有三种类型,即负温度系数热敏电阻 NTC(Negative Temperature Coefficient)、正温度系数热敏电阻 PTC(Positive Temperature Coefficient)和在某一特定温度下电阻值发生突然变化的临界温度电阻器 CTR(Critical Temperature Resistor)。它们的特性曲线如图 7.2.3 所示。

电阻率随着温度的增加比较均匀地减小的热敏电阻称为负温度系数热敏电阻。通常,该类电阻有均匀的感温特性。它采用负温度系数很大的固体多晶半导体氧化物的混合物制成。例如用铜、铁、铝、锰、钴、镍、铼等氧化物,取其中 2~4 种,按一定比例混和,烧结而成。改变其氧化物的成分和比例,就可以得到不同测温范围、阻值和温度系数的 NTC 热敏电阻。

电阻率随温度升高而增加,当过某一温度后急剧增加的电阻,称为正温度系数剧变型热敏电阻。这种电阻材料都是陶瓷材料,在室温下是半导体,亦称 PTC 铁电半导体陶瓷。由强电介质钛酸钡掺杂铝或锶部分取代钡离子的方法制成,其居里点为 120 ℃。根据掺杂量的不同,可以适当调节 PTC 热敏电阻的居里点。

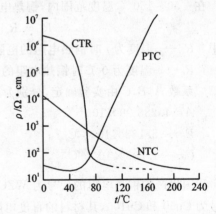

图 7.2.3　半导体热敏电阻的温度特性曲线

由钒、钡、磷和硫化银系混和氧化物而烧结成的热敏电阻,当温度升高接近某一温度(如 68 ℃)时,电阻率大大下降,产生突变的特性称为临界(CTR)热敏电阻。

PTC 和 CTR 热敏电阻随温度变化的特性为剧变型,适合在某一较窄的温度范围内用作温度开关或监测元件;而 NTC 热敏电阻随温度变化的特性为缓变型,适合在稍宽的温度范围内用作温度测量元件,也是目前使用的主要热敏电阻。

2. 半导体热敏电阻的热电特性

这里主要讨论负温度系数的热敏电阻。NTC 热敏电阻的阻值与温度的关系近似符合指数规律,可以写为

$$R_t = R_0 e^{B\left(\frac{1}{T}-\frac{1}{T_0}\right)} = R_0 \exp\left[B\left(\frac{1}{T}-\frac{1}{T_0}\right)\right] \tag{7.2.8}$$

式中　T——被测温度(K),$T = t + 273.16$;

　　　T_0——参考温度(K),$T_0 = t_0 + 273.16$;

　　　R_t——温度 T(K)时热敏电阻的电阻值(Ω);

　　　R_0——温度 T_0(K)时热敏电阻的电阻值(Ω);

　　　B——热敏电阻的材料常数(K),通常由实验获得,一般在 2 000～6 000 K。

热敏电阻的温度系数定义为其本身电阻变化 1 ℃时电阻值的相对变化量,即

$$\alpha_T = \frac{1}{R_T} \cdot \frac{dR_T}{dT} = \frac{-B}{T^2} \tag{7.2.9}$$

由式(7.2.8)可知:热敏电阻的温度系数随温度的降低而迅速增大,如当 $B = 4\,000$ K,$T = 293.16$ K($t = 20$ ℃)时,可得:$\alpha_T = -4.75\,\%/℃$,约为铂热电阻的 10 倍以上。

7.2.3　测温电桥电路

1. 平衡电桥电路

图 7.2.4 给出了平衡电桥电路原理示意图,常值电阻 $R_1 = R_2 = R_0$。当热电阻 R_t 的阻值随温度变化时,调节电位器 R_W 的电刷位置 x,就可以使电桥处于平衡状态,如对于图 7.2.4(a)所示的电路图,有

$$R_t = \frac{x}{l} R_0 \tag{7.2.10}$$

式中　l——电位器的有效长度(m);

　　　R_0——电位器的总电阻(Ω)。

这种方法的特点是:通过人工调节电位器 R_W,主要用于静态测量,抗扰性强,不受电桥工作电压的影响。

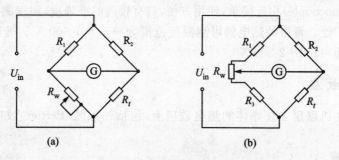

图 7.2.4　平衡电桥电路原理示意图

2. 不平衡电桥电路

图 7.2.5 给出了不平衡电桥输出电路原理示意图,常值电阻 $R_1 = R_2 = R_3 = R_0$,初始温度 t_0 时,热电阻 R_t 的阻值为 R_0,电桥处于平衡状态,输出电压为零。当温度变化时,热电阻 R_t 的阻值随之发生变化,$R_t \neq R_0$,电桥处于不平衡状态,其输出电压为

$$U_{\text{out}} = \frac{\Delta R_t}{2(2R_0 + \Delta R_t)} U_{\text{in}} \qquad (7.2.11)$$

式中　U_{in}——电桥的工作电压(V)；

　　　U_{out}——电桥的输出电压(V)；

　　　ΔR_t——热电阻的变化量(Ω)。

这种方法的特点是：快速、小范围线性、易受电桥工作电压的干扰。

3. 自动平衡电桥电路

图 7.2.6 给出了自动平衡电桥电路，R_t 为热电阻，R_1,R_2,R_3,R_4 为常值电阻，R_L 为连线调整电阻，R_w 为电位器；A 为差分放大器，SM 为伺服电机。电桥始终处于自动平衡状态。当被测温度变化时，差分放大器 A 的输出不为零，使伺服电机 SM 带动电位器 R_w 的电刷移动，直到电桥重新自动处于平衡状态。这种方法的特点是：测温系统引入了负反馈，复杂，成本高。当然，该测温系统也具有测量快速，线性范围大，抗干扰能力强等优点。

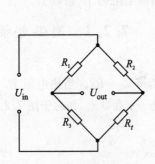
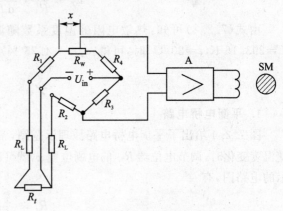

图 7.2.5　不平衡电桥电路原理示意图　　　图 7.2.6　自动平衡电桥电路原理示意图

7.3　热电偶测温

热电偶(thermocouple)构造简单，使用方便，具有较高的准确度，温度测量范围宽，在温度测量中应用极为广泛。常用的热电偶可测温度范围为 −50~1 600 ℃。若配用特殊材料，其温度范围可扩大为 −180~2 800 ℃。

7.3.1　热电效应

热电偶的工作机理建立在导体的热电效应上，包括帕尔帖(Peltier)效应和汤姆逊(Thomoson)效应。

1. 帕尔帖效应

当 A，B 两种不同材料的导体相互紧密地连接在一起时，如图 7.3.1 所示，由于导体中都有大量自由电子，而且不同的导体材料的自由电子的浓度不同(假设导体 A 的自由电子浓度大于导体 B 的自由电子浓度)，那么在单位时间内，由导体 A 扩散到 B 的电子数要比导体 B 扩散到导体 A 的电子数多，这时导体 A 因失去电子而带正电，导体 B 因得到电子而带负电，于是在导体 A，B 的接触处便形成了电位差。该电位差称为接触电势(即帕尔帖热电势)。这个电势将阻碍电子进一步扩散。当电子扩散能力与电场的阻力平衡时,接触处的电子扩散就达到了动平衡,接触电势达到一个稳态值。接触电势的大小与两导体材料性质和接触点的温度有关,其数量级约 0.001~0.01 V。由物理学知,两导体两端接触电势可以写为

$$e_{AB}(T) = \frac{KT}{e}\ln\frac{n_A(T)}{n_B(T)} \tag{7.3.1}$$

式中　K——玻尔兹曼常数,1.381×10^{-23} J/K;

　　　e——电子电荷量,1.602×10^{-19} C;

　　　T——结点处的绝对温度(K);

　　　$n_A(T),n_B(T)$——材料 A,B 在温度 T 时的自由电子浓度。

2. 汤姆逊效应

对于单一均质导体 A,如图 7.3.2 所示,当其两端的温度不同时,假设一端的温度为 T,另一端的温度为 T_0,而且 $T>T_0$。由于温度较高的一端(T 端)的电子能量高于温度较低的一端(T_0 端)的电子能量,因此产生了电子扩散,形成了温差电势,称作单一导体的温差热电势(即汤姆逊热电势)。该电势形成新的不平衡电场将阻碍电子进一步扩散。当电子扩散能力与电场的阻力平衡时,电子扩散就达到了动平衡,温差热电势达到一个稳态值。接触电势的大小与导体材料性质和导体两端的温度有关,其数量级约 10^{-5} V。由物理学知,导体 A 的温差热电势可以写为

$$e_A(T,T_0) = \int_{T_0}^{T}\sigma_A dT \tag{7.3.2}$$

式中　σ_A——材料 A 的汤姆逊系数(V/K),表示单一导体 A 两端温度差为 1 ℃时所产生的温差热电势。

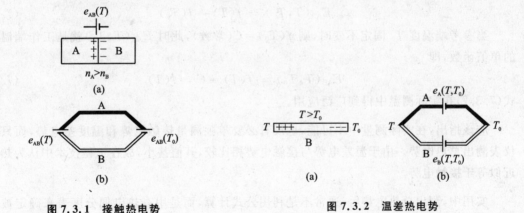

图 7.3.1　接触热电势　　　　　图 7.3.2　温差热电势

7.3.2　热电偶的工作机理

图 7.3.3 给出了热电偶的原理结构与热电势示意图,A,B 两种不同导体材料两端相互紧密地连接在一起,组成一个闭合回路。这样就构成了一个热电偶。当两接点温度不等($T>T_0$)时,回路中就会产生电势,从而形成电流,这就是热电偶的工作机理。通常 T_0 端又称为参考端或冷端;T 端又称为测量端或工作端或热端。

根据以上分析,图 7.3.3(b)所示的热电偶的总的接触热电势为(帕尔帖热电势)

$$e_{AB}(T) - e_{AB}(T_0) = \frac{KT}{e}\ln\frac{n_A(T)}{n_B(T)} - \frac{KT_0}{e}\ln\frac{n_A(T_0)}{n_B(T_0)} \qquad (7.3.3)$$

式中 $n_A(T_0), n_B(T_0)$——材料 A,B 在温度 T_0 时的自由电子浓度。

总的温差热电势为（汤姆逊热电势）

$$e_A(T, T_0) - e_B(T, T_0) = \int_{T_0}^{T}(\sigma_A - \sigma_B)dT \qquad (7.3.4)$$

总的热电势为

$$E_{AB}(T, T_0) = \frac{KT}{e}\ln\frac{n_A(T)}{n_B(T)} - \frac{KT_0}{e}\ln\frac{n_A(T_0)}{n_B(T_0)} - \int_{T_0}^{T}(\sigma_A - \sigma_B)dT \qquad (7.3.5)$$

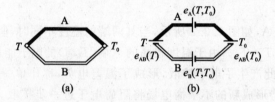

图 7.3.3　热电偶的原理结构及热电势示意图

由上述分析可得：热电偶必须采用两种不同材料作为热电极。因为如果构成热电偶的两个热电极材料相同，帕尔帖热电势为零，即使两结点温度不同，由于两支路的汤姆逊热电势相互抵消，将导致回路内的总热电势为零。

既然热电偶回路的热电势 $E_{AB}(T, T_0)$ 只与两导体材料及两结点温度 T, T_0 有关，因此当材料确定后，回路的热电势是两个结点温度函数之差，即可写为

$$E_{AB}(T, T_0) = f(T) - f(T_0) \qquad (7.3.6)$$

当参考端温度 T_0 固定不变时，则 $f(T_0) = C$（常数），此时 $E_{AB}(T, T_0)$ 就是工作端温度 T 的单值函数，即

$$E_{AB}(T, T_0) = f(T) - C = \phi(T) \qquad (7.3.7)$$

式(7.3.7)在实际测温中得到广泛应用。

应该指出，在实际测量中不可能，也没有必要单独测量接触电势和温度差电势，而只需用仪表测出总热电势。由于温差电势与接触电势相比较，其值甚小，故在工程技术中认为热电势近似等于接触电势。

实用中，测出总热电势后，通常不是利用公式计算，而是用查热电偶分度表来确定被测温度。分度表是将自由端温度保持为 0 ℃，通过实验建立起来的热电势与温度之间的数值对应关系。热电偶测温完全是建立在利用实验热特性和一些热电定律的基础上的。下面介绍几个常用的热电定律。

7.3.3　热电偶的基本定律

1. 中间温度定律

热电偶 AB 的热电势仅取决于热电偶的材料和两个结点的温度，而与温度沿热电极的分布以及热电极的参数和形状无关。

如热电偶 AB 两结点的温度分别为 T,T_0，所产生的热电势等于热电偶 AB 两结点温度为 $T;T_C$ 与热电偶 AB 两结点温度为 $T_C;T_0$ 时所产生的热电势的代数和，如图 7.3.4 所示。用公式表示为

$$E_{AB}(T,T_0) = E_{AB}(T,T_C) + E_{AB}(T_C,T_0) \qquad (7.3.8)$$

式中　T_C——中间温度(℃)。

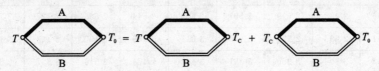

图 7.3.4　中间温度定律

中间温度定律为制定热电偶分度表奠定了理论基础。根据中间温度定律，只需列出自由端温度为 0 ℃时各工作端温度与热电势的关系表。若自由端温度不是 0 ℃时，此时所产生的热电势就可按式(7.3.8)计算。

表 7.3.1 所列为镍铬-镍硅热电偶(K 型)参考端温度 $T_0=0$ ℃时的 E 分度表，温度范围为 $-100\sim1\,000$ ℃。

表 7.3.1　镍铬-镍硅热电偶(K 型)E(t)分度表

分度号：K　　　　　　　　　　　　　　　　　　　　　　　　　　　　参考端温度：0 ℃

t/℃	0	−1	−2	−3	−4	−5	−6	−7	−8	−9
					E/μV					
−100	−3 554									
−90	−3 243	−3 274	−3 306	−3 337	−3 368	−3 400	−3 431	−3 462	−3 492	−3 523
−80	−2 920	−2 953	−2 986	−3 018	−3 050	−3 083	−3 115	−3 147	−3 179	−3 211
−70	−2 587	−2 620	−2 654	−2 688	−2 721	−2 755	−2 788	−2 821	−2 854	−2 887
−60	−2 243	−2 278	−2 312	−2 347	−2 382	−2 416	−2 450	−2 485	−2 519	−2 553
−50	−1 889	−1 925	−1 961	−1 996	−2 032	−2 067	−2 103	−2 138	−2 173	−2 208
−40	−1 527	−1 564	−1 600	−1 637	−1 673	−1 709	−1 745	−1 782	−1 818	−1 854
−30	−1 156	−1 194	−1 231	−1 268	−1 305	−1 343	−1 380	−1 417	−1 453	−1 490
−20	−778	−816	−854	−892	−930	−968	−1 006	−1 043	−1 081	−1 119
−10	−392	−431	−470	−508	−547	−586	−624	−663	−701	−739
0	0	−39	−79	−118	−157	−197	−236	−275	−314	−353

t/℃	0	1	2	3	4	5	6	7	8	9
					E/μV					
0	0	39	79	119	158	198	238	277	317	357
10	397	437	477	517	557	597	637	677	718	758
20	798	838	879	919	960	1 000	1 041	1 081	1 122	1 163
30	1 203	1 244	1 285	1 326	1 366	1 407	1 448	1 489	1 530	1 571

续表 7.3.1

$t/℃$	0	1	2	3	4	5	6	7	8	9
					$E/\mu V$					
40	1 612	1 653	1 649	1 735	1 776	1 817	1 858	1 899	1 941	1 982
50	2 023	2 064	2 106	2 147	2 188	2 230	2 271	2 312	2 354	2 395
60	2 436	2 478	2 519	2 561	2 602	2 644	2 685	2 727	2 768	2 810
70	2 851	2 893	2 934	2 976	3 017	3 059	3 100	3 142	3 184	3 225
80	3 267	3 308	3 350	3 391	3 433	3 474	3 516	3 557	3 599	3 640
90	3 682	3 723	3 765	3 806	3 848	3 889	3 931	3 972	4 013	4 055
100	4 096	4 138	4 179	4 220	4 262	4 303	4 344	4 385	4 427	4 468
110	4 509	4 550	4 591	4 633	4 674	4 715	4 756	4 797	4 838	4 879
120	4 920	4 961	5 002	5 043	5 084	5 124	5 165	5 206	5 247	5 288
130	5 328	5 369	5 410	5 450	5 491	5 532	5 572	5 613	5 653	5 694
140	5 735	5 775	5 815	5 856	5 896	5 937	5 977	6 017	6 058	6 098
150	6 138	6 179	6 219	6 259	6 299	6 339	6 380	6 420	6 460	6 500
160	6 540	6 580	6 620	6 660	6 701	6 741	6 781	6 821	6 861	6 901
170	6 941	6 981	7 021	7 060	7 100	7 140	7 180	7 220	7 260	7 300
180	7 340	7 380	7 420	7 460	7 500	7 540	7 579	7 619	7 659	7 699
190	7 739	7 779	7 819	7 859	7 899	7 939	7 979	8 019	8 059	8 099
200	8 138	8 178	8 218	8 258	8 298	8 338	8 378	8 418	8 458	8 499
210	8 539	8 579	8 619	8 659	8 699	8 739	8 779	8 819	8 860	8 900
220	8 940	8 980	9 020	9 061	9 101	9 141	9 181	9 222	9 262	9 302
230	9 343	9 383	9 423	9 464	9 504	9 545	9 585	9 626	9 666	9 707
240	9 747	9 788	9 828	9 869	9 909	9 950	9 991	10 031	10 072	10 113
250	10 153	10 194	10 235	10 276	10 316	10 357	10 398	10 439	10 480	10 520
260	10 561	10 602	10 643	10 684	10 725	10 766	10 807	10 848	10 889	10 930
270	10 971	11 012	11 053	11 094	11 135	11 176	11 217	11 259	11 300	11 341
280	11 382	11 423	11 465	11 506	11 547	11 588	11 630	11 671	11 712	11 753
290	11 795	11 836	11 877	11 919	11 960	12 001	12 043	12 084	12 126	12 167
300	12 209	12 250	12 291	12 333	12 374	12 416	12 457	12 499	12 540	12 582
310	12 624	12 665	12 707	12 748	12 790	12 831	12 873	12 915	12 956	12 998
320	13 040	13 081	13 123	13 165	13 206	13 248	13 290	13 331	13 373	13 415
330	13 457	13 498	13 540	13 582	13 624	13 665	13 707	13 749	13 791	13 833
340	13 874	13 916	13 958	14 000	14 042	14 084	14 126	14 167	14 209	14 251
350	14 293	14 335	14 377	14 419	14 461	14 503	14 545	14 587	14 629	14 671

续表 7.3.1

$t/℃$	0	1	2	3	4	5	6	7	8	9
					$E/\mu V$					
360	14 713	14 755	14 797	14 839	14 881	14 923	14 965	15 007	15 049	15 091
370	15 133	15 175	15 217	15 259	15 301	15 343	15 385	15 427	15 469	15 511
380	15 554	15 596	15 638	15 680	15 722	15 764	15 806	15 849	15 891	15 933
390	15 975	16 017	16 059	16 102	16 144	16 186	16 228	16 270	16 313	16 355
400	16 397	16 439	16 482	16 524	16 566	16 608	16 651	16 693	16 735	16 778
410	16 820	16 862	16 904	16 947	16 989	17 031	17 074	17 116	17 158	17 201
420	17 243	17 285	17 328	17 370	17 413	17 455	17 497	17 540	17 582	17 624
430	17 667	17 709	17 752	17 794	17 837	17 879	17 921	17 964	18 006	18 049
440	18 091	18 134	18 176	18 218	18 261	18 303	18 346	18 388	18 431	18 473
450	18 516	18 558	18 601	18 643	18 686	18 728	18 771	18 813	18 856	18 898
460	18 941	18 983	19 026	19 068	19 111	19 154	19 196	19 239	19 281	19 324
470	19 366	19 409	19 451	19 494	19 537	19 579	19 622	19 664	19 707	19 750
480	19 792	19 835	19 877	19 920	19 962	20 005	20 048	20 090	20 133	20 175
490	20 218	20 261	20 303	20 346	20 389	20 431	20 474	20 516	20 559	20 602
500	20 644	20 687	20 730	20 772	20 815	20 857	20 900	20 943	20 985	21 028
510	21 071	21 113	21 156	21 199	21 241	21 284	21 326	21 369	21 412	21 454
520	21 497	21 540	21 582	21 625	21 668	21 710	21 753	21 796	21 838	21 881
530	21 924	21 966	22 009	22 052	22 094	22 137	22 179	22 222	22 265	22 307
540	22 350	22 393	22 435	22 478	22 521	22 563	22 606	22 649	22 691	22 734
550	22 776	22 819	22 862	22 904	22 947	22 990	23 032	23 075	23 117	23 160
560	23 203	23 245	23 288	23 331	23 373	23 416	23 458	23 501	23 544	23 586
570	23 629	23 671	23 714	23 757	23 799	23 842	23 884	23 927	23 970	24 012
580	24 055	24 097	24 140	24 182	24 225	24 267	24 310	24 353	24 395	24 438
590	24 480	24 523	24 565	24 608	24 650	24 693	24 735	24 778	24 820	24 863
600	24 905	24 948	24 990	25 033	25 075	25 118	25 160	25 203	25 245	25 288
610	25 330	25 373	25 415	25 458	25 500	25 543	25 585	25 627	25 670	25 712
620	25 755	25 797	25 840	25 882	25 924	25 967	26 009	26 052	26 094	26 136
630	26 179	26 221	26 263	26 306	26 348	26 390	26 433	26 475	26 517	26 560
640	26 602	26 644	26 687	26 729	26 771	26 814	26 856	26 898	26 940	26 983
650	27 025	27 067	27 109	27 152	27 194	27 236	27 278	27 320	27 363	27 405
660	27 447	27 489	27 531	27 574	27 616	27 658	27 700	27 742	27 784	27 826
670	27 869	27 911	27 953	27 995	28 037	28 079	28 121	28 163	28 205	28 247
680	28 289	28 332	28 374	28 416	28 458	28 500	28 542	28 584	28 626	28 668
690	28 710	28 752	28 794	28 835	28 877	28 919	28 961	29 003	29 045	29 087

续表 7.3.1

t/℃	0	1	2	3	4	5	6	7	8	9
					E/μV					
700	29 129	29 171	29 213	29 255	29 297	29 338	29 380	29 422	29 464	29 506
710	29 548	29 589	29 631	29 673	29 715	29 757	29 798	29 840	29 882	29 924
720	29 965	30 007	30 049	30 090	30 132	30 174	30 216	30 257	30 299	30 341
730	30 382	30 424	30 466	30 507	30 549	30 590	30 632	30 674	30 715	30 757
740	30 798	30 840	30 881	30 923	30 964	31 006	31 047	31 089	31 130	31 172
750	31 213	31 255	31 296	31 338	31 379	31 421	31 462	31 504	31 545	31 586
760	31 628	31 669	31 710	31 752	31 793	31 834	31 876	31 917	31 958	32 000
770	32 041	32 082	32 124	32 165	32 206	32 247	32 289	32 330	32 371	32 412
780	32 453	32 495	32 536	32 577	32 618	32 659	32 700	32 742	32 783	32 824
790	32 865	32 906	32 947	32 988	33 029	33 070	33 111	33 152	33 193	33 234
800	33 275	33 316	33 357	33 398	33 439	33 480	33 521	33 562	33 603	33 644
810	33 685	33 726	33 767	33 808	33 848	33 889	33 930	33 971	34 012	34 053
820	34 093	34 134	34 175	34 216	34 257	34 297	34 338	34 379	34 420	34 460
830	34 501	34 542	34 582	34 623	34 664	34 704	34 745	34 786	34 826	34 867
840	34 908	34 948	34 989	35 029	35 070	35 110	35 151	35 192	35 232	35 273
850	35 313	35 35 4	35 394	35 435	35 475	35 516	35 556	35 596	35 637	35 677
860	35 718	35 758	35 798	35 839	35 879	35 920	35 960	36 000	36 041	36 081
870	36 121	36 162	36 202	36 242	36 282	36 323	36 36 3	36 403	36 443	36 484
880	36 524	36 564	36 604	36 644	36 685	36 725	36 765	36 805	36 845	36 885
890	36 925	36 965	37 006	37 046	37 086	37 126	37 166	37 206	37 246	37 286
900	37 326	37 366	37 406	37 446	37 486	37 526	37 566	37 606	37 646	37 686
910	37 725	37 765	37 805	37 845	37 885	37 925	37 965	38 005	38 044	38 084
920	38 124	38 164	38 204	38 243	38 283	38 323	38 363	38 402	38 442	38 482
930	38 522	38 561	38 601	38 641	38 680	38 720	38 760	38 799	38 839	38 878
940	38 918	38 958	38 997	39 037	39 076	39 116	39 155	39 195	39 235	39 274
950	39 314	39 353	39 393	39 432	39 471	39 511	39 550	39 590	39 629	39 669
960	39 708	39 747	39 787	39 826	39 866	39 905	39 944	39 984	40 023	40 062
970	40 101	40 141	40 180	40 219	40 259	40 298	40 337	40 376	40 415	40 445
980	40 494	40 533	40 572	40 611	40 651	40 690	40 729	40 768	40 807	40 846
990	40 885	40 924	40 963	41 002	41 042	41 081	41 120	41 159	41 198	41 237
1000	41 276									

2. 中间导体定律

在热电偶测温过程中,必须在回路中引入测量导线和仪表。当接入导线和仪表后会不会影响热电势的测量呢?中间导体定律说明,在热电偶 AB 回路中,只要接入的第三导体两端温度相同,则对回路的总热电势没有影响。下面说明两种接法。

1) 在热电偶 AB 回路中,断开参考结点,接入第三种导体 C,只要保持两个新结点 AC 和 BC 的温度仍为参考结温度 T_0(如图 7.3.5(a)所示),就不会影响回路的总热电势,即

$$E_{ABC}(T,T_0) = E_{AB}(T,T_0) \tag{7.3.9}$$

2) 热电偶 AB 回路中,将其中一个导体 A 断开,接入导体 C,如图 7.3.5(b)所示,在导体 C 与导体 A 的两个结点处保持相同温度 T_C,则有

$$E_{ABC}(T,T_0,T_C) = E_{AB}(T,T_0) \tag{7.3.10}$$

上面两种接法表明:在热电偶回路中接入中间导体,只要中间导体两端的温度相同,就不会影响回路的总热电势。若在回路中接入多种导体,只要每种导体两端温度相同也可以得到同样的结论。

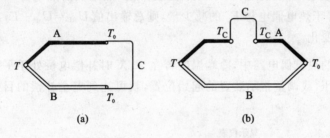

图 7.3.5 中间导体定律

7.3.4 热电偶的误差及补偿

1. 热电偶冷端误差及其补偿

由式(7.3.6)可知,热电偶 AB 闭合回路的总热电势 $E_{AB}(T,T_0)$ 是两个接点温度的函数。但是,通常要求测量的是一个热源的温度,或两个热源的温度差。为此,必须固定其中一端(冷端)的温度,其输出的热电势才是测量端(热端)温度的单值函数。工程上广泛使用的热电偶分度表和根据分度表刻画的测温显示仪表的刻度,都是根据冷端温度为 0 ℃ 而制作的。因此,当使用热电偶测量温度时,如果冷端温度保持 0 ℃,则测得的热电势值,通过对照相应的分度表,即可测到准确的温度值。

但在实际测量中,热电偶的两端距离很近,冷端温度将受热源温度或周围环境温度的影响,并不为 0 ℃,而且也不是个恒值,因此将引入误差。为了消除或补偿这个误差,常采用以下几种补偿方法。

1) 0 ℃ 恒温法　将热电偶的冷端保持在 0 ℃ 的器皿内。图 7.3.6 是一个简单的冰点槽。为了获得 0 ℃ 的温度条件,一般用纯净的水和冰混合,在一个标准大气压下冰水共存时,它的温度即为 0 ℃。

冰点法是一种准确度很高的冷端处理方法,但实际使用起来比较麻烦,需保持冰水两相共存,一般只适用于实验室使用,对于工业生产现场使用极不方便。

2) 修正法　在实际使用中,热电偶冷端保持 0 ℃ 比较麻烦,但将其保持在某一恒定温度,如置热电偶冷端在一恒温箱内还是可以做到的。此时,可以采用冷端温度修正方法。

根据中间温度定律:$E_{AB}(T,T_0) = E_{AB}(T,T_C) + E_{AB}(T_C,T_0)$,当冷端温度 $T_0 \neq 0$ ℃,而为

某一恒定温度时,由冷端温度而引入的补偿值 $E_{AB}(T_C,T_0)$ 是一个常数,而且可以由分度表上查得其电势值。将测得的热电势值 $E_{AB}(T,T_C)$ 加上 $E_{AB}(T_C,T_0)$,就可以获得冷端为 $T_0=0\ \text{℃}$ 时的热电势值 $E_{AB}(T,T_0)$,再查热电偶分度表,即可得到被测热源的真实温度 T。

3) 补偿电桥法 测温时若保持冷端温度为某一恒温也有困难,可采用电桥补偿法,即利用不平衡电桥产生的电势来补偿热电偶因冷端温度变化而引起的热电势变化值,如图 7.3.7 所示。E 是电桥的电源,R 为限流电阻。

补偿电桥与热电偶冷端处于相同的环境温度下,其中三个桥臂电阻用温度系数近于零的锰铜绕制。使 $R_1=R_2=R_3$,另一桥臂为补偿桥臂,用铜导线绕制。使用时选取合适的 R_{Cu} 阻值,使电桥处于平衡状态,电桥输出为 U_{ab}。当冷端温度升高时,补偿桥臂 R_{Cu} 阻值增大,电桥失去平衡,输出 U_{ab} 随着增大。同时由于冷端温度升高,热电偶的热电势 E_0 减小。若电桥输出值的增加量 U_{ab} 等于热电偶电势 E_0 的减少量,则总输出值 $U_{AB}=U_{ab}+E_0$ 的大小,就不随着冷端温度的变化而变化。

在有补偿电桥的热电偶电路中,冷端温度若在 20 ℃ 时补偿电桥处于平衡,只要在回路中加入相应的修正电压,或调整指示装置的起始位置,就可达到完全补偿的目的,准确测出冷端为 0 ℃ 时的输出。

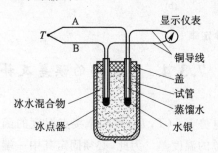

图 7.3.6 冰点槽示意图

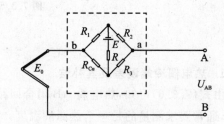

图 7.3.7 冷端温度补偿电桥

4) 延引热电极法 当热电偶冷端离热源较近,受其影响使冷端温度在很大范围内变化时,直接采用冷端温度补偿法将很困难,此时可以采用延引热电极的方法。将热电偶输出的电势传输到 10 m 以外的显示仪表处,也就是将冷端移至温度变化比较平缓的环境中,再采用上述的补偿方法进行补偿。补偿导线可选用直径粗、导电系数大的材料制作,以减小补偿导线的电阻和影响。对于廉价热电偶,可以采用延长热电极的方法。采用的补偿导线的热电特性和工作热电偶的热电特性相近。补偿导线产生的热电势应等于工作热电偶在此温度范围内产生的热电势,如图 7.3.8 所示,$E_{AB}(T_0',T_0)=E_{A'B'}(T_0',T_0)$,这样测量时,将会很方便。

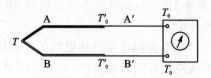

图 7.3.8 延引热电极补偿法

2. 热电偶的动态误差及时间常数

由于质量与热惯性,任何测温仪表的指示温度都不是被测介质温度变化的瞬时值,而是有一个时间滞后,热电偶测温也不例外。当用热电偶测某介质温度时,被测介质某瞬时的温度为 T_g,而热接点感受到的温度为 T,两者之差称为热电偶的动态误差 $\Delta T=T_g-T$。

欲减小动态误差,必须减小时间常数。这可以通过减小热接点直径,使其容积减小,传热系数增大来实现;或通过增大热接点与被测介质接触的表面积,将球形热接点压成扁平状,体积不变而使表面积增大来实现。采用这些方法,可减小时间常数,减小动态误差,改善动态响应。当然这种减小时间常数的方法要有一定限制,否则会产生探头机械强度低、使用寿命短、制造困难等问题。实用中,在热电偶测温系统中可以引入与热电偶传递函数倒数近似的 RC 和 RL 网络,实现动态误差实时修正。

3. 热电偶的其它误差

1) 分度误差　工业上常用的热电偶分度,都是按标准分度表进行的。但实用的热电偶特性与标准的分度表并不完全一致,这就带来了分度误差,即使对其像非标准化的特殊热电偶一样单独分度,也会有分度误差。这种分度误差是不可避免的。它与热电极的材料与制造工艺水平有关。随着热电极材料的不断发展和制造工艺水平的提高与稳定,热电偶分度表标准也在不断完善。

2) 仪表误差及接线误差　用热电偶测温时,必须有与之配套的仪表进行显示或记录。它们的误差自然会带入测量结果,这种误差与所选仪表的精度及仪表的上、下测量限有关。使用时应选取合适的量程与仪表精度。

热电偶与仪表之间的连线,应选取电阻值小,而且在测温过程中保持常值的导线,以减小其对热电偶测温的影响。

3) 干扰和漏电误差　热电偶测温时,由于周围电场和磁场的干扰,往往会造成热电偶回路中的附加电势,引起测量误差,常采用冷端接地或加屏蔽等方法进行改善。

不少绝缘材料随着温度升高而绝缘电阻值下降,尤其在 1 500 ℃ 以上的高温时,其绝缘性能显著变坏,可能造成热电势分流输出;有时也会因被测对象所用电源电压漏泄到热电偶回路中。这些都能造成漏电误差,所以在测高温时热电偶的辅助材料的绝缘性能一定要好。

另外,热电偶定期校验是个很重要的工作。热电偶在使用过程中,尤其在高温作用下会不断地受到氧化、腐蚀而引起热特性的变化,使测量误差增大,因此需要对热电偶按规范定期校验,经校验后不超差的热电偶才能再次投入使用。

7.3.5　热电偶的组成、分类及特点

理论上,任何两种金属材料都可配制成热电偶。但是选用不同的材料会影响到测温的范围、灵敏度、精度和稳定性等。一般镍铬-金铁热电偶在低温和超低温下仍具有较高的灵敏度。铁-铜镍热电偶在氧化介质中的测温范围为 $-40\sim 75$ ℃,在还原介质中可达到 1 000 ℃。钨铼系列热电偶灵敏度高,稳定性好,热电特性接近于直线。工作范围为 $0\sim 2\,800$ ℃,但只适合于在真空和惰性气体中使用。

热电偶种类很多,其结构及外形也不尽相同,但基本组成大致相同。通常由热电极、绝缘材料、接线盒和保护套等组成。热电偶按其结构可分为以下 5 种。

1. 普通热电偶

普通热电偶结构如图 7.3.9 所示。这种热电偶由内热电极、绝缘套管、保护套管、接线盒及接线盒盖组成。普通热电偶主要用于测量液体和气体的温度。绝缘体一般使用陶瓷套管,其保护套有金属和陶瓷两种。

2. 铠装热电偶

这种热电偶也称缆式热电偶。它由热电极、绝缘体和金属保护套组合成一体。其结构示意图如图 7.3.10 所示。根据测量端的不同形式,有碰底型(图 a)、不碰底型(图 b)、露头型(图 c)、帽型(图 d)等。铠装热电偶的特点是测量结热容量小,热惯性小,动态响应快,挠性好,强度高,抗震性好,适于用普通热电偶不能测量的空间温度。

3. 薄膜热电偶

这种热电偶的结构可分为片状、针状等。图 7.3.11 为片状薄膜热电偶结构示意图。它是由测量结点、薄膜 A、衬底、薄膜 B、接头夹、引线所构成。薄膜热电偶主要用于测量固体表面小面积瞬时变化的温度。其特点是热容量小,时间常数小,反应速度快等。

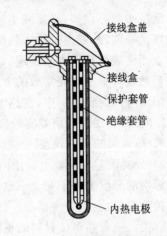

图 7.3.9　普通热电偶结构示意图

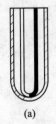 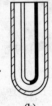 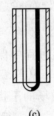 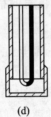
　(a)　　　　(b)　　　　(c)　　　　(d)

图 7.3.10　铠装热电偶测量端结构

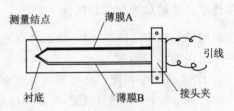

图 7.3.11　薄膜热电偶(片状)结构

4. 并联热电偶

如图 7.3.12 所示,它是把几个相同型号的热电偶的同性电极参考端并联在一起,而各个热电偶的测量结处于不同温度下。其输出电动势为各热电偶热电动势的平均值。所以这种热电偶可用于测量平均温度。

5. 串联热电偶

这种热电偶又称热电堆。它是把若干个相同型号的热电偶串联在一起,所有测量端处于同一温度 T 之下,所有连接点处于另一温度 T_0 之下(如图 7.3.13 所示),则输出电动势是每个热电动势之和。

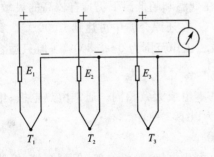

图 7.3.12　并联热电偶

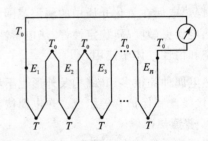

图 7.3.13　串联热电偶

7.4 半导体P-N结测温传感器

半导体P-N结测温系统以P-N结的温度特性为理论基础。当P-N结的正向压降或反向压降保持不变时,正向电流和反向电流都随着温度的改变而变化;而当正向电流保持不变时,P-N结的正向压降随温度的变化近似于线性变化,大约以$-2\,\text{mV}/\text{℃}$的斜率随温度变化。因此,利用P-N结的这一特性,可以对温度进行测量。

半导体测温系统利用晶体二极管与晶体三极管作为感温元件。二极管感温元件利用P-N结在恒定电流下,其正向电压与温度之间的近似线性关系来实现。由于它忽略了高次非线性项的影响,其测量误差较大。若采用晶体三极管代替二极管作为感温元件,能较好地解决这一问题。图7.4.1给出了利用晶体三极管的be结电压降制作的感温元件,在忽略基极电流情况下,当认为各晶体三极管的温度均为T时,它们的集电极电流是相等的,U_{be4}与U_{be2}的结压降差就是电阻R上的压降,即

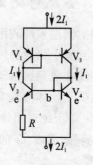

图7.4.1 晶体三极管感温元件

$$\Delta U_{be} = U_{be4} - U_{be2} = I_1 R = \frac{KT}{e}\ln\gamma \quad (7.4.1)$$

式中 γ——VT_2与VT_4结面积相差的倍数;
　　K——玻尔兹曼常数,$1.381\times10^{-23}\,\text{J/K}$;
　　e——电子电荷量,$1.602\times10^{-19}\,\text{C}$;
　　T——被测物体的热力学温度(K)。

由于电流I_1又与温度T成正比,因此可以通过测量I_1的大小,实现对温度的测量。

采用半导体二极管作为温度敏感器,具有简单、价廉等优点,用它可制成半导体温度计,测温范围在$0\sim50\,\text{℃}$之间。用晶体三极管制成的温度传感器测量温度精度高,测温范围较宽,在$-50\sim150\,\text{℃}$之间,因而可用于工业、医疗等领域的测温仪器或系统。图7.4.2给出了几种不同结构的晶体管温度敏感器,它们具有很好的长期稳定性。

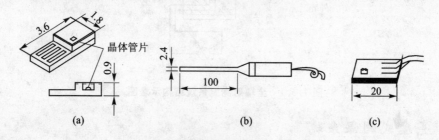

图7.4.2 晶体管感温元件结构示意图

7.5 非接触式温度测量系统

非接触式温度测量系统基于热辐射和光电检测的方法。其工作机理是:当物体受热后,电

子运动的动能增加,有一部分热能转变为辐射能。辐射能量的多少与物体的温度有关。当温度较低时,辐射能力很弱;当温度升高时,辐射能力变强;当温度高于一定值之后,可以用肉眼观察到发光,其发光亮度与温度值有一定关系。因此,高温及超高温检测可采用热辐射和光电检测的方法。依上述原理制成非接触式测温系统。

根据所采用测量方法的不同,非接触式测温系统可分为全辐射式测温系统、亮度式测温系统和比色式测温系统。

7.5.1 全辐射测温系统

全辐射测温系统利用物体在全光谱范围内总辐射能量与温度的关系测量温度,能够全部吸收辐射到其上能量的物体称为绝对黑体。绝对黑体的热辐射与温度之间的关系是全辐射测温系统的工作机理。由于实际物体的吸收能力小于绝对黑体,所以用全辐射测温系统测得的温度总是低于物体的真实温度。通常把测得的温度称为"辐射温度",其定义为:非黑体的总辐射能量 E_T 等于绝对黑体的总辐射能量时,黑体的温度即为非黑体的辐射温度 T_r,则物体真实温度 T 与辐射温度 T_r 的关系为

$$T = T_r \frac{1}{\sqrt[4]{\varepsilon_T}} \tag{7.5.1}$$

式中 ε_T——温度 T 时物体的全辐射发射系数。

全辐射测温系统的结构示意图如图 7.5.1 所示,由辐射感温器及显示仪表组成。测温工作过程如下:被测物的辐射能量经物镜聚焦到热电堆的靶心铂片上,将辐射能转变为热能,再由热电堆变成热电动势,由显示仪表显示出热电动势的大小;由热电动势的数值可知所测温度的大小。这种测温系统适用于远距离、不能直接接触的高温物体,其测温范围为 100~2 000 ℃。

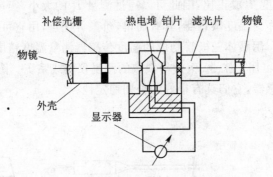

图 7.5.1 全辐射测温系统结构示意图

7.5.2 亮度式测温系统

亮度式测温系统利用物体的单色辐射亮度随温度变化的原理,并以被测物体光谱的一个狭窄区域内的亮度与标准辐射体的亮度进行比较来测量温度。由于实际物体的单色辐射发射系数小于绝对黑体,因而实际物体的单色亮度小于绝对黑体的单色亮度,故系统测得的温度值低于被测物体的真实温度 T。所测得的温度称为亮度温度。若以 T_L 表示被测物体的亮度温度,则物体的真实温度 T 与亮度温度 T_L 之间的关系为

$$\frac{1}{T} - \frac{1}{T_L} = \frac{\lambda}{C_2} \ln \varepsilon_{\lambda T} \tag{7.5.2}$$

式中　$\varepsilon_{\lambda T}$——单色辐射发射系数;

C_2——第二辐射常数,0.014 388 m·K;

λ——波长(m)。

亮度式测温系统的形式很多,较常用的有灯丝隐灭式亮度测温系统和各种光电亮度测温系统。灯丝隐灭式亮度测温系统以其内部高温灯泡灯丝的单色亮度作为标准,并与被测辐射体的单色亮度进行比较来测温。依靠人眼可比较被测物体的亮度。当灯丝亮度与被测物体亮度相同时,灯丝在被测温度背景下隐没,被测物体的温度等于灯丝的温度,而灯丝的温度则由通过它的电流大小来确定。由于这种方法的亮度依靠人的目测实现,故误差较大。光电亮度式测温系统可以克服此缺点,利用光电元件进行亮度比较,从而可实现自动测量。图 7.5.2 给出了这种形式的一种实现方法,将被测物体与标准光源的辐射经调制后射向光敏元件,当两光束的亮度不同时,光敏元件产生输出信号,经放大后驱动与标准光源相串联的滑线电阻的活动触点向相应方向移动,以调节流过标准光源的电流,从而改变它的亮度。当两束光的亮度相同时,光敏元件信号输出为零,这时滑线电阻触点的位置即代表被测温度值。这种测温系统的量程较宽,具有较高的测量精度,一般用于测量 700～3 200 ℃范围的浇铸、轧钢、锻压、热处理时的温度。

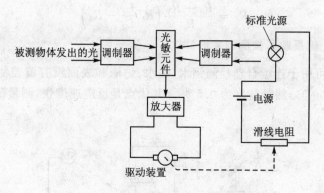

图 7.5.2　光电亮度测温系统原理示意图

7.5.3　比色测温系统

比色测温系统以测量两个波长的辐射亮度之比为基础,故称之为"比色测温法"。通常,将波长选在光谱的红色和蓝色区域内。利用此法测温时,仪表所显示的值为"比色温度"。其定义为:非黑体辐射的两个波长 λ_1 和 λ_2 的亮度 $L_{\lambda_1 T}$ 和 $L_{\lambda_2 T}$ 之比值等于绝对黑体相应的亮度 $L^*_{\lambda_1 T}$ 和 $L^*_{\lambda_2 T}$ 之比值时,绝对黑体的温度被称为该黑体的比色温度,以 T_p 表示。它与非黑体的真实温度 T 的关系为

$$\frac{1}{T} - \frac{1}{T_P} = \frac{\ln\left(\dfrac{\varepsilon_{\lambda_1}}{\varepsilon_{\lambda_2}}\right)}{C_2\left(\dfrac{1}{\lambda_1} + \dfrac{1}{\lambda_2}\right)} \tag{7.5.3}$$

式中　ε_{λ_1}——对应于波长 λ_1 的单色辐射发射系数;

$\varepsilon_{\lambda 2}$——对应于波长 λ_2 的单色辐射发射系数;

C_2——第二辐射常数,0.014 388 m·K。

由式(7.5.3)可以看出,当两个波长的单色发射系数相等时,物体的真实温度 T 与比色温度 T_P 相同。一般灰体的发射系数不随波长而变,故它们的比色温度等于真实温度。对待测辐射体的两测量波长按工作条件和需要选择,通常 λ_1 对应为蓝色,λ_2 对应为红色。对于很多金属,由于单色发射系数随波长的增加而减小,故比色温度稍高于真实温度。通常 $\varepsilon_{\lambda 1}$ 与 $\varepsilon_{\lambda 2}$ 非常接近,故比色温度与真实温度相差很小。

图 7.5.3 给出了比色测温系统的结构示意图,包括透镜 L、分光镜 G、滤光片 K_1 和 K_2、光敏元件 A_1 和 A_2、放大器 A、可逆伺服电机 SM 等。其工作过程是:被测物体的辐射经透镜 L 投射到分光镜 G 上,而使长波透过,经滤光片 K_2 把波长为 λ_2 的辐射光投射到光敏元件 A_2 上。光敏元件的光电流 $I_{\lambda 2}$ 与波长 λ_2 的辐射强度成正比,则电流 $I_{\lambda 2}$ 在电阻 R_3 和 R_x 上产生的电压 U_2 与波长 λ_2 的辐射强度也成正比;另外,分光镜 G 使短波辐射光被反射,经滤光片 K_1 把波长为 λ_1 的辐射光投射到光敏元件 A_1。同理,光敏元件的光电流 $I_{\lambda 1}$ 与波长 λ_1 的辐射强度成正比。电流 $I_{\lambda 1}$ 在电阻 R_1 上产生的电压 U_1 与波长的辐射强度也成正比。当 $\Delta U = U_2 - U_1 \neq 0$ 时,ΔU 经放大后驱动伺服电动机 SM 转动,带动电位器 R_w 的触点向相应方向移动,直到 $U_2 - U_1 = 0$,电动机停止转动,此时

$$R_x = \frac{R_2 + R_w}{R_2}\left(R_1 \frac{I_{\lambda 1}}{I_{\lambda 2}} - R_3\right) \tag{7.5.4}$$

电位器的变阻值 R_x 值反映了被测温度值。

比色测温系统可用于连续自动检测钢水、铁水、炉渣和表面没有覆盖物的高温物体温度。其量程为 800~2 000 ℃,测量精度为 0.5 %。其优点是反应速度快,测量范围宽,测量温度接近实际值。

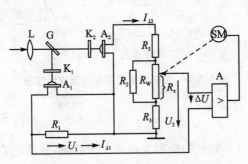

图 7.5.3 比色测温系统结构示意图

思考题与习题

7.1 如何理解温度?

7.2 金属热电阻的工作机理是什么?使用时应注意哪些问题?

7.3 比较几种常用的金属热电阻的使用特点。

7.4 选择金属热电阻测温时,应考虑哪些问题?

7.5 比较金属热电阻和半导体热敏电阻的测温特点。

7.6 热电阻采用双线无感绕制的出发点是什么?

7.7 半导体热敏电阻有哪几种,各有什么特点。

7.8 热电阻电桥测温系统常用的有几种?各有什么特点?

7.9 构成热电偶式温度传感器的基本条件是什么?

7.10 简述热电偶的工作机理。

7.11 说明薄膜热电偶式温度传感器的主要特点。

7.12 使用热电偶测温时,为什么必须进行冷端补偿?如何进行冷端补偿?

7.13 使用热电偶测温时,如何提高测量的灵敏度?为什么?

7.14 简述 P-N 结温度传感器的工作机理。

7.15 常用的非接触式温度测量系统有几种?

7.16 依图 7.5.3,证明式(7.5.4)。

7.17 依表 7.3.1 提供的镍铬-镍硅热电偶分度表,给出冷端温度为 20 ℃时,温度范围为 0~100 ℃对应的分度表(列表温度间隔为 5 ℃)。

第 8 章
电容式传感器

物体间的电容量与其结构参数密切相关,通过改变结构参数而改变物体间的电容量的大小来实现对被测量的检测,就是电容式测量原理。利用电容式测量原理实现的传感器称为电容式传感器(capacitance transducer/sensor)。

8.1 基本电容式敏感元件

由物理学的基本理论可知:物体间电容量与构成电容元件的两个极板的形状、大小、相互位置以及极板间的介电常数有关,通常可以写为

$$C = f(\varepsilon, S, b) \tag{8.1.1}$$

式中　C——电容量(F);
　　　b——极板间的距离(m);
　　　S——极板间相互覆盖的面积(m^2);
　　　ε——极板间介质的介电常数(F/m)。

电容式敏感元件虽然在外观上差别较大,但结构方案基本上是两类:平行板式和圆柱同轴式,以平行板式最常用。在不计边缘效应的情况下,平行板式的电容为

$$C = \frac{\varepsilon S}{b} \tag{8.1.2}$$

式中　b——平行极板间距离(m);
　　　S——极板间相互覆盖的面积(m^2);
　　　ε——平行极板间介质的介电常数(F/m)。

同轴式的电容为

$$C = \frac{2\pi \varepsilon l}{\ln\left(\dfrac{R_2}{R_1}\right)} \tag{8.1.3}$$

式中　l——圆柱极板长度(m);
　　　ε——极板间介质的介电常数(F/m);
　　　R_1——圆柱型内电极的外半径(m);
　　　R_2——圆柱型外电极的内半径(m)。

所有的电容式敏感元件都是通过改变 ε, S, b 来改变电容量 C 实现测量的。因此有变间隙、变面积和变介质三类电容式敏感元件。

变间隙电容式敏感元件一般用来测量微小的线位移(如小到 $0.01~\mu m$);变面积电容式敏感元件一般用来测量角位移(如小到 $1''$)或较大的线位移;变介质电容式敏感元件常用于测定

各种介质的某些物理特性,如湿度、密度等。

电容式敏感元件的特点主要有:结构简单,非接触式测量,灵敏度高,分辨率高,动态响应好,可在恶劣环境下工作等;其缺点主要有:受干扰影响大,特性稳定性差,易受电磁干扰,高阻输出状态,介电常数受温度影响大,有静电吸力等。因此使用电容式敏感元件要注意扬长避短。

8.2 电容式敏感元件的主要特性

8.2.1 变间隙电容式敏感元件

图 8.2.1 给出了平行极板变间隙电容式敏感元件原理图。当不考虑边缘效应时,其电容的特性方程为

$$C = \frac{\varepsilon S}{\delta} = \frac{\varepsilon_r \varepsilon_0 S}{\delta} \tag{8.2.1}$$

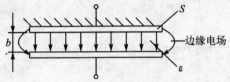

图 8.2.1 平行极板变间隙电容式敏感元件

式中 ε_0——真空中的介电常数(F/m),$\varepsilon_0 = \frac{10^{-9}}{4\pi \times 9}$ F/m;

ε_r——极板间的相对介电常数,$\varepsilon_r = \frac{\varepsilon}{\varepsilon_0}$,对于空气约为 1。

由式(8.2.1)可知:电容量 C 与极板间的间隙 b 成反比,具有较大的非线性。因此在工作时,极板间的距离一般只能在较小 Δb 的范围内工作。

当间隙 b 减小 Δb,变为 $b - \Delta b$ 时,电容量 C 将增加 ΔC

$$\Delta C = \frac{\varepsilon S}{b - \Delta b} - \frac{\varepsilon S}{b} \tag{8.2.2}$$

故

$$\frac{\Delta C}{C} = \frac{\frac{\Delta b}{b}}{1 - \frac{\Delta b}{b}} \tag{8.2.3}$$

当 $\left|\frac{\Delta b}{b}\right| \ll 1$ 时,将式(8.2.3)展为级数形式,有

$$\frac{\Delta C}{C} = \frac{\Delta b}{b}\left[1 + \frac{\Delta b}{b} + \left(\frac{\Delta b}{b}\right)^2 + \cdots\right] \tag{8.2.4}$$

进一步可以得到输出电容的相对变化 $\frac{\Delta C}{C}$ 与相对输入位移 $\frac{\Delta b}{b}$ 之间的近似线性关系

$$\frac{\Delta C}{C} \approx \frac{\Delta b}{b} \tag{8.2.5}$$

算例 1:某平行极板变间隙电容式敏感元件是半径为 10 mm 的圆形平膜片,初始间隙为 1 mm,极板间介质为空气。当极板间隙减小 0.05 mm 和 0.10 mm 时,计算电容的绝对变化量与相对变化量。

解：由式(8.2.1)可得电容的初始值为

$$C_0 = \frac{\varepsilon \pi R^2}{b} = \frac{10^{-9}}{4\pi \times 9} \cdot \frac{\pi \times 10^{-4}}{1 \times 10^{-3}}, F = 2.777\,8 \times 10^{-12}\,F = 2.777\,8\,pF$$

当极板间隙减小 0.05 mm 时，电容量变为

$$C_{0.05} = \frac{\varepsilon \pi R^2}{b - \Delta b} = \frac{10^{-9}}{4\pi \times 9} \cdot \frac{\pi \times 10^{-4}}{1 \times 10^{-3} - 0.05 \times 10^{-3}}\,pF = 2.924\,0\,pF$$

这时电容的绝对变化量为

$$\Delta C_{0.05} = C_{0.05} - C_0 = (2.924\,0 - 2.777\,8)\,pF = 0.146\,2\,pF$$

相应的相对变化量为

$$\frac{\Delta C_{0.05}}{C_0} = \frac{0.146\,2}{2.777\,8} = 0.052\,63$$

而直接由式(8.2.5)计算的电容相对变化量为 0.05。

当极板间隙减小 0.10 mm 时，电容量变为

$$C_{0.10} = \frac{\varepsilon \pi R^2}{b - \Delta b} = \frac{10^{-9}}{4\pi \times 9} \cdot \frac{\pi \times 10^{-4}}{1 \times 10^{-3} - 0.1 \times 10^{-3}}\,pF = 3.086\,4\,pF$$

这时电容的绝对变化量为

$$\Delta C_{0.10} = C_{0.10} - C_0 = (3.086\,4 - 2.777\,8)\,pF = 0.308\,6\,pF$$

相应的相对变化量为

$$\frac{\Delta C_{0.10}}{C_0} = \frac{0.308\,6}{2.777\,8} = 0.011\,11$$

而直接由式(8.2.5)计算的电容相对变化量为 0.10。

8.2.2 变面积电容式敏感元件

图 8.2.2 给出了平行极板变面积电容式敏感元件原理图。当不考虑边缘效应时，其电容的特性方程为

$$C = \frac{\varepsilon b_1 (l - \Delta x)}{b} = C_0 - \frac{\varepsilon b_1 \Delta x}{b} \tag{8.2.6}$$

图 8.2.3 给出了圆筒型变"面积"电容式敏感元件原理图。当不考虑边缘效应时，其电容的特性方程为

$$C = \frac{2\pi\varepsilon_0 (h - h_1)}{\ln\left(\frac{R_2}{R_1}\right)} + \frac{2\pi\varepsilon_1 h_1}{\ln\left(\frac{R_2}{R_1}\right)} = \frac{2\pi\varepsilon_0 h}{\ln\left(\frac{R_2}{R_1}\right)} + \frac{2\pi(\varepsilon_1 - \varepsilon_0) h_1}{\ln\left(\frac{R_2}{R_1}\right)} = C_0 + \Delta C \tag{8.2.7}$$

$$C_0 = \frac{2\pi\varepsilon_0 h}{\ln\left(\frac{R_2}{R_1}\right)} \tag{8.2.8}$$

$$\Delta C = \frac{2\pi(\varepsilon_1 - \varepsilon_0) h_1}{\ln\left(\frac{R_2}{R_1}\right)} \tag{8.2.9}$$

式中 ε_1——某一种介质(如液体)的介电常数(F/m)；

ε_0——空气的介电常数(F/m)；

h——极板的总高度(m)；

R_1——内电极的外半径(m);
R_2——外电极的内半径(m);
h_1——介质 ε_1 的物位高度(m)。

由上述模型可知:电容变化量 ΔC 与被测量物位 h_1 成正比,通过对 ΔC 的测量就可以实现对介质为 ε_1 的物位高度 h_1 进行测量。

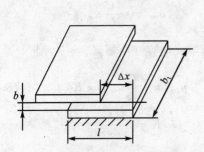

图 8.2.2　平行极板变面积电容式敏感元件

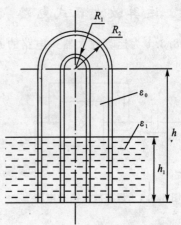

图 8.2.3　圆筒型变"面积"电容式敏感元件

算例 2：某圆筒型变"面积"电容式敏感元件的结构参数为：$R_1=1.5$ mm, $R_2=15$ mm；介质的相对介电常数 $\varepsilon_r=80, h=600$ mm，试计算 $h_1=10$ mm, 20 mm, 40 mm 时的电容变化量。

解：由式(8.2.7)可得电容的初始值为

$$C_0 = \frac{2\pi\varepsilon_0 h}{\ln\left(\frac{R_2}{R_1}\right)} = \frac{10^{-9}}{4\pi\times 9} \cdot \frac{2\pi\times 0.6}{\ln\left(\frac{15}{1.5}\right)} \cdot F = 2.777\,8\times 10^{-12}\ F = 14.476\ pF$$

由于

$$\frac{2\pi(\varepsilon_1-\varepsilon_0)}{\ln\left(\frac{R_2}{R_1}\right)} = \frac{2\pi\varepsilon_0(\varepsilon_r-1)}{\ln\left(\frac{R_2}{R_1}\right)} = \frac{10^{-9}}{4\pi\times 9} \cdot \frac{2\pi\times(80-1)}{\ln\left(\frac{15}{1.5}\right)} = 1\,906.07\ pF/m$$

基于式(8.2.8)，当 $x=10$ mm, 20 mm, 40 mm 时，电容变化量分别为 19.06 pF, 38.12 pF 和 72.24 pF。

8.2.3　变介电常数电容式敏感元件

一些高分子陶瓷材料,其介电常数与环境温度、绝对湿度等有确定的函数关系,利用其特性可以制成温度传感器或湿度传感器。

图 8.2.4 给出了一种变介电常数电容式敏感元件的结构示意图。介质的厚度 b_2 保持不变，而相对介电常数 ε_r 变化，从而导致电容发生变化。依此可以制成感受绝对湿度的传感器等。

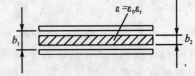

图 8.2.4　变介电常数的电容式敏感元件

8.3 电容式变换元件的信号转换电路

电容式变换元件将被测量转换为电容变化后,需要采用一定信号转换电路将其转换为电压、电流或频率信号。下面介绍几种典型的信号转换电路。

8.3.1 运算放大器式电路

图 8.3.1 为运算放大器式电路的原理图。假设运算放大器是理想的,其开环增益足够大,输入阻抗足够高,则其输入输出关系为

$$u_{\text{out}} = -\frac{C_f}{C_x} u_{\text{in}} \quad (8.3.1)$$

对于变间隙式电容变换器,$C_x = \frac{\varepsilon S}{\delta}$,则

$$u_{\text{out}} = -\frac{C_f}{\varepsilon S} u_{\text{in}} \delta = K\delta \quad (8.3.2)$$

$$K = -\frac{C_f u_{\text{in}}}{\varepsilon S}$$

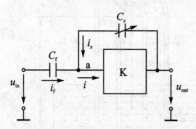

图 8.3.1 运算放大器式电路

输出电压 u_{out} 与电极板的间隙成正比,很好地解决了单电容变间隙式变换器的非线性问题。该方法特别适合于微结构传感器。实际运算放大器不能完全满足理想情况,非线性误差仍然存在。此外,由式(8.3.2)可知:信号变换精度还取决于信号源电压的稳定性,所以需要高精度的交流稳压源,由于其输出亦为交流电压,故需要经精密整流变为直流输出。这些附加电路将使整个变换电路变得较为复杂。

8.3.2 交流不平衡电桥

图 8.3.2 给出了交流电桥原理图,平衡条件为

$$\frac{Z_1}{Z_2} = \frac{Z_3}{Z_4} \quad (8.3.3)$$

引入复阻抗:$Z_i = R_i + jX_i = Z_i e^{j\phi_i}(i=1,2,3,4)$,j 为虚数单位;$R_i, X_i$ 分别为桥臂的电阻和电抗;Z_i, ϕ_i 分别为 x 相应的复阻抗的模值和幅角。

由式(8.3.3)可以得到

$$\begin{cases} \dfrac{Z_1}{Z_2} = \dfrac{Z_3}{Z_4} \\ \phi_1 + \phi_4 = \phi_2 + \phi_3 \end{cases} \quad (8.3.4)$$

$$\begin{cases} R_1 R_4 - R_2 R_3 = X_1 X_4 - X_2 X_3 \\ R_1 X_4 + R_4 X_1 = R_2 X_3 + R_3 X_2 \end{cases} \quad (8.3.5)$$

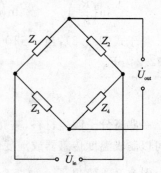

图 8.3.2 交流电桥

式(8.3.5)表明:交流电桥的平衡条件远比直流电桥复杂,不仅有幅值的要求,同时也有相角的要求。

当交流电桥的桥臂的阻抗有了 ΔZ_i 的增量时($i=1,2,3,4$),且有 $|\Delta Z_i/Z_i| \ll 1$,则

$$\dot{U}_{out} \approx \dot{U}_{in} \frac{Z_1 Z_2}{(Z_1+Z_2)^2}\left(\frac{\Delta Z_1}{Z_1}+\frac{\Delta Z_4}{Z_4}-\frac{\Delta Z_2}{Z_2}-\frac{\Delta Z_3}{Z_3}\right) \tag{8.3.6}$$

这是交流电桥不平衡输出的一般表述,实际应用时有多种简化的方案。

8.3.3 变压器式电桥线路

图 8.3.3 给出了变压器式电桥线路的原理图,图 8.3.4 则给出了相应的等效电路图。电容 C_1,C_2 可以是差动方式的电容组合,即当被测量变化时,C_1,C_2 中的一个增大,另一个减小;也可以一个是固定电容,另一个是受感电容;Z_f 为放大器的输入阻抗,Z_f 上的电压即为电桥输出电压。

$$\dot{U}_{out} = \dot{I}_f Z_f = \frac{(\dot{E}_1 C_1 - \dot{E}_2 C_2)j\omega}{1+Z_f(C_1+C_2)j\omega} Z_f \tag{8.3.7}$$

由式(8.3.7)可知,平衡条件为式(8.3.8)或式(8.3.9)。

$$\dot{E}_1 C_1 = \dot{E}_2 C_2 \tag{8.3.8}$$

$$\frac{\dot{E}_1}{\dot{E}_2} = \frac{C_2}{C_1} \tag{8.3.9}$$

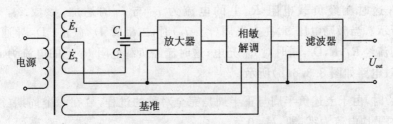

图 8.3.3 变压器式电桥线路

考虑一种实际应用情况,电容 C_1,C_2 是差动电容(如图 8.3.4 所示),初始平衡时:$\dot{E}_1=\dot{E}_2=\dot{E},C_1=C_2=C,Z_f=R_f$;当极板偏离中间位置时,有 $C_1=C+\Delta C_1,C_2=C-\Delta C_2$;由式(8.3.7)可得

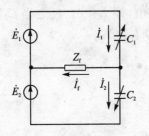

图 8.3.4 变压器式电桥等效电路

$$\dot{U}_{out} = \frac{\dot{E}(\Delta C_1+\Delta C_2)j\omega}{1+2jR_f C\omega} R_f \tag{8.3.10}$$

当 $\Delta C_1=\Delta C_2=\Delta C$ 时,输出电压的幅值为

$$U_{out} = \frac{2\omega E R_f \Delta C}{\sqrt{1+4\omega^2 R_f^2 C^2}} \tag{8.3.11}$$

$\dot{U}$ 与 $\dot{E}$ 的相移为

$$\varphi = \arctan \frac{1}{2R_f C \omega} \tag{8.3.12}$$

由式(8.3.12)可知,只有当 $R_f \to \infty$ 时,$\varphi=0$;这时利用式(8.3.7),可得

$$\dot{U}_{out} = \frac{\dot{E}(C_1-C_2)}{C_1+C_2} \tag{8.3.13}$$

对于平行极板的电容器

$$C_1 = \frac{\varepsilon s}{b_0 - \Delta b}, \quad C_2 = \frac{\varepsilon s}{b_0 + \Delta b}$$

则

$$\dot{U}_{\text{out}} = \frac{\dot{E} \Delta b}{b_0} \tag{8.3.14}$$

输出电压与 $\Delta b/b_0$ 成正比。

8.3.4 二极管电路

图 8.3.5 给出了二极管电路的原理图，激励电压 u_{in} 是一幅值为 E 的高频（MHz 级）方波振荡源，电容 C_1、C_2 可以是差动方式的电容组合，也可以一个是固定电容，另一个是受感电容；R_f 为输出负载；D_1、D_2 为两个二极管；R 为常值电阻。

假设二极管正向导通时电阻为 0，反向截止时电阻为无穷大，且只考虑负载电阻 R_f 上的电流。

图 8.3.6 给出了二极管电路的工作过程，图 8.3.7 给出了负载电流的波形。当激励电压 u_{in} 在负半周时（$t_1 \sim t_2$），二极管 D_1 截止，D_2 导通；电容 C_1 放电，形成 i_{C1}；i'_R 流经 R_f、R、D_2，同时对 C_2 充电；这时流经负载电阻 R_f 上的电流为 i_{C1} 与 i'_R 的迭加，形成 i'_f，等效电路如图 8.3.6(a) 所示。当激励电压 u_{in} 在正半周（$t_2 \sim t_3$）时，二极管 D_2 截止，D_1 导通；电容 C_2 放电，形成 i_{C2}；i''_R 流经 R_f、R、D_1，同时对 C_1 充电；这时流经负载电阻 R_f 上的电流为 i_{C2} 与 i''_R 的迭加，形成 i''_f，等效电路如图 8.3.6(b) 所示。

当 $C_1 = C_2$ 时，由于上述负半周与正半周是完全对称的过程，故在一个周期（$t_1 \sim t_3$）内，流经负载 R_f 上的平均电流为零，即：$\bar{I}_f = 0$。

当 $C_1 < C_2$ 时，由于小电容比大电容放电快，即 C_1 放电的过程要比 C_2 放电的过程要快，由于 i'_R 与 i''_R 的幅值相等，所以 i_{C1} 与 i'_R 迭加的幅值要比 i_{C2} 与 i''_R 迭加的幅值大，即 $|i'_f| > |i''_f|$。这表明：在一个周期（$t_1 \sim t_3$）内，流经负载 R_f 上的平均电流为负值，即 $\bar{I}_f < 0$。反之当 $C_1 > C_2$ 时，在一个周期（$t_1 \sim t_3$）内，流经负载 R_f 上的平均电流为正值，即 $\bar{I}_f > 0$。

经推导后可得

$$\bar{I}_f \approx \frac{R(R + 2R_f)}{(R + R_f)^2} Ef(C_1 - C_2) \tag{8.3.15}$$

故输出平均电压为

$$\bar{U}_{\text{out}} = \bar{I}_f R_f \approx \frac{RR_f(R + 2R_f)}{(R + R_f)^2} Ef(C_1 - C_2) \tag{8.3.16}$$

显然，输出电压 $\bar{U}_{\text{out}}$ 不仅与激励电源电压的幅值 E 有关，而且与激励电源的频率 f 有关，因此除了要求稳压外，还需稳频。另外输出电压与 $(C_1 - C_2)$ 有关，因此对于改变极板间隙的差动电容式检测原理来说，上述电路只能减少非线性，而不能完全消除非线性。

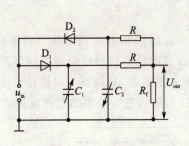

图 8.3.5 二极管电路

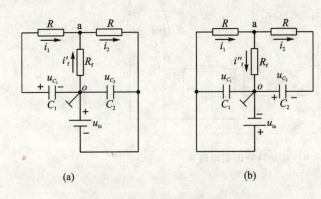

(a)　　　　　　　　(b)

图 8.3.6 二极管电路工作过程

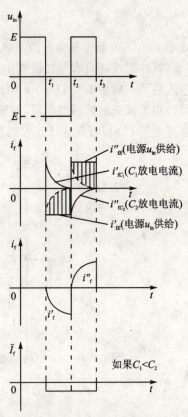

图 8.3.7 负载电流波形

8.3.5 差动脉冲调宽电路

图 8.3.8 给出了差动脉冲调宽电路的原理图,主要包括比较器 A_1,A_2、双稳态触发器及差动电容 C_1,C_2 组成的充放电回路等。双稳态触发器的两个输出端用作整个电路的输出。如果电源接通时,双稳态触发器的 A 端为高电位,B 端为低电位,则 A 点通过 R_1 对 C_1 充电,直至 M 点的电位等于直流参考电压 U_{ref} 时,比较器 A_1 产生一脉冲,触发双稳态触发器翻转,A 端为低电位,B 端为高电位。此时 M 点电位经二极管 D_1 从 U_{ref} 迅速放电至零;而同时 B 点的高电位经 R_2 对 C_2 充电,直至 N 点的电位充至参考电压 U_{ref} 时,比较器 A_2 产生一脉冲,触发双稳态触发器翻转,A 端为高电位,B 端为低电位,又重复上述过程。如此周而复始,在双稳态触发器的两端各自产生一宽度受电容 C_1,C_2 调制的脉冲方波。

当 $C_1 = C_2$ 时,电路上各点电压信号波形如图 8.3.9(a)所示,A,B 两点间的平均电压等于零。

当 $C_1 > C_2$ 时,则电容 C_1,C_2 的充放电时间常数就要发生变化,电路上各点电压信号波形如图 8.3.9(b)所示,A,B 两点间的平均电压不等于零。输出电压 U_{out} 经低通滤波后获得,等于 A,B 两点的电压平均值 U_{AP} 与 U_{BP} 之差。

当充电电阻 $R_1 = R_2 = R$ 时,经推导后可得

$$U_{\text{out}} = \frac{C_1 - C_2}{C_1 + C_2} U_1 \tag{8.3.17}$$

式中　U_1——触发器输出的高电平(V)。

脉冲宽度还具有与二极管电路相似的特点：不需附加相敏解调器就可以获得直流输出。输入信号一般为 100 kHz～1 MHz 的矩形波，所以直流输出只需经低通滤波器简单地引出即可。由于低通滤波器的作用，对输出矩形波的纯度要求不高，只需要一电压稳定度较高的直流参考电压 U_{ref} 即可。这比其它测量线路中要求高稳定度的稳频稳幅的交流电源易于做到。

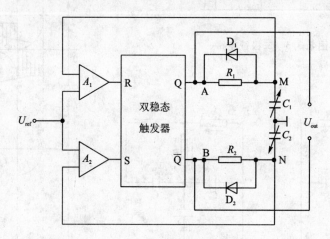

图 8.3.8　差动脉冲调宽电路

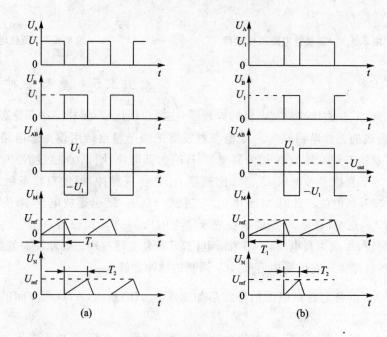

图 8.3.9　电压信号波形图

8.4 典型的电容式传感器

8.4.1 电容式压力传感器

图 8.4.1 所示为一种典型的电容式压差传感器的原理结构示意图。图中上下两端的隔离膜片与弹性敏感元件(膜片)之间充满硅油。弹性敏感元件(膜片)是差动电容变换器的活动极板。差动电容变换器的固定极板是在石英玻璃上镀有金属的球面极板。膜片在差压的作用下产生位移,使差动电容变换器的电容发生变化。因此通过测量电容变换器的电容(变化量)就可以实现对压力的测量。下面进行简要分析。

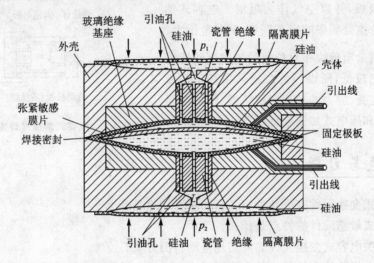

图 8.4.1 电容式压差传感器原理结构

对于作为敏感元件的圆平膜片,其周边是固支的。在压力差 $p=p_2-p_1$ 作用下,其法向位移为

$$w(r) = \frac{3p}{16E\delta^3}(1-\mu^2)(R^2-r^2)^2 \tag{8.4.1}$$

式中 R, δ ——圆平膜片的半径(m)和厚度(m);

E, μ——材料的弹性模量(Pa),泊松比;

r——圆平膜片的径向坐标值(m)。

借助于式(8.1.2)可得在压力差 p 下,作为活动电极的圆平膜片与上面的固定极板之间的电容量可以描述为

$$C_{up} = \int_0^{R_0} \frac{2\pi\varepsilon}{b_0(r)-w(r)} dr \tag{8.4.2}$$

式中 $b_0(r)$——压力差 $p=0$ 时,固定极板与活动极板(圆平膜片)间的距离(m),这里假设上、下两个固定极板完全对称;

R_0——固定极板与活动极板对应的最大有效半径(m),一定有 $R_0 \leq R$;

ε——极板间介质的介电常数(F/m)。

类似地,活动电极与下面的固定极板之间的电容量可以描述为

$$C_{\text{down}} = \int_0^{R_0} \frac{2\pi\varepsilon}{b_0(r) + w(r)} dr \tag{8.4.3}$$

C_{up}与C_{down}构成了差动电容组合形式,可以选用8.3节的相关测量电路。

关于圆平膜片结构参数以及固定极板与活动极板(圆平膜片)间的距离$b_0(r)$的选择问题这里不做较深入的讨论,但可以考虑一些基本原则。一方面,从测量的角度出发,为提高传感器的灵敏度,应当适当增大单位压力引起的圆平膜片的法向位移值;但为了保证传感器的工作特性的稳定性、重复性和可靠性,也应当限制法向位移值。

8.4.2 电容式加速度传感器

图8.4.2是电容式加速度传感器的原理结构。它以弹簧片所支承的敏感质量块作为差动电容器的活动极板,并以空气作为阻尼。电容式加速度传感器的特点是频率响应范围宽,测量范围大。

这类基于测量质量块相对位移的加速度传感器一般灵敏度都比较低,所以当前广泛采用基于测量惯性力产生的应变、应力的加速度传感器,例如电阻应变式、压阻式和压电式加速度传感器。

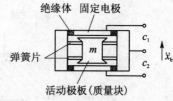

图8.4.2 电容式加速度传感器原理结构

思考题与习题

8.1 电容式变换元件有哪几种?各自的主要用途是什么?

8.2 电容式敏感元件的特点是什么?

8.3 变间隙电容式变换元件如何实现差动检测方案?

8.4 交流电桥的特点是什么?在使用时应注意哪些问题?

8.5 说明变压器式电桥线路的工作过程和特点。

8.6 说明差动脉冲调宽电路的工作过程和特点。

8.7 说明运算放大器式电路的工作过程和特点。

8.8 利用电容式变换原理可以构成几种类型的位移传感器,简述各自的工作机理,并说明它们主要的使用特点。

8.9 某变极距型电容式位移传感器的有关参数为:初始间隙$b = 0.8$ mm,$\varepsilon_r = 5$,$S = 314$ mm^2;当极板极距增大$\Delta b = 20$ μm时,试计算该电容式传感器的电容变化量以及电容的相对变化量。

8.10 某圆筒型变"面积"电容式敏感元件的结构参数为:$R_1 = 2$ mm,$R_2 = 10$ mm;被测液体介质的相对介电常数$\varepsilon_r = 50$,$h = 500$ mm,当被测介质的液位h_1分别为100 mm,200 mm和500 mm时,试计算相应的电容变化量。

8.11 给出一种差动电容式压力传感器的结构原理图,并说明其工作过程与特点。

第9章 变磁路式传感器

通过改变磁路进行测量是一种常用的方法。它可以很好地实现机电式信息与能量的相互转化,在工业领域中应用广泛。它可以把多种机械式物理量,如位移、振动、压力、应变、流量、密度等参数转变成电信号输出,从而实现各种变磁路式传感器。变磁路式传感器的种类非常多,既有利用磁阻变化实现的;也有利用电磁感应实现的;还有利用一些特殊的磁电效应实现的,如电涡流效应、霍耳效应等。在不引起误解的情况下,变磁路式传感器可简称为磁传感器(magnetic transducer/sensor)。

与其它测量原理相比较,变磁路测量原理有如下特点:
1) 结构简单,工作中没有活动电接触点,工作可靠,寿命长;
2) 灵敏度高,分辨力高,能测出 0.01 μm,甚至更小的机械位移变化,能感受小到 0.1′ 的微小角度变化;
3) 重复性比较好,在较大的范围内具有良好的线性度(最小几十 μm,最大达数十,甚至上百 mm)。

这种测量原理也有比较明显的不足,如存在较大的交流零位信号,易受外界电磁场干扰,不适于高频动态测量等。

9.1 电感式变换原理

常用的电感式变换原理的实现方式主要有:π 型、E 型和螺管型三种。电感元件由线圈、铁芯和活动衔铁三个部分组成。

9.1.1 简单电感式原理

1. 变换元件

图 9.1.1 给出了最简单的电感式元件原理图。其中铁芯和活动衔铁均由导磁材料,如硅钢片或坡莫合金制成,可以是整体的或者是叠片的,衔铁和铁芯之间有空气隙。当衔铁移动时,磁路发生变化,即气隙的磁阻发生变化,从而引起线圈电感的变化。这种电感量的变化与衔铁位置(即气隙大小)有关。因此,只要能测出这种电感量的变化,就能获得衔铁位移量的大小,这就是电感式变换的基本原理。

根据电感的定义,匝数为 W 的电感线圈的

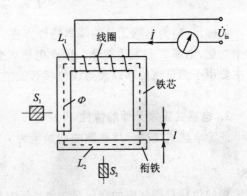

图 9.1.1 电感式元件原理图

电感量为

$$L = \frac{W\Phi}{I} \tag{9.1.1}$$

式中　Φ——线圈中的磁通(Wb)；

　　　I——线圈中流过的电流(A)。

根据磁路欧姆定律，磁通为

$$\Phi = \frac{IW}{R_M} = \frac{IW}{R_F + R_l} \tag{9.1.2}$$

铁芯的磁阻 R_F 和空气隙的磁阻 R_l 计算式如下：

$$R_F = \frac{L_1}{\mu_1 S_1} + \frac{L_2}{\mu_2 S_2} \tag{9.1.3}$$

$$R_l = \frac{2l}{\mu_0 S} \tag{9.1.4}$$

式中　l——磁通通过铁芯的长度(m)；

　　　S_1——铁芯的截面积(m²)；

　　　μ_1——铁芯在磁感应强度 B_1 处的导磁率(H/m)；

　　　l_2——磁通通过衔铁的长度(m)；

　　　S_2——衔铁的横截面积(m²)；

　　　μ_2——铁芯在磁感应强度 B_2 处的导磁率(H/m)；

　　　l——气隙长度(m)；

　　　S——气隙的截面积(m²)；

　　　μ_0——空气的导磁率(H/m)，$u_0 = 4\pi \times 10^{-7}$ H/m。

导磁率 μ_1, μ_2 可由磁化曲线或 $B = f(H)$ 表格查得，也可以按下列公式计算，即

$$\mu = \frac{B}{H} \times 4\pi \times 10^{-7} \text{(H/m)} \tag{9.1.5}$$

式中　B——磁感应强度(T)；

　　　H——磁场强度(A/m)。

通常，铁芯的导磁率 μ_1 与衔铁的导磁率 μ_2 远远大于空气的导磁率 μ_0，因此 $R_F \ll R_l$，则

$$L \approx \frac{W^2}{R_l} = \frac{W^2 \mu_0 S}{2l} \tag{9.1.6}$$

式(9.1.6)为电感元件的基本特性方程。当线圈的匝数确定后，只要气隙或气隙的截面积发生变化，电感 L 就发生变化。因此电感式变换元件主要有变气隙式和变截面积式两种。前者主要用于测量线位移以及与线位移有关的量；后者主要用于测量角位移以及与角位移有关的量。

2. 电感式变换元件的特性

假设电感式变换元件气隙的初始值为 l_0。由式(9.1.6)可得初始电感为

$$L_0 = \frac{W^2 \mu_0 S}{2l_0} \tag{9.1.7}$$

当衔铁的位移量即气隙的变化量为 Δl，气隙长度 l_0 减少 Δl，电感量为

$$L = \frac{W^2 \mu_0 S}{2(l_0 - \Delta l)} \tag{9.1.8}$$

电感的变化量和相对变化量分别为

$$\Delta L = L - L_0 = \left(\frac{\Delta l}{l_0 - \Delta l}\right) L_0 \tag{9.1.9}$$

$$\frac{\Delta L}{L_0} = \frac{\Delta l}{l_0 - \Delta l} = \frac{\Delta l}{l_0}\left[\frac{1}{1-\frac{\Delta l}{l_0}}\right] \tag{9.1.10}$$

实际应用中$|\Delta l/l_0|\ll 1$,可将式(9.1.10)展为级数形式

$$\frac{\Delta L}{L_0} = \frac{\Delta l}{l_0} + \left(\frac{\Delta l}{l_0}\right)^2 + \left(\frac{\Delta l}{l_0}\right)^3 + \cdots \tag{9.1.11}$$

由式(9.1.11)可知,如果不考虑包括 2 次项以上的高次项,则 $\Delta L/L_0$ 与 $\Delta l/l_0$ 成比例关系,因此,高次项的存在是造成非线性的原因。当气隙相对变化 $\Delta l/l_0$ 减小时,高次项将迅速减小,非线性可以得到改善。然而,这又会使传感器的测量范围(即衔铁的允许工作位移)变小,所以,对输出特性线性度的要求和对测量范围的要求是相互矛盾的。通常取$|\Delta l/l_0|=0.1\sim 0.2$。

3. 电感式变换元件的等效电路

电感式变换元件反映铁芯线圈的自感随衔铁位移的变化,因此,理想情况下,它就是一个电感 L,其阻抗为

$$X_L = \omega L \tag{9.1.12}$$

然而,线圈不可能是纯电感的,还包括铜损电阻 R_C,铁芯的涡流损耗电阻 R_e,磁滞损耗电阻 R_h 和线圈的寄生电容 C。因此,电感式变换元件的等效电路如图9.1.2所示。其中铜损电阻 R_C 是由线圈导线的直流电阻引起的。涡流损耗电阻 R_e 是由于导磁体在交变磁场中,磁通量随时间变化,在铁芯及衔铁中产生的涡流损耗引起的。影响导磁体涡流损耗大小的因素较多,主要有铁芯材料的电阻率、铁芯厚度、线圈的自感、材料的导磁率等。磁滞损耗电阻 R_h 主要与气隙有关。涡流损耗与磁滞损耗统称为铁损。一般而言,工作频率升高时,铁损增加;工作频率降低时,铜损增加。此外,电感式变换元件存在一个与线圈并联的寄生电容 C。这一电容主要由线圈绕组的固有电容和电感式变换元件与电子测量设备的连接电缆的电容组成。

4. 简单电感式变换元件的信号转换线路

最简单的测量线路如图9.1.1所示。电感线圈与交流电流表相串联,用频率和幅值大小一定的交流电压 $\dot{U}_{in}$ 作工作电源。当衔铁产生位移时,线圈的电感发生变化,引起电路中电流改变,从电流表指示值就可以判断衔铁位移大小。

假定忽略铁芯磁阻 R_F 和电感线圈的铜电阻 R_C,即认为 $R_F\ll R_l,R_C\ll \omega L$;电感线圈的寄生电容 C 和铁损电阻 R_m 也忽略不计,则电流(输出量)与衔铁位移(输入量)的关系可表达如下:

$$\dot{I}_{out} = \frac{2\dot{U}_{in}l}{\mu_0 \omega W^2 S} \tag{9.1.13}$$

由式(9.1.13)可知,测量电路中的电流与气隙大小成正比,如图9.1.3所示。图中的虚直线是理想特性。

然而,电感式变换元件的实际特性是一条不过零点的曲线。这是由于空气隙为零时仍存在有起始电流 I_n。因为,当 R_l 接近于零时,R_F 与 R_C 就不能忽略不计。所以,铁芯和衔铁的磁阻就有一定值,即有一定起始电流。另一方面,气隙很大时,线圈的铜电阻 R_C 与线圈的感抗

相比已不再可以忽略,这时,最大电流 I_m 将趋向一个稳定值 $U_\mathrm{in}/R_\mathrm{C}$。起始电流的存在表明,衔铁还未移动时,电流表已有指示,这种情况在测量中是不希望有的。因此,简单测量电路的特性为非线性,并存在起始电流,使其不适用于精密测量。

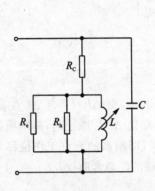

图 9.1.2　电感式变换元件的等效电路

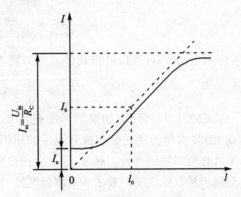

图 9.1.3　简单测量电路的特性

同时,简单电感式变换元件好像交流电磁铁一样,有电磁力作用在活动衔铁上,力图将衔铁吸向铁芯,从而在实际测量时产生一定误差。

另外,简单电感式变换元件易受外界干扰的影响,如电源电压和频率的波动、温度变化等都会使线圈电阻 R_C 改变,因而影响输出电流。

总之,简单电感式变换元件一般不用于较精密的测量仪表和系统,只用在一些继电信号装置中。

9.1.2　差动电感式变换元件

1. 结构特点

两只完全对称的简单电感式变换元件合用一个活动衔铁便构成了差动电感式变换元件。

图 9.1.4(a),(b) 分别为 E 型和螺管型差动电感变换元件的结构原理图。其特点是上下两个导磁体的几何参数、材料参数应完全相同,上下两只线圈的电气参数(线圈铜电阻、线圈匝数)也应完全一致。

图 9.1.4(c) 为差动电感式变换元件接线图。变换元件的两只电感线圈接成交流电桥的相邻两个桥臂,另外两个桥臂由电阻组成。

这两类差动电感式变换元件的工作原理相同,只是结构形式不同。

2. 变换原理

从图 9.1.4 可以看出,差动电感式变换元件和电阻构成了交流电桥,由交流电源供电,在电桥的另一对角端即为输出的交流电压。

1) 初始位置时,衔铁处于中间位置,两边的气隙相等,$l_1 = l_2 = l_0$。因此,两只电感线圈的电感量在理论上相等,即

$$L_1 = L_2 = L_0 = \frac{W^2 \mu_0 S}{2l_0} \tag{9.1.14}$$

式中　L_1——差动电感式变换元件上半部的电感(H);

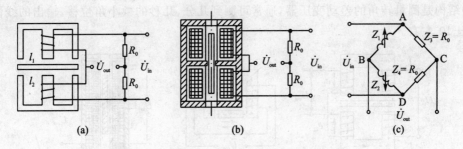

图 9.1.4 差动式电感变换元件的原理和接线图

L_2——差动电感式变换元件下半部的电感(H)。

这样,上下两部分的阻抗是相等的,$Z_1 = Z_2$;电桥的输出电压应为零,$\dot{U}_{out} = 0$,电桥处于平衡状态。

当衔铁偏离中间位置向上或向下移动时,造成两边气隙不一样,使两只电感线圈的电感量一增一减,电桥就不平衡。假设活动衔铁向上移动,即

$$\begin{cases} l_1 = l_0 - \Delta l \\ l_2 = l_0 + \Delta l \end{cases} \tag{9.1.15}$$

式中 Δl——衔铁的向上移动量(m)。

差动电感式变换元件上下两部分的阻抗分别为

$$\begin{cases} Z_1 = j\omega L_1 = j\omega \dfrac{W^2 \mu_0 S}{2(l_0 - \Delta l)} \\ Z_2 = j\omega L_2 = j\omega \dfrac{W^2 \mu_0 S}{2(l_0 + \Delta l)} \end{cases} \tag{9.1.16}$$

电桥的输出为

$$\dot{U}_{out} = \dot{U}_B - \dot{U}_C = \left(\dfrac{Z_1}{Z_1+Z_2} - \dfrac{1}{2}\right)\dot{U}_{in} = \left[\dfrac{\dfrac{1}{l_0-\Delta l}}{\dfrac{1}{l_0-\Delta l}+\dfrac{1}{l_0+\Delta l}} - \dfrac{1}{2}\right]\dot{U}_{in} = \dfrac{\Delta l}{2l_0}\dot{U}_{in} \tag{9.1.17}$$

由式(9.1.17)可知:电桥输出电压的幅值大小与衔铁的相对移动量的大小成正比。当 $\Delta l > 0$,$\dot{U}_{out}$ 与 $\dot{U}_{in}$ 同相;$\Delta l < 0$,$\dot{U}_{out}$ 与 $\dot{U}_{in}$ 反相。所以,本方案可以测量位移的大小和方向。

9.2 差动变压器式变换元件

差动变压器式变换元件简称差动变压器。其结构与上述差动电感式变换元件完全一样,也是由铁芯、衔铁和线圈三个主要部分组成的。其不同处在于,差动变压器上下两只铁芯均有一个初级线圈1(又称激磁线圈)和一个次级线圈2(也称输出线圈)。衔铁置于两铁芯的中间,上下两只初级线圈串联后接交流激磁电压 $\dot{U}_{in}$,两只次级线圈则按电势反相串接。图9.2.1给出了差动变压器的几种典型的结构形式。图中(a),(b)两种结构的差动变压器,衔铁均为平板型,灵敏度高,测量范围则较窄,一般用于测量几~几百 μm 的机械位移。对于位移在1~上百 mm 的测量,常采用圆柱形衔铁的螺管型差动变压器,见图中(c),(d)两种结构。图中(e), (f)两种结构是测量转角的差动变压器,通常可测到几分、几秒的微小角位移,输出的线性范围一般在±10°左右。

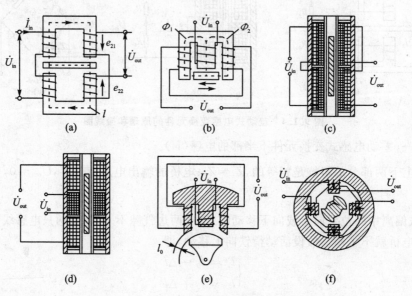

图 9.2.1　各种差动变压器的结构示意图

下面以图 9.2.1(a)的 Ⅱ 型差动变压器为例进行讨论。

假设变压器原边的匝数为 W_1,衔铁与 Ⅱ 型铁芯 1(上部)和 Ⅱ 型铁芯 2(下部)的间隙分别为 l_{11} 和 l_{21},激励输入电压 $\dot{U}_{in}$,对应的激励电流为 $\dot{I}_{in}$;变压器副边的匝数为 W_2,衔铁与 Ⅱ 型铁芯 1 与 Ⅱ 型铁芯 2 的间隙分别为 l_{12} 和 l_{22},输出电压为 $\dot{U}_{out}$。应当指出:该变压器的原边正接,副边反接。

通常对于 Ⅱ 型铁芯 1 与 2,其原边与衔铁的间隙和副边与铁芯的间隙是相同的,即有

$$\begin{cases} l_{11} = l_{12} = l_1 \\ l_{21} = l_{22} = l_2 \end{cases} \tag{9.2.1}$$

在初始情况下,衔铁处于中间位置,两边的气隙相等,$l_1 = l_2 = l_0$,因此两只电感线圈的电感量在理论上相等,电桥的输出电压 $\dot{U} = 0$,电桥处于平衡状态。

当衔铁偏离中间位置,向上(铁芯 1)移动 Δl 时,即

$$\begin{cases} l_1 = l_0 - \Delta l \\ l_2 = l_0 + \Delta l \end{cases} \tag{9.2.2}$$

电桥处于不平衡状态,经推导可得输出电压为

$$\dot{U}_{out} = -\frac{W_2}{W_1}\left(\frac{\Delta l}{l_0}\right)\dot{U}_{in} \tag{9.2.3}$$

由式(9.2.3)可知,副边输出电压与气隙的相对变化成正比,与变压器次级线圈和初级线圈的匝数比成正比,而且当 $\Delta l > 0$(衔铁上移)时,输出电压 $\dot{U}_{out}$ 与输入电压 $\dot{U}_{in}$ 反相;当 $\Delta l < 0$(衔铁下移)时,输出电压 $\dot{U}_{out}$ 与输入电压 $\dot{U}_{in}$ 同相。

9.3 电涡流式变换原理

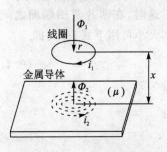

图 9.3.1 电涡流效应示意图

一块金属导体放置于一个扁平线圈附近,相互不接触,如图 9.3.1 所示。当线圈中通有高频交变电流 i_1 时,在线圈周围产生交变磁场 Φ_1。交变磁场 Φ_1 将通过附近的金属导体产生电涡流 i_2,同时产生交变磁场 Φ_2,且 Φ_2 与 Φ_1 的方向相反。Φ_2 对 Φ_1 有反作用,从而使线圈中的电流 i_1 的大小和相位均发生变化,即线圈中的等效阻抗发生了变化。这就是电涡流效应。线圈阻抗的变化与电涡流效应密切相关,即与线圈的半径 r、激磁电流 i_1 的幅值、频率 ω、金属导体的电阻率 ρ、导磁率 μ 以及线圈到导体的距离 x 有关,即可以写为

$$Z = f(r, i_1, \omega, \rho, \mu, x) \quad (9.3.1)$$

实际应用时,控制上述这些可变参数,只改变其中的一个参数,则线圈阻抗的变化就成为这个参数的单值函数。这就是利用电涡流效应实现测量的主要原理。

利用电涡流效应制成的变换元件的优点有:灵敏度高,结构简单,抗干扰能力强,不受油污等介质的影响,可进行非接触测量等,常用于测量位移、振幅、厚度、工件表面粗糙度、导体的温度、金属表面裂纹、材质的鉴别等,在工业生产和科学研究各个领域有广泛的应用。

9.4 霍耳效应及元件

9.4.1 霍耳效应

如图 9.4.1 所示的金属或半导体薄片,若在它的两端通以控制电流 I,并在薄片的垂直方向上施加磁感应强度为 B 的磁场,则在垂直于电流和磁场的方向上(即霍耳输出端之间)将产生电动势 U_H(霍耳电势或称霍耳电压),这种现象称为霍耳效应。

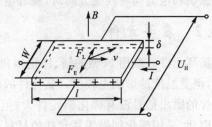

图 9.4.1 霍耳效应示意图

霍耳效应的产生是由于运动电荷在磁场中受洛伦兹力作用的结果。当运动电荷为带正电粒子时,其受到的洛伦兹力为

$$\vec{F}_L = e\vec{v} \times \vec{B} \quad (9.4.1)$$

式中 $\vec{F}_L$——洛伦兹力矢量(N);

$\vec{v}$——运动电荷速度矢量(m/s);

$\vec{B}$——磁感应强度矢量(T);

e——电荷电量(C),1.602×10^{-19} C。

当运动电荷为带负电粒子时,其受到的洛伦兹力为

$$\vec{F}_L = -e\vec{v} \times \vec{B} \quad (9.4.2)$$

假设在 N 型半导体薄片的控制电流端通以电流 I，那么，半导体中的载流子(电子)将沿着和电流相反的方向运动。若在垂直于半导体薄片平面的方向上加以磁场 B，则由于洛伦兹力 F_L 的作用，电子向一边偏转(偏转方向由式(9.4.2)确定)，并使该边形成电子积累；而另一边则积累正电荷，于是产生电场。该电场阻止运动电子的继续偏转。当电场作用在运动电子上的力 F_E 与洛伦兹力 F_L 相等时，电子的积累便达到动态平衡。这时，在薄片两横端面之间建立的电场称为霍耳电场 E_H，相应的电势就称为霍耳电势 U_H，其大小可用下式表示，即

$$U_H = \frac{R_H I B}{\delta} \tag{9.4.3}$$

式中　R_H——霍耳常数($m^3 C^{-1}$)；
　　　I——控制电流(A)；
　　　B——磁感应强度(T)；
　　　δ——霍耳元件的厚度(m)。

引入

$$K_H = \frac{R_H}{\delta} \tag{9.4.4}$$

将式(9.4.4)代入式(9.4.3)，则可得

$$U_H = K_H I B \tag{9.4.5}$$

由式(9.4.5)可知，霍耳电势的大小正比于控制电流 I 和磁感应强度 B。K_H 称为霍耳元件的灵敏度。它是表征在单位磁感应强度和单位控制电流时输出霍耳电压大小的一个重要参数。一般希望它越大越好。霍耳元件的灵敏度与元件材料的性质和几何参数有关。由于半导体(尤其是 N 型半导体)的霍耳常数 R_H 要比金属的大得多，所以在实际应用中，一般都采用 N 型半导体材料做霍耳元件。此外，元件的厚度 δ 对灵敏度的影响也很大，元件越薄，灵敏度就越高，所以霍耳元件的厚度一般都比较薄。

式(9.4.5)还说明，当控制电流的方向或磁场的方向改变时，输出电势的方向也将改变。但当磁场和电流同时改变方向时，霍耳电势并不改变原来的方向。

9.4.2　霍耳元件

霍耳元件一般用 N 型的锗、锑化铟和砷化铟等半导体单晶材料制成。锑化铟元件的输出较大，但受温度的影响也较大。锗元件的输出虽小，但它的温度性能和线性度却比较好。砷化铟元件的输出信号没有锑化铟元件大，但是受温度的影响却比锑化铟要小，而且线性度也较好。因此，采用砷化铟做霍耳元件的材料受到普通重视。一般地，在高精度测量中，大多采用锗和砷化铟元件，而作为敏感元件时，一般采用锑化铟元件。

霍耳元件的结构很简单。它由霍耳片、引线和壳体组成。霍耳片是一块矩形半导体薄片，如见图 9.4.2 所示。在长边的两个端面上焊上两根控制电流端引线(见图中1,1)，在元件短边的中间以点的形式焊上两根霍耳输出端引线(见图中2,2)，在焊接处要求接触电阻小，而且呈纯电阻性质(欧姆接触)。霍耳片一般用非磁性金属、陶瓷或环氧树脂封装。

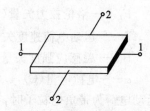

图 9.4.2　霍耳元件示意图

9.5 典型的变磁路式传感器

9.5.1 电涡流式振动位移传感器及其应用

图 9.5.1 所示为电涡流式振动位移传感器以及测量振型图的原理。图(a)是利用沿轴的轴向并排放置的几个电涡流传感器,分别测量轴各处的振动位移,从而测出轴的振型;图(b)是测量涡轮叶片的示意图,叶片振动时周期性地改变其与电涡流传感器之间的距离,因而电涡流传感器就输出幅值与叶片振幅成比例、频率与叶片振动频率相同的电压。

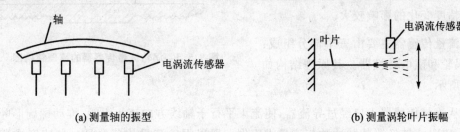

(a) 测量轴的振型   (b) 测量涡轮叶片振幅

图 9.5.1 利用电涡流传感器测量振动的原理

9.5.2 差动电感式压力传感器

图 9.5.2 所示为测量差压用的变气隙差动电感式压力传感器的原理示意图。它由在结构上和电气参数上完全对称的两部分所组成。平膜片感受压力差,并作为衔铁使用。由于差动接法比非差动接法具有非线性误差小、电磁吸力小、零位输出小以及温度和其它外干扰影响较小等优点,故差动电感式压差传感器一般均采用交流差动变换电路。当所测压力差 $\Delta p=0$ 时,两边电感的起始气隙长度相等,即 $l_1=l_2=l_0$,因而两个电感的磁阻相等,其阻抗相等,即 $Z_1=Z_2=Z_0$。此时电桥处于平衡状态,电桥输出电压为零;当压力差 $\Delta p\neq 0$ 时,$l_1\neq l_2$,则两个电感的磁阻不等,其阻抗不等,即 $Z_1\neq Z_2$。电桥输出电压的大小将反映被测压力差的大小。若在设

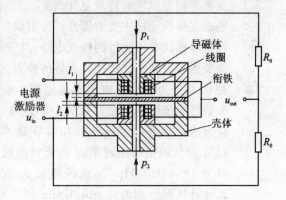

图 9.5.2 变磁阻式压力传感器

计时保证在所测压力差范围内电感气隙的变化量很小,那么电桥的输出电压将与被测压力差成正比,电压的正反相位将代表压力差的正、负。

应该注意的是用这种测量电路的传感器其频率响应不仅取决于传感器本身的结构参数,还取决于电源振荡器的频率、滤波器及放大器的频带宽度。一般情况下电源振荡器的频率选择在 10~20 kHz。

9.5.3 磁电式涡轮流量传感器

图 9.5.3 所示为目前航空机载上使用的燃油流量传感器,用于测量发动机的单位时间消耗的体积流量,也称燃油耗量传感器。该传感器线性特性输出,测量精度高,可达到 0.2% 以上;测量范围宽,可达 $Q_{V\max}/Q_{V\min} = 10 \sim 30$;故抗干扰能力强,适用于测量脉动流量,便于远距离传输和数字化;压力损失小。主要用于清洁的液体或气体;而且受流体密度和粘度变化的影响较大。

涡轮流量传感器主要由三个部分组成:导流器、涡轮和磁电转换器。其原理结构如图 9.5.3 所示。

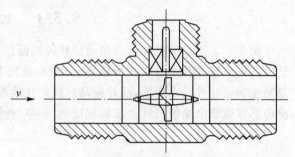

图 9.5.3 涡轮流量传感器的原理结构图

流体从流量传感器入口经过导流器,使流束平行于轴线方向流入涡轮,推动螺旋形叶片的涡轮转动,磁电式转换器的脉冲数与流量成比例。所以涡轮流量传感器是一种速度式流量传感器。

思考题与习题

9.1 变磁路测量原理的特点是什么?

9.2 电感式变换元件主要由哪几部分组成?电感式变换元件主要有几种形式?

9.3 画出电感式变换元件的等效电路,并进行简要说明。

9.4 简要说明差动电感式变换元件的特点。

9.5 题图 9.1 为一简单电感式传感器。有关参数已示于图中。磁路取为中心磁路,不计漏磁。设铁心及衔铁的相对导磁率为 10^4,空气的相对导磁率为 1,真空的磁导率为 $4\pi \times 10^{-7}$ Hm^{-1},线圈匝数为 500。试计算气隙分别为 0 mm,1 mm 和 2 mm 时的电感量。图中所注尺寸单位均为 mm。

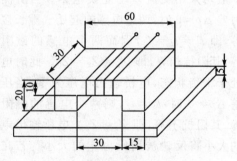

题图 9.1 一简单电感式传感器结构参数示意图

9.6 简述电涡流效应,并说明其可能的应用。

9.7 电涡流效应与哪些参数有关?

9.8 简述霍耳效应,并说明其可能的应用。

9.9 给出一种电涡流式转速传感器的原理结构图,并说明其工作过程。

9.10 给出一种霍耳式转速传感器的原理结构图,并说明其工作过程。

9.11 简述图 9.5.2 所示的变磁阻式压力传感器的工作原理。

9.12 简述磁电式涡轮流量计的工作机理,该传感器的关键部件是什么?

第 10 章 压电式传感器

某些电介质,当沿一定方向对其施加外力导致材料发生变形时,其内部将发生极化现象,同时在某些表面产生电荷;当外力去掉后,又重新回到不带电状态。这种将机械能转变成电能的现象称为"正压电效应";反过来,在电介质极化方向施加电场,它会产生机械变形;当去掉外加电场时,电介质的变形随之消失。这种将电能转变成机械能的现象称为"逆压电效应",又称电致伸缩效应。电介质的"正压电效应"与"逆压电效应"统称压电效应(piezoelectric effect)。利用压电效应实现的传感器称为压电式传感器(piezoelectric transducer/sensor)。

具有压电特性的材料称为压电材料,可以分为天然的压电晶体材料和人工合成压电材料。自然界中,压电晶体的种类很多,如石英、酒石酸钾钠、电气石、硫酸铵、硫酸锂等。其中,石英晶体是一种最具实用价值的天然压电晶体材料。人工合成的压电材料主要有压电陶瓷和压电膜。

10.1 石英晶体

10.1.1 石英晶体的压电机理

图 10.1.1 给出了右旋石英晶体的理想外形,具有规则的几何形状。石英晶体有三个晶轴,如图 10.1.2 所示。其中 z 为光轴,是利用光学方法确定的,没有压电特性;经过晶体的棱线,并垂直于光轴的 x 轴称为电轴;垂直于 zx 平面的 y 轴称为机械轴。

石英晶体的压电特性与其内部结构有关。为了直观了解其压电特性,将组成石英(SiO_2)晶体的硅离子和氧离子排列在垂直于晶体 z 轴的 xy 平面上的投影,等效为图 10.1.3(a)中的正六边形排列。图中"⊕"代表 Si^{+4},"⊖"代表 $2O^{-2}$。

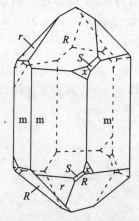

图 10.1.1 石英晶体的理想外形

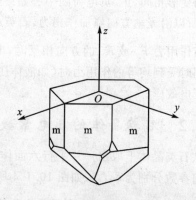

图 10.1.2 石英晶体的直角坐标系

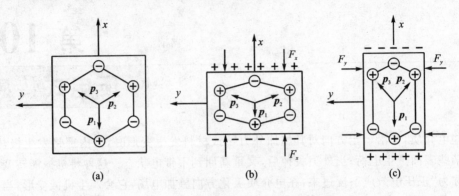

图 10.1.3 石英晶体压电效应机理示意图

当石英晶体未受到外力作用时,Si^{+4} 和 $2O^{-2}$ 正好分布在正六边形的顶角上,形成三个大小相等、互成 120°夹角的电偶极矩 p_1,p_2 和 p_3,如图 10.1.3(a)所示。电偶极矩的大小为 $p=ql$。q 为电荷量,l 为正、负电荷之间的距离。电偶极矩的方向为负电荷指向正电荷。此时正、负电荷中心重合,电偶极矩的矢量和等于零,即 $p_1+p_2+p_3=0$。因此晶体表面不产生电荷,石英晶体从总体上说呈电中性。

当石英晶体受到沿 x 轴方向的压缩力作用时,晶体沿 x 轴方向产生压缩变形,正、负离子的相对位置随之变动,正、负电荷中心不再重合,如图 10.1.3(b)所示。电偶极矩在 x 轴方向的分量为 $(p_1+p_2+p_3)_x>0$,在 x 轴的正方向的晶体表面上出现正电荷。而在 y 轴和 z 轴方向的分量均为零,即 $(p_1+p_2+p_3)_y=0$,$(p_1+p_2+p_3)_z=0$。在垂直于 y 轴和 z 轴的晶体表面上不出现电荷。这种沿 x 轴方向的施加作用力,在垂直于此轴晶面上产生电荷的现象,称为"纵向压电效应"。

当石英晶体受到沿 y 轴方向的压缩力作用时,沿 x 轴方向产生拉伸变形,正、负离子的相对位置随之变动,晶体的变形如图 10.1.3(c)所示,正、负电荷中心不再重合。电偶极矩在 x 轴方向的分量为 $(p_1+p_2+p_3)_x<0$,在 x 轴的正方向的晶体表面上出现负电荷。同样在 y 轴和 z 轴方向的分量均为零,在垂直于 y 轴和 z 轴的晶体表面上不出现电荷。这种沿 y 轴方向施加作用力,而在垂直于 x 轴晶面上产生电荷的现象,称为"横向压电效应"。

当石英晶体受到沿 z 轴方向的力,无论是拉伸力还是压缩力,由于晶体在 x 轴方向和 y 轴方向的变形相同,正、负电荷的中心始终保持重合,电偶极矩在 x 轴方向和 y 轴方向的分量等于零,所以沿光轴方向施加作用力,石英晶体不会产生压电效应。

当作用力 F_x 或 F_y 的方向相反时,电荷的极性将随之改变。同时,如果石英晶体的各个方向同时受到均等的作用力时(如液体压力),石英晶体将保持电中性,即石英晶体没有体积变形的压电效应。

10.1.2 石英晶体的压电常数

从石英晶体上取出一片平行六面体,使其晶面分别平行于 x,y,z 轴,晶片在 x,y,z 轴向的几何参数分别为 δ,l,b,如图 10.1.4 所示。

石英晶体在图 10.1.5 所示应力作用下产生的压电效应可以描述为

$$\begin{bmatrix} \rho_{C1} \\ \rho_{C2} \\ \rho_{C3} \end{bmatrix} = \begin{bmatrix} d_{11} & -d_{11} & 0 & d_{14} & 0 & 0 \\ 0 & 0 & 0 & 0 & -d_{14} & -2d_{14} \\ 0 & 0 & 0 & 0 & 0 & 0 \end{bmatrix} \begin{bmatrix} \sigma_1 \\ \sigma_2 \\ \sigma_3 \\ \sigma_4 \\ \sigma_5 \\ \sigma_6 \end{bmatrix} \qquad (10.1.1)$$

式中 $\rho_{C1}, \rho_{C2}, \rho_{C3}$——石英晶体的电荷密度分量；

$\sigma_1, \sigma_2, \sigma_3, \sigma_4, \sigma_5, \sigma_6$——石英晶体受到的应力分量。

由式(10.1.1)可知：石英晶体只有两个独立的压电常数。对于右旋石英晶体，有

$$d_{11} = 2.31 \times 10^{-12} \text{ C/N}$$
$$d_{14} = -0.73 \times 10^{-12} \text{ C/N}$$

对于左旋石英晶体，有

$$d_{11} = -2.31 \times 10^{-12} \text{ C/N}$$
$$d_{14} = 0.73 \times 10^{-12} \text{ C/N}$$

基于石英晶体的压电常数矩阵，选择恰当的石英晶片的形状(又称晶片的切型)、受力状态、变形方式很重要。它们直接影响着石英晶体元件机电能量转换的效率。

石英晶体压电元件承受机械应力作用时，有4种基本变形方式可以利用，分述如下。

1) 厚度变形，通过$-d_{11}$产生x方向的纵向压电效应。

2) 长度变形，通过$d_{12}(d_{11})$产生y方向的横向压电效应。

3) 面剪切变形，晶体受剪切力的面与产生电荷的面相同。例如：对于x切晶片，在垂直于x轴面(即yz平面)上作用有剪切应力时，通过d_{14}在该表面上将产生电荷。

4) 厚度剪切变形，晶体受剪切力的面与产生电荷的面不共面。例如：对于y切晶片，垂直于z轴面(即xy平面)上作用有剪切应力时，通过$d_{26}(-2d_{11})$可在垂直于y轴面(即zx平面)上产生电荷。

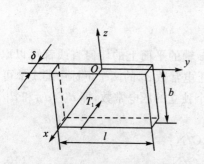

图10.1.4 石英晶体平行六面体切片

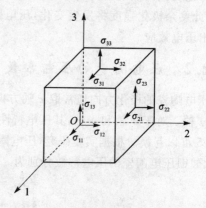

图10.1.5 石英晶体的应力作用图

10.1.3 石英晶体的性能

石英晶体是一种性能优良的压电晶体。它不需要人工极化处理，没有热释电效应，介电常

数和压电常数的温度稳定性非常好。在20～200 ℃范围内,温度每升高1℃,压电常数仅减少0.016 %;温度上升到400 ℃时,压电常数 d_{11} 也仅减小5 %;当温度上升到500 ℃时,d_{11} 急剧下降;当温度达到573 ℃(称为居里点温度)时,石英晶体失去压电特性。

石英晶体的压电特性非常稳定,但比较弱;它的温度特性和长期稳定性非常好;此外石英晶体材料的固有频率高,动态响应好,机械强度高,绝缘性能好,迟滞小,重复性好。

10.2 压电陶瓷

10.2.1 压电陶瓷的压电机理

压电陶瓷是人工合成的多晶压电材料。它由无数细微的电畴组成。这些电畴实际上是自发极化的小区域。自发极化的方向完全是任意排列的,如图10.2.1(a)所示。在无外电场作用时,从整体上看,这些电畴的极化效应被相互抵消了,使原始的压电陶瓷呈电中性,不具有压电性质。

为了使压电陶瓷具有压电效应,必须进行极化处理。所谓极化处理,就是在一定温度下对压电陶瓷施加强电场(例如20～30 kV/cm直流电场),经过2～3 h以后,压电陶瓷就具备了压电性能。这是因为陶瓷内部的电畴的极化方向在外电场作用下都趋向于电场的方向,如图10.2.1(b)所示。这个方向就是压电陶瓷的极化方向,通常定义为压电陶瓷的 z 轴方向。

经过极化处理的压电陶瓷,在外电场去掉后,其内部仍存在着很强的剩余极化强度。当压电陶瓷受到外力作用时,电畴的界限发生移动,因此剩余极化强度将发生变化,压电陶瓷就呈现出压电效应。

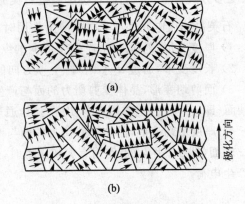

图10.2.1 压电陶瓷的电畴示意图

10.2.2 压电陶瓷的压电常数

压电陶瓷的极化方向通常取 z 轴方向,在垂直于 z 轴的平面上的任何直线都可以取作 x 轴或 y 轴。对于 x 轴和 y 轴,其压电特性是等效的。压电常数 d_{ij} 的两个下标中的1,2可以互换,4,5可以互换。根据实验研究,压电陶瓷通常有三个独立的压电常数,即 d_{33},d_{31} 和 d_{15}。例如,钛酸钡压电陶瓷的压电常数分别为

$$\begin{cases} d_{33} = 190 \times 10^{-12} \text{ C/N} \\ d_{31} = -78 \times 10^{-12} \text{ C/N} \\ d_{15} = 250 \times 10^{-12} \text{ C/N} \end{cases} \tag{10.2.1}$$

由式(10.2.1)可知:钛酸钡压电陶瓷除了可以利用厚度变形、长度变形和剪切变形以外,还可以利用体积变形获得压电效应。

10.2.3 常用压电陶瓷

1. 钛酸钡压电陶瓷

钛酸钡的压电常数 d_{33} 是石英晶体的压电常数 d_{11} 的几十倍。介电常数和体电阻率也都比较高。但温度稳定性和长期稳定性,以及机械强度都不如石英晶体,而且工作温度比较低,居里点温度为 115 ℃,最高使用温度只有 80 ℃左右。

2. 锆钛酸铅压电陶瓷(PZT)

锆钛酸铅压电陶瓷是由锆酸铅和钛酸铅组成的固溶体。它具有很高的介电常数,各项机电参数随温度和时间等外界因素的变化较小。根据不同的用途对压电性能提出的不同要求,在锆钛酸铅材料中再添加一种或两种微量的其他元素,如铌(Nb)、锑(Sb)、锡(Sn)、锰(Mn)、钨(W)等,可以获得不同性能的 PZT 压电陶瓷,参见表 10.2.1(表中同时列出了石英晶体材料有关性能参数)。PZT 的居里点温度比钛酸钡要高,其最高使用温度可达 250 ℃左右。由于 PZT 的压电性能和温度稳定性等方面均优于钛酸钡压电陶瓷,故它是目前应用最普遍的一种压电陶瓷材料。

表 10.2.1 常用压电材料的性能参数

	石英	钛酸钡	钡锆钛酸铅 PZT-4	锆钛酸铅 PZT-5	锆钛酸铅 PZT-8
压电常数 /(C/N)	$d_{11}=2.31$ $d_{14}=0.73$	$d_{33}=190$ $d_{31}=-78$ $d_{15}=250$	$d_{33}=200$ $d_{31}=-100$ $d_{15}=410$	$d_{33}=415$ $d_{31}=-185$ $d_{15}=670$	$d_{33}=200$ $d_{31}=-90$ $d_{15}=410$
相对介电常数/(F/m)	4.5	1 200	1 050	2 100	1 000
居里温度点/℃	573	115	310	260	300
最高使用温度/℃	550	80	250	250	250
密度/(10^3 kg/m³)	2.65	5.5	7.45	7.5	7.45
弹性模量/(10^9 N/m²)	80	110	83.3	117	123
机械品质因数	$10^5 \sim 10^6$		≥500	80	≥800
最大安全应力/(10^6 N/m²)	95~100	81	76	76	83
体积电阻率/(Ω·m)	$>10^{12}$	10^{10}(25℃)	$>10^{10}$	10^{11}(25℃)	
最高允许湿度/(%RH)	100	100	100	100	

10.3 压电换能元件的信号转换电路

10.3.1 压电换能元件的等效电路

当压电换能元件受到外力作用时,会在压电元件一定方向的两个表面(即电极面)上产生电荷:在一个表面上聚集正电荷;在另一个表面聚集负电荷。因此可以把用作正压电效应的压电换能元件看作一个静电荷发生器。显然,当压电元件的两个表面聚集电荷时,它相当于一个

电容器,其电容量为

$$C_a = \frac{\varepsilon S}{\delta} = \frac{\varepsilon_r \varepsilon_0 S}{\delta} \tag{10.3.1}$$

式中　C_a——压电元件的电容量(F);

　　　S——压电元件电极面的面积(m^2);

　　　δ——压电元件的厚度(m);

　　　ε——极板间的介电常数(F/m);

　　　ε_0——真空中的介电常数(F/m);

　　　ε_r——极板间的相对介电常数,$\varepsilon_r = \varepsilon/\varepsilon_0$。

因此可以把压电换能元件等效于一个电荷源与一个电容相并联的电荷等效电路,如图10.3.1(a)所示。

由于电容上的开路电压u_a、电荷量q与电容C_a三者之间存在着以下关系

$$u_a = \frac{q}{C_a} \tag{10.3.2}$$

这样压电换能元件又可以等效于一个电压源和一个串联电容表示的电压等效电路,如图10.3.1(b)所示。

应当指出:从机理上说,压电换能元件受到外界作用后,产生的不变量是"电荷量"而非"电压量",这一点在实用中必须注意。

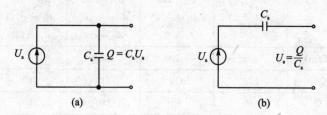

图10.3.1　压电换能元件的等效电路

10.3.2　电荷放大器

基于上述对压电换能元件等效电路的分析,这里介绍一种实用的信号转换电路:电荷放大器。其设计思路充分考虑了压电换能元件相当于一个"电容器",所产生的不变量是电荷量,而且压电元件的等效电容的电容量非常小,等效于一个高阻抗输出的元件,因此易于受到引线等的干扰影响。电荷放大电路图如图10.3.2所示。

考虑到实际应用情况,压电换能元件的等效电容为

$$C = C_a + \Delta C \tag{10.3.3}$$

式中　C_a——压电元件的电容量(F);

　　　ΔC——总的干扰电容(F)。

由图10.3.2可得

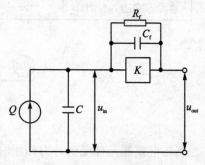

图10.3.2　电荷放大器

$$u_{\text{in}} = \frac{Q}{C} \tag{10.3.4}$$

$$Z_{\text{in}} = \frac{1}{sC} \tag{10.3.5}$$

根据运算放大器的特性，可以得出

$$u_{\text{out}} = -\frac{Z_f}{Z_{\text{in}}} u_{\text{in}} = \frac{Z_f}{\frac{1}{sC}} u_{\text{in}} = -(Z_f C u_{\text{in}})s = -(Z_f Q)s \tag{10.3.6}$$

其中 Z_f 是反馈阻抗，如果反馈只是一个电容 C_f，即

$$Z_f = \frac{1}{sC_f} \tag{10.3.7}$$

由式(10.3.6)和式(10.3.7)得

$$u_{\text{out}} = -Z_f Q s = -\frac{1}{sC_f} \cdot Qs = \frac{-Q}{C_f} \tag{10.3.8}$$

如果反馈是一个电容 C_f 与一个电阻 R_f 的并联，即

$$Z_f = \frac{\frac{1}{sC_f} \cdot R_f}{\frac{1}{sC_f} + R_f} = \frac{R_f}{1 + R_f C_f s} \tag{10.3.9}$$

由式(10.3.6)式(10.3.9)得

$$u_{\text{out}} = -Z_f Q s = -\frac{R_f Q s}{1 + R_f C_f s} \tag{10.3.10}$$

由式(10.3.6)、式(10.3.8)或式(10.3.10)可知，电荷放大器的输出只与压电换能元件产生的电荷不变量和反馈阻抗有关，而与等效电容(包括干扰电容)无关。这就是采用电荷放大器的主要优点。

10.3.3 压电元件的并联与串联

为了提高灵敏度，可以把两片压电元件重叠放置，并按并联(对应于电荷放大器)或串联(对应于电压放大器)方式连接，如图 10.3.3 所示。并联结构是两个压电元件共用一个负电极，负电荷全都集中在该极上，而正电荷分别集中在两边的两个正电极上。故输出电荷 Q_p、电容 C_{ap} 都是单片的 2 倍，而输出电压 u_{ap} 与单片相同，即

$$\begin{cases} Q_p = 2Q \\ u_{ap} = u_a \\ C_{ap} = 2C_a \end{cases} \tag{10.3.11}$$

因此，当采用电荷放大器转换压电元件上的输出电荷 Q_p 时，并联方式可以提高传感器的灵敏度。

串联结构是把上一个压电元件的负极面与下一个压电元件的正极面粘结在一起，在粘结面处的正负电荷相互抵消，而在上下两电极上分别聚集起正负电荷，电荷量 Q_s 与单片的电荷量 Q 相等。但输出电压 u_{as} 为单片的 2 倍，而电容 C_{as} 为单片的一半，即

$$\begin{cases} Q_s = Q \\ u_{as} = 2u_a \\ C_{as} = \dfrac{C_a}{2} \end{cases} \quad (10.3.12)$$

因此，当采用电压放大器转换压电元件上的输出电压 u_{as} 时，串联方式可以提高传感器的灵敏度。

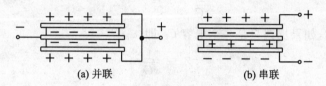

图 10.3.3　压电元件的连接方式

10.4　典型的压电式传感器

10.4.1　压电式加速度传感器

压电式传感器的突出特点是具有很好的高频响应特性，因此广泛地用于测量力、压力、加速度、振动和位移等。压电式加速度传感器由于体积小、重量轻、频带宽（由零点几 Hz 到数十 kHz）、测量范围宽（由 $10^{-6} \sim 10^3$ g）、使用温度可达 400～700 ℃，因此广泛用于加速度、振动和冲击测量。

1. 压电式加速度传感器的结构

图 10.4.1 是压电式加速度传感器的结构原理图。它由质量块 m、硬弹簧 k、压电晶片和基座组成。质量块一般由比重较大的材料（如钨或重合金）制成。硬弹簧的作用是对质量块加载，产生预压力，以保证在作用力变化时，晶片始终受到压缩。整个组件都装在基座上，为了防止被测件的任何应变传到晶片上而产生假信号，基座一般要求做的较厚。

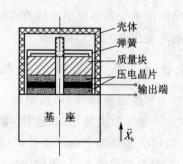

图 10.4.1　压电式加速度传感器的结构原理图

为了提高灵敏度，一般都采用把两片晶片重叠放置并按串联（对应于电压放大器）或并联（对应于电荷放大器）方式连接，如图 10.3.3 所示。

压电式加速度传感器的具体结构形式也有多种，图 10.4.2 所示为常见的几种。

2. 工作原理及灵敏度

当传感器基座随被测物体一起运动时，由于弹簧刚度很大，相对而言质量块的质量 m 很小，即惯性很小，因而可认为质量块感受与被测物体相同的加速度，并产生与加速度成正比的惯性力 F_a。惯性力作用在压电晶片上，就产生与加速度成比的电荷 Q 或电压 u_a，这样通过电荷量或电压来测量加速度 a。对于常用的压电陶瓷加速度传感器，其电荷灵敏度 K_q 和电压灵敏度 K_u 分别为：

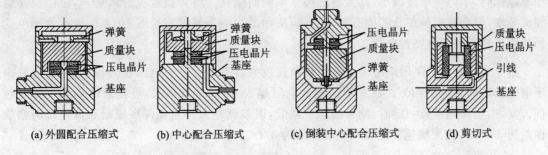

(a) 外圆配合压缩式　　(b) 中心配合压缩式　　(c) 倒装中心配合压缩式　　(d) 剪切式

图 10.4.2　压电式加速度传感器的结构

$$\begin{cases} K_q = \dfrac{Q}{a} = \dfrac{d_{33}F_a}{a} = -d_{33}m \\ K_u = \dfrac{u_a}{a} = \dfrac{-d_{33}m}{C_a} \end{cases} \tag{10.4.1}$$

式中　d_{33}——压电陶瓷的压电常数。

3. 频率响应特性

压电晶片本身高频响应特性很好，低频响应特性较差，故电压式加速度传感器的上限响应频率取决于机械部分的固有频率，下限响应频率取决于压电晶片及放大器。

机械部分是一个质量-弹簧-阻尼二阶系统，感受加速度时质量块相对于传感器基座的位移幅频特性为

$$A_a(\omega) = \left| \frac{x - x_i}{a} \right| = \frac{\dfrac{1}{\omega_n^2}}{\sqrt{\left[1 - \left(\dfrac{\omega}{\omega_n}\right)^2\right]^2 + \left(2\zeta\dfrac{\omega}{\omega_n}\right)^2}} \tag{10.4.2}$$

质量块的相对位移 $y = x - x_i$ 就等于压电晶片受惯性力 $\vec{F}_a = -m\vec{a}$ 作用后所产生的变形量。在压电材料的弹性范围内，变形量 y 与作用力 F_a 的关系为

$$F_a = k_y(x - x_1) = -ma \tag{10.4.3}$$

式中　k_y——压电晶片的弹性系数。

受惯性力作用时，压电晶片产生的电荷为

$$Q = d_{33}F_a = d_{33}k_y(x - x_i) = -d_{33}ma \tag{10.4.4}$$

由式(10.4.4)和式(10.4.6)可得压电式加速度传感器的电荷灵敏度为：

$$K_Q = \frac{Q}{a} = \left| \frac{d_{33}k_y(x - x_i)}{a} \right| = \frac{\dfrac{d_{33}k_y}{\omega_n^2}}{\sqrt{\left[1 - \left(\dfrac{\omega}{\omega_n}\right)^2\right]^2 + \left(2\zeta\dfrac{\omega}{\omega_n}\right)^2}} \tag{10.4.5}$$

当 $\dfrac{\omega}{\omega_n} \ll 1$ 时，则有

$$K_Q = \frac{d_{33}k_y}{\omega_n^2} \tag{10.4.6}$$

可以看出，当加速度的变化频率 ω 远小于机械部分的固有频率 ω_n 时，传感器的灵敏度 K_q 近似于常数，基本上不随 ω 变化。但是，由于压电晶片的低频响应较差，因此当加速度的变化

频率过低时，不但灵敏度减小，而且将随频率不同而变化。增大质量块的质量 m，可以提高低频灵敏度，但会使机械部分的固有频率下降，从而又影响高频响应。图 10.4.3 所示为压电式加速度传感器的频响特性曲线。

压电式传感器的下限响应频率与所配前置放大器有关。对于电压放大器，低频响应取决于电路的时间常数 $\tau=RC$。放大器的输入电阻越大，时间常数越大，可测量的低频下限就越低。反之，当时间常数一定时，测量的频率越低，误差就越大。当允许高频端和低频端的幅值误差为 5% 时，被测加速度的频率范围大致为 $3/\tau<\omega<0.2\omega_n$。

对于电荷放大器，传感器的频响应下限受电荷放大器下限截止频率的限制。下限截止频率由反馈电容 C_f 和反馈电阻 R_f 决定，其值为

$$f_L = \frac{1}{2\pi R_f C_f} \tag{10.4.7}$$

一般电荷放大器的下限截止频率可低至 0.3 Hz，因此压电晶片与电荷放大器相配时，低频响应特性也是很好的。

压电式加速度传感器的频率响应范围一般为从几 Hz 到数 kHz。

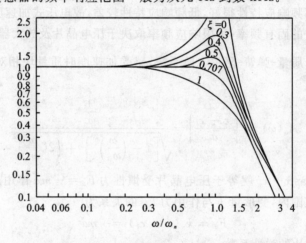

图 10.4.3　压电式加速度传感器的频率特性曲线

10.4.2　压电式温度传感器

压电谐振器的谐振频率与温度的关系称为其热敏感性。由于石英晶体材料的各向异性，压电谐振器的热敏感性与压电元件的取向以及采用的振动模态密切相关。这种特性为控制谐振器的温度-频率特性开辟了途径，也为利用谐振器的温度-频率特性提供了多种可能性。

利用热敏石英压电谐振器，可以实现石英温度传感器。它可以用具有线性温度-频率特性的压电谐振器做成，也可以采用具有非线性温度-频率特性的压电谐振器。如果温度传感器特性的标定精度很高，那么原则上可以实现非常高精度的温度传感器。

采用具有线性温度-频率特性的石英谐振器制成的温度传感器在一些重要的技术指标方面，如测温范围、绝对和相对误差、热延迟、结构尺寸等，有较好的性能，几乎与实验室温度传感器或标准温度计不相上下，而明显超过了工业部门使用的工程温度传感器。石英温度传感器

的灵敏度也大大优于绝大多数其他温度传感器。因此,线性石英温度传感器可应用于多种技术领域。

思考题与习题

10.1 什么是压电效应？有哪几种常用的压电材料？
10.2 试比较石英晶体和压电陶瓷的压电效应。
10.3 简述石英晶体压电特性产生的原理。
10.4 石英晶体在体积变形情况下,有无压电效应？为什么？
10.5 简述压电陶瓷材料压电特性产生的原理。
10.6 画出压电换能元件的等效电路。
10.7 设计压电式传感器检测电路的基本考虑点是什么？为什么？
10.8 从负载效应来说明压电元件的信号转换电路的设计要点。
10.9 压电效应能否用于静态测量？为什么？
10.10 压电元件在串联和并联使用时各有什么特点？为什么？
10.11 给出一种压电式加速度传感器的原理结构图,说明其工作过程及其特点。
10.12 简述石英压电式温度传感器的工作机理。
10.13 某压电式加速度传感器的电荷灵敏度为 $k_g = 120$ pC/g,若电荷放大器的反馈部分只是一个电容 $C_f = 1\,200$ pF。当被测加速度为 $5\sin(10\,000t)$ m/s² 时,试求电荷放大器的稳态输出电压。

第 11 章 谐振式传感器

基于机械谐振技术,以谐振元件作为敏感元件而实现的传感器称为谐振式传感器(resonator transducer/sensor)。谐振式传感器自身为周期信号输出(准数字信号),只用简单的数字电路(不是 A/D)即可转换为易与微处理器接口的数字信号;同时由于谐振敏感元件的重复性、分辨力和稳定性等非常优良,因此谐振式测量原理自然成为当今人们研究的重点。

11.1 谐振状态及其评估

11.1.1 谐振现象

谐振式测量原理是通过谐振式敏感元件,即谐振子的振动特性来实现的。谐振子在工作过程中,可以等效为一个单自由度系统(见图 11.1.1),其动力学方程如

$$m\ddot{x} + c\dot{x} + kx - F(t) = 0 \tag{11.1.1}$$

式中 m——振动系统的等效质量(kg);
　　c——振动系统的等效阻尼系数(N·s/m);
　　k——振动系统的等效刚度(N/m);
　　$F(t)$——作用外力(N)。

$m\ddot{x}$,$c\dot{x}$ 和 kx 分别反映了振动系统的惯性力、阻尼力和弹性力,它们的方向如图 11.1.1(b)所示。

根据谐振状态应具有的特性,当上述振动系统处于谐振状态时,作用外力应当与系统的阻尼力相平衡;系统的惯性力与弹性力相平衡,系统以其固有频率振动,即

$$\begin{cases} c\dot{x} - F(t) = 0 \\ m\ddot{x} + kx = 0 \end{cases} \tag{11.1.2}$$

这时振动系统的外力超前位移矢量 90°,与速度矢量同相位。弹性力与惯性力之和为零。系统的固有频率为

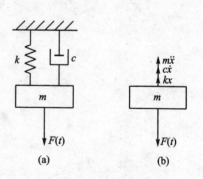

图 11.1.1　单自由度振动系统

$$\omega_n = \sqrt{\frac{k}{m}} \tag{11.1.3}$$

这是一个非常理想的理论情况,在实际应用中很难实现,原因是实际振动系统的阻尼力很难确定。因此,可以从系统的频谱特性来认识谐振现象。

当式(11.1.1)中的外力 $F(t)$ 是周期信号时,即

$$F(t) = F_m \sin \omega t \tag{11.1.4}$$

则系统的归一化幅值响应和相位响应分别为

$$A(\omega) = \frac{1}{\sqrt{(1-P^2)^2 + (2\zeta_n P)^2}} \tag{11.1.5}$$

$$\varphi(\omega) = \begin{cases} -\arctan\dfrac{2\zeta_n P}{1-P^2} & P \leqslant 1 \\ -\pi + \arctan\dfrac{2\zeta_n P}{P^2-1} & P > 1 \end{cases} \tag{11.1.6}$$

$$P = \frac{\omega}{\omega_n}$$

式中　ω_n——系统的固有频率(rad/s)；

ζ_n——系统的阻尼比系数，$\zeta_n = \dfrac{c}{2\sqrt{km}}$，对谐振子而言，$\zeta_n \ll 1$，为弱阻尼系统；

P——相对于系统固有频率的归一化频率。

图 11.1.2 给出了系统的幅频特性曲线和相频特性曲线。

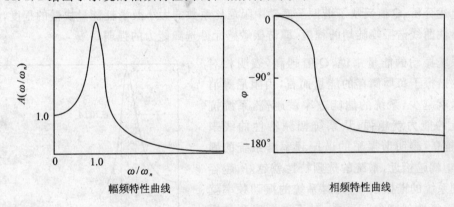

图 11.1.2　系统的幅频特性曲线和相频特性曲线

当 $P = \sqrt{1-2\zeta_n^2}$ 时，$A(\omega)$ 达到最大值，有

$$A_{\max} = \frac{1}{2\zeta_n \sqrt{1-\zeta_n^2}} \approx \frac{1}{2\zeta_n} \tag{11.1.7}$$

这时系统的相位为

$$\varphi = \arctan\frac{2\zeta_n P}{2\zeta_n^2} \approx -\arctan\frac{1}{\zeta_n} \approx -\frac{\pi}{2} \tag{11.1.8}$$

通常，工程上将系统的幅值增益达到最大值时的工作情况定义为谐振状态，相应的激励频率($\omega_r = \omega_n \sqrt{1-2\zeta_n^2}$)定义为系统的谐振频率。

11.1.2　谐振子的机械品质因数 Q 值

根据上述分析，系统的谐振频率为 $\omega_r = \omega_n \sqrt{1-2\zeta_n^2}$。由于系统的固有频率 $\omega_n = \sqrt{k/m}$ 只与系统固有的质量和刚度有关，而与系统的阻尼比系数无关，即系统的固有频率是一个与外界阻尼等干扰因素无关的量，具有非常高的稳定性。而实际系统的谐振频率与系统的固有频率存在着一定的差别，这个差别又与系统的阻尼比系数密切相关。显然，从测量的角度出发，这个差别越小越好。为了描述这个差别，或者说为了描述谐振子谐振状态优劣程度，引入谐振子

的机械品质因数 Q 值。

谐振子的机械品质因数定义为

$$Q = 2\pi \frac{E_S}{E_C} \tag{11.1.9}$$

式中 E_S——谐振子储存的总能量；

E_C——谐振子每个周期由阻尼消耗的能量。

对于弱阻尼系统，$1 \gg \zeta_n > 0$，利用图 11.1.2（或图 11.1.3）所示的谐振子的幅频特性可给出

$$Q \approx \frac{1}{2\zeta_n} \approx A_m \tag{11.1.10}$$

$$Q \approx \frac{\omega_r}{\omega_2 - \omega_1} \tag{11.1.11}$$

ω_1, ω_2 对应的幅值增益为 $A_m/\sqrt{2}$，称为半功率点，参见图 11.1.3。

由上述分析，Q 值反映了谐振子振动中阻尼比系数的大小及消耗能量快慢的程度，也反映了幅频特性曲线谐振峰陡峭的程度，即谐振敏感元件选频能力的强弱。

从系统振动的能量来说，Q 值越高，表明相对于给定的谐振子每周储存的能量而言，由阻尼等消耗的能量就越少，系统的储能效率就越高，系统抗外界干扰的能力就越强；从系统幅频特性曲线来说，Q 值越高，表明谐振子的谐振频率与系统的固有频率 ω_n 就越接近，系统的选频特性就越好，越容易检测到系统的谐振频率；同时系统的振动频率就越稳定，重复性就越好。总之，对于谐振式测量原理来说，提高谐振子的品质因数至关重要。应采取各种措施提高谐振子的 Q 值。这是设计谐振式测量系统的核心问题。

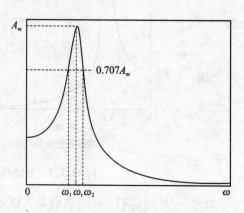

图 11.1.3 利用幅频特性获得谐振子的 Q 值

11.2 闭环自激系统的实现

谐振式测量原理绝大多数是在闭环自激状态下实现的。下面就对闭环自激系统的基本结构与实现条件进行讨论。

11.2.1 基本结构

图 11.2.1 给出了利用谐振式测量原理构成测量系统的基本结构。

R：为谐振敏感元件，又称谐振子。它是测量系统的核心部件，工作时以其自身固有的振动模态持续振动。谐振子的振动特性直接影响着谐振式测量系统的性能。谐振子有多种形式：如谐振梁、复合音叉、谐振筒、谐振膜、谐振半球壳、弹性弯管等。

D, E：分别为信号检测器和激励器。它们分别是实现机电、电机转换的必要手段，为组成

谐振式测量系统闭环自激系统提供条件。常用的激励方式有：电磁、静电、(逆)压电效应、电热、光热等。常用的检测手段有：磁电、电容、(正)压电效应、光电检测等。

A：是放大器。它与激励、检测手段密不可分，用于调节信号的幅值和相位，使系统能可靠稳定地工作于闭环自激状态。早期的放大器多采用分离元件组成，近来主要采用集成电路实现，而且正在向设计专用的多功能化的集成放大器方向发展。

O：是系统检测输出装置。它是实现对周期信号检测（有时也是解算被测量）的部件。它用于检测周期信号的频率（或周期）、幅值（比）或相位（差）。

C：是补偿装置，主要对温度误差进行补偿，有时系统也对零位、对测量环境的有关干扰进行补偿。

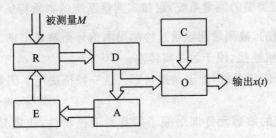

图 11.2.1　谐振式测量原理基本实现方式

11.2.2　闭环系统的实现条件

见图 11.2.2，其中 $R(s),E(s),A(s),D(s)$ 分别为谐振子、激励器、放大器和拾振器的传递函数，s 为拉氏算子。闭环系统的等效开环传递函数为

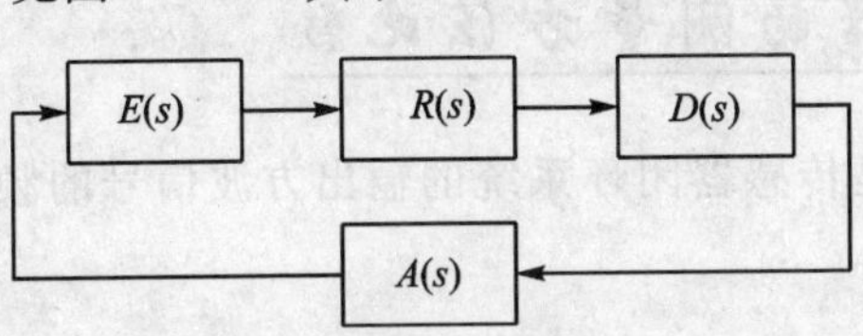

$$G(s) = R(s)E(s)A(s)D(s) \tag{11.2.1}$$

图 11.2.2　闭环自激条件的复频域分析

显然，满足以下条件时，系统将以频率 ω_V 产生闭环自激。

$$|G(j\omega_V)| \geqslant 1 \tag{11.2.2}$$

$$\angle G(j\omega_V) = 2n\pi \quad n = 0, \pm 1, \pm 2, \cdots \tag{11.2.3}$$

式(11.2.2)、式(11.2.3)称为系统可自激的复频域幅值、相位条件。

11.3　敏感机理及特点

11.3.1　敏感机理

由前述分析可知：对于谐振式测量系统，从检测信号的角度，它的输出可以写为

$$x(t) = Af(\omega t + \varphi) \tag{11.3.1}$$

式中　A——检测信号的幅值(V)；

ω——检测信号的角频率(rad/s)；

φ——检测信号的相位(°)。

显然，只要被测量能较显著地改变检测信号 $x(t)$ 的某一特征参数，谐振式测量系统就能通过检测上述特征参数来实现对被测量的检测。

在谐振式测量系统中，目前国内外使用最多的是检测角频率 ω，如谐振筒压力测量系统、谐振膜压力测量系统等。

对于敏感幅值 A 或相位 ϕ 的谐振式测量系统，为提高测量精度，通常采用相对（参数）测量，即通过测量幅值比或相位差来实现，如谐振式质量流量测量系统。

11.3.2 谐振式测量原理的特点

综上所述，相对其它类型的测量系统，谐振式测量系统的本质特征与独特优势如下。

1) 输出信号是周期的，被测量能够通过检测周期信号而解算出来。这一特征决定了谐振式测量系统便于与计算机连接，便于远距离传输。

2) 测量系统是一个闭环系统，处于谐振状态。这一特征决定了测量系统的输出自动跟踪输入。

3) 谐振式测量系统的敏感元件即谐振子固有的谐振特性，决定其具有高的灵敏度和分辨率。

4) 相对于谐振子的振动能量，系统的功耗是极小量。这一特征决定了测量系统的抗干扰性强、稳定性好。

11.4 频率输出谐振式传感器的测量方法比较

检测频率的谐振式测量系统，其输出频率就是传感器闭环系统的输出方波信号的频率。信号频率的测量方法通常有两种：频率法和周期法。

频率测量法是测量 1 s 内出现的脉冲数，即为输入信号的频率（见图 11.4.1）。传感器的矩形波脉冲信号被送入门电路，"门"的开关受标准时钟频率的定时控制，即用标准时钟频率信号 CP（其周期为 T_{CP}）作为门控信号。1 s 内通过"门"的矩形波脉冲数 n_{in}，就是输入信号的频率，即 $f_{in}=n_{in}/T_{CP}$。

由于计数器不能计算周期的分数值，因此，若门控时间为 1 s，则传感器的误差为 ± 1 Hz。如果传感器的频率从 4 kHz 变化到 5 kHz（满量程压力变化），即 $\Delta f=1$ kHz，则用此方法测量的传感器分辨率为 0.1%，测量时间是 1 s。显然，这样的分辨率对于高精度的谐振式传感器是远远不够的。要想提高分辨率，就必须延长测量时间，但这样又将影响测量系统的动态性能。因此，对于常规的谐振式传感器，若其输出频率的变化范围在音频（100 Hz~15 kHz），不宜采用频率测量法。但对于高频信号，如在 100 kHz 以上时，可以考虑采用频率测量法。

周期测量法是测量重复信号完成一个循环所需的时间。它是频率的倒数，其测量电路示于图 11.4.2。

该电路用传感器输出作为门控信号。假设采用 12 MHz 标准频率信号作为输入端，如果传感器的输出为 4 kHz，则计数器在每一输入脉冲周期内对时钟脉冲所计脉冲数为 3 000

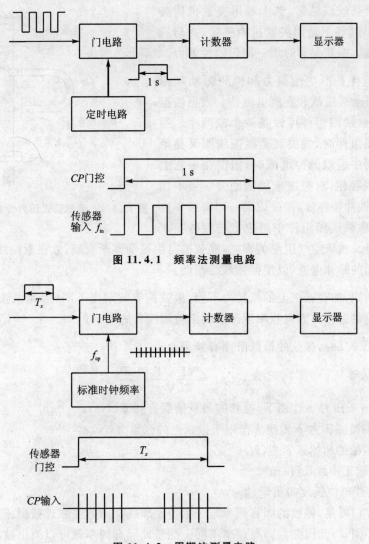

图 11.4.1 频率法测量电路

图 11.4.2 周期法测量电路

$(12\times10^6/(4\times10^3)=3\,000)$,测量周期 $T_{in}=n_{in}/f_{CP}=3\,000/(12\times10^6)$ ms $=0.25$ ms,即表示在 0.25 ms 测量时间内,传感器分辨率就可达 0.1 %。这表明,对于上述测量需求,周期测量法所需时间只有频率法的 1/4000。当把门控时间延长到 2.5 ms 或 25 ms 时,其分辨率达到 0.01 % 或 0.001 %。

通过上述分析,对于常规的谐振式传感器,总是采用周期法测量。

11.5 典型的谐振式传感器

11.5.1 谐振弦式压力传感器

图 11.5.1 给出了谐振弦式压力传感器的原理示意图。它由谐振弦、磁铁线圈组件、振弦夹紧机构等元部件组成。

振弦是一根弦丝或弦带,其上端用夹紧机构夹紧,并与壳体固连,其下端用夹紧机构夹紧,并与膜片的硬中心固连。振弦夹紧时加一固定的预紧力。

磁铁线圈组件是产生激振力和检测振动频率的。磁铁可以是永久磁铁和直流电磁铁。根据激振方式的不同,磁铁线圈组件可以是一个或两个。当用一个磁铁线圈组件时,线圈又是激振线圈又是拾振线圈。当线圈中通以脉冲电流时,固定在振弦上的软铁片被磁铁吸住,对振弦施加激励力。当不加脉冲电流时,软铁片被释放,振弦以某一固有频率自由振动,从而在磁铁线圈组件中感应出与振弦频率

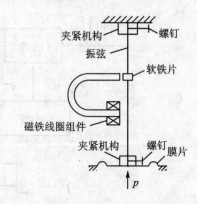

图 11.5.1 谐振弦式压力传感器原理示意图

相同的感应电势。由于空气阻尼的影响,振弦的自由振动逐渐衰减,故在激振线圈中加上与振弦固有频率相同的脉冲电流,以使振弦维持振动。

被测压力不同,加在振弦上的张紧力不同,振弦的等效刚度不同,因此振弦的固有频率不同。从而通过测量振弦的固有频率就可以测出被测压力的大小。

借助于式(3.3.28),振弦的最低阶固有频率为

$$f_{TR1}(p) = \frac{1}{2L}\sqrt{\frac{T_0 + T_p}{\rho_0}} \qquad (11.5.1)$$

式中 $f_{TR1}(p)$ ——压力 p 作用下,振弦的最低阶固有频率(Hz);

T_p ——由被测压力 p 转换为作用于振弦上的张紧力(N);

T_0 ——振弦的初始张紧力(N);

L ——振弦工作段长度(m)。

ρ_0 ——振弦单位长度的质量(kg/m)。

由式(11.5.1)可见,振弦的固有频率与张紧力是非线性函数关系。被测压力不同,加在振弦上的张紧力不同,因此振弦的固有频率不同。测量此固有频率就可以测出被测压力的大小,亦即拾振线圈中感应电势的频率与被测压力有关。

图 11.5.2 给出了谐振弦式压力传感器的两种激励方式。图 11.5.2(a)为间歇式激励方式,图 11.5.2(b)为连续式激励方式。

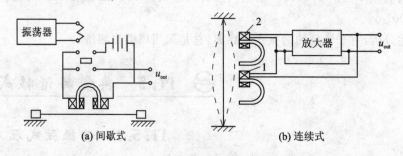

图 11.5.2 振弦的激励方式

在连续式激励方式中,有两个磁铁线圈组件,线圈1为激振线圈,线圈2为拾振线圈。线圈2的感应电势经放大后,一方面作为输出信号,另一方面又反馈到激振线圈1,只要放大后的信号满足振弦系统振荡所需的幅值和相位,振弦就会维持振动。

振弦式压力传感器具有灵敏度高、测量精确度高、结构简单、体积小、功耗低和惯性小等优点,故广泛用于压力测量中。

11.5.2 振动筒式压力传感器

图11.5.3给出了振动筒式压力传感器的原理示意图。它由传感器本体和激励放大器两部分组成。

传感器本体由振动筒、拾振线圈、激振线圈组成。该传感器是绝压传感器,所以振动筒与壳体间为真空;振动筒由车削或旋压拉伸而成型,再经过严格的热处理工艺制成;其材料通常为3J53或3J58——恒弹合金(国外称Ni-Span-C)。振动筒的典型尺寸为:直径16~18 mm、壁厚0.07~0.08 mm、有效长度45~60 mm。一般要求其Q值大于5 000。

根据谐振筒的结构特点及参数范围,图11.5.4给出了其可能具有的振动振型。图中m为沿振动筒母线方向振型的半波数,n为沿振动筒圆周方向振型的整(周)波数。

通入振动筒的被测压力不同时,振动筒的等效刚度不同,因此振动筒的固有频率不同。从而通过测量振动筒的固有频率就可以测出被测压力的大小。

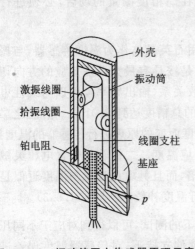

图11.5.3 振动筒压力传感器原理示意图

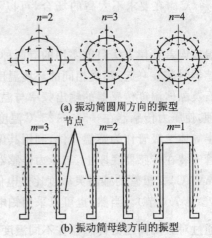

图11.5.4 振动筒所可能具有的振动振型

振动筒压力传感器主要采用振动筒的41次模态($n=4,m=1$),这是因为这一模态的频率、压力特性变化比较灵敏,同时在实现谐振式传感器时,易于构成较为理想的闭环自激系统。振动筒41次模态典型的压力、频率特性曲线如图11.5.5所示。

振动筒压力传感器的激励与拾振主要有两种方案:一种是电磁激励、电磁拾振;一种是压电激励、压电拾振。

在电磁激励方案中,拾振和激振线圈都由铁芯和线圈组成。为了尽可能减小它们间的电磁耦合,故设置它们在芯子上相距一定的距离,且相互垂直。拾振线圈的铁芯为磁钢,激振线圈的铁芯为软铁。对于电磁激励方式,要防止外磁场对传感器的干扰,应当把维持振荡的电磁装置屏蔽起来。通常可用高导磁率合金材料制成同轴外筒,即可达到屏蔽目的。

压电激励方案是利用压电换能元件的正压电特性检测振动筒的振动,逆压电特性产生激振力;采用电荷放大器构成闭环自激电路。压电激励的振动筒压力传感器在结构、体积、功耗、抗干扰能力、生产成本等方面优于电磁激励方式,但传感器的迟滞可能稍高些。

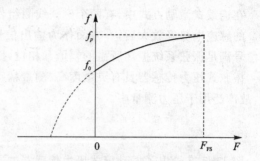

图 11.5.5　振动筒 41 次模态典型的压力、频率特性曲线示意图

对于振动筒压力传感器,存在着温度误差。传感器通过两种不同途径受到温度的影响。

1) 振筒金属材料的弹性模量 E 随温度而变化。其他尺寸,如长度、厚度和半径等也随温度略有变化,但因采用的是恒弹材料,这些影响相对比较小。

2) 温度对被测气体密度的影响。虽然用恒弹材料制造谐振敏感元件,但筒内的气体质量是随气体压力和温度变化的。测量过程中,被测气体充满筒内空间,因此,当圆筒振动时,其内部的气体也随筒一起振动,气体质量必然附加在筒的质量上。气体密度的变化引起了测量误差。实际测试表明,在 $-55 \sim 125$ ℃范围,输出频率的变化约为 2 %,即温度误差约为 0.01 %/℃。在要求不太高的场合,可以不加考虑,但在高精度测量的场合,必须进行温度补偿。

温度误差补偿方法目前实用的有两种。其一是采用石英晶体作为温度传感器,与振筒压力传感器封装在一起,感受相同的环境温度。石英晶体是按具有最大温度效应的方向切割成的。石英晶体温度传感器的输出频率与温度成单值函数关系,输出频率量可以与线性电路一起处理,使压力传感器在 $-55 \sim 125$ ℃温度范围内工作的总精度达到 0.01 %。方法之二是用一只半导体二极管作为感温元件,利用其偏置电压随温度而变的原理进行传感器的温度补偿。二极管安装在传感器底座上,与压力传感器感受相同环境温度。二极管的偏置电压灵敏度可达 2 mV/℃,二极管的感温灵敏度比热电偶高 30~40 倍,而且其电压变化与温度近似是直线关系(参见 7.4 节)。当然,也可以采用铂电阻测温,进行温度补偿(参见图 11.5.3)。

通过对振动筒压力传感器在不同温度、不同压力值下的测试,可以得到对应于不同压力下的传感器的温度误差特性。利用这一特性,在计算机软件支持下,对传感器温度误差进行修正,以达到预期的测量精度。

振动筒式传感器的精度比一般模拟量输出的压力传感器高 1~2 个数量级,工作极其可靠,长期稳定性好,重复性高,尤其适宜于比较恶劣环境条件下的测试。实测表明,该传感器在 10 g 振动加速度作用下,误差仅为 0.004 5 % FS;电源电压波动 20 %时,误差仅为 0.001 5 % FS。由于这一系列独特的优点,近年来,高性能超音速飞机上已装备了振动筒压力传感器,获得飞行中的正确高度和速度;经计算机直接解算可进行大气数据参数测量,同时,它还可以作压力测试的标准仪器,也可用来代替无汞压力计。

11.5.3 谐振膜式压力传感器

图 11.5.6 给出了振膜式压力传感器的原理图。圆膜片是弹性敏感元件,在膜片硬中心处安装激振线圈和磁铁,在传感器的基座上装有电感线圈。传感器的参考压力腔和被测压力腔为膜片所分隔。

振膜式压力传感器的工作原理与振动筒式压力传感器的工作原理一样,利用振膜的固有频率随被测压力而变化来测量压力的。其典型的压力、频率特性与振动筒的类似。

当圆膜片受激振力后,以其固有频率振动。当被测压力变化时,圆膜片的刚度变化,导致固有频率发生相应的变化。同时圆膜片振动使磁路的磁阻和磁通发生变化,因而电感线圈的电感发生变化,电桥输出信号,经振荡器后,一方面反馈到激振线圈,以维持膜片振动,同时经整形后输出方波信号给测量电路。

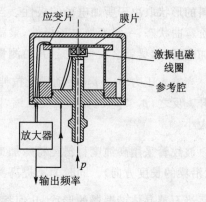

图 11.5.6 振膜式压力传感器原理示意图

振膜式压力传感器同样具有很高的精度,也作为关键传感器应用于高性能超音速飞机上。与振动筒压力传感器相比,振动膜弹性敏感元件的频率、压力特性稳定性高,测量灵敏度高,体积小,质量小,结构简单。但加工难度稍大些。

11.5.4 石英谐振梁式压力传感器

上述三种谐振式压力传感器,由于均用金属材料做振动敏感元件,因此材料性能的长期稳定性、老化和蠕变都可能造成频率漂移,而且易受电磁场的干扰和环境振动的影响,因此零点和灵敏度不易稳定。

石英晶体具有稳定的固有振动频率,当强迫振动等于其固有振动频率时,便产生谐振。利用这一特性可组成石英晶体谐振器,用不同尺寸和不同振动模式可做成从几 kHz 到几百 MHz 的石英谐振器。

利用石英谐振器,可以研制石英谐振式压力传感器,由于石英谐振器的机械品质因素非常高,固有频率高,频带很窄,这对抑制干扰、减少相角差所引起的频率误差很有利。因而做成压力传感器时,其精度和稳定性均很高,而且动态响应好。尽管石英的加工比较困难,但石英谐振式压力传感器仍然是一种极有前途的压力传感器。

图 11.5.7 给出了由石英晶体谐振器构成的振梁式差压传感器。两个相对的波纹管用来接受输入压力 p_1, p_2,作用在波纹管有效面积上的压力差产生一个合力,形成了一个绕支点的力矩。该力矩由石英晶体谐振梁(参见图 11.5.8)的拉伸力或压缩力来平衡,这样就改变了石英晶体的谐振频率。频率的变化是被测压力的单值函数,从而达到了测量目的。

图 11.5.8 给出了石英谐振梁及其隔离结构的整体示意图。石英谐振梁是该压力传感器的敏感元件,横跨在图 11.5.8 所示结构的正中央。谐振梁两端的隔离结构的作用是防止反作用力和力矩造成基座上的能量损失,从而使品质因数 Q 值降低;同时不让外界的有害干扰传

递进来,降低稳定性,影响谐振器的性能。梁的形状选择应使其成为一种以弯曲方式振动的两端固支梁。这种形状的感受力的灵敏度高。

在振动梁的上下两面蒸发沉积着四个电极。利用石英晶体自身的压电效应,当四个电极加上电场后,梁在一阶弯曲振动状态下起振。未输入压力时,其自然谐振频率主要决定于梁的几何形状和结构。当电场加到梁晶体上时,矩形梁变成平行四边形梁,如图 11.5.9 所示。梁歪斜的形状取决于所加电场的极性。当斜对着的一组电极与另一组电极的极性相反时,梁呈一阶弯曲状态,一旦变换电场极性,梁就朝相反方向弯曲。这样,当用一个维持振荡电路代替所加电场时,梁就会发生谐振,并由测量电路维持振荡。

当输入压力 $p_1 > p_2$,振动梁受拉伸力(见图 11.5.7、图 11.5.8),梁的刚度增加,谐振频率上升。反之,$p_1 < p_2$ 时振动梁受压缩,谐振频率下降。因此,输出频率的变化反映了输入压力的大小。

波纹管采用高纯度材料经特殊加工制成。其作用是把输入压力差转换为振动梁上的轴向力(沿梁的长度方向)。同时为了提高测量精度,波纹管的迟滞要小。

当石英晶体谐振器的形状、几何参数、位置决定后,配重可以调节运动组件的重心与支点重合。在受到外界加速度干扰时,配重还有补偿加速度的作用,因其力臂几乎是零,使得谐振器仅仅感受压力引起的力矩,而不敏感其它外力。

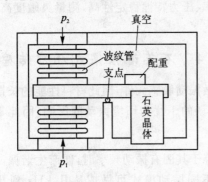

图 11.5.7 石英谐振梁式压力传感器原理示意图

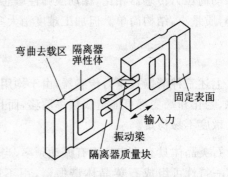

图 11.5.8 梁式石英晶体谐振器

这种传感器有许多优点:对温度、振动、加速度等外界干扰不敏感。有实测数据表明:其灵敏度温漂为 4×10^{-5} %/℃、加速度灵敏度 8×10^{-4} %/g、稳定性好、体积小($2.5 \times 4 \times 4$ cm³)、质量小(约 0.7 kg)、Q 值高(达 40 000)、动态响应高(10^3 Hz)等。这种传感器目前已用于大气数据系统、喷气发动机试验、数字程序控制及压力二次标准仪表等。

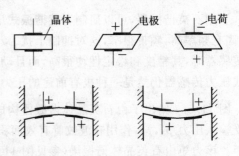

图 11.5.9 谐振梁振动模式

11.5.5 谐振式科里奥利直接质量流量传感器

图 11.5.10 给出了以典型的 U 型管为敏感元件的谐振式直接质量流量传感器的结构及其工作示意图。激励单元 E 使一对平行的 U 型管作一阶弯曲主振动,建立传感器的工作点。当管内流过质量流量时,由于科氏效应(coriolis effect)的作用,使 U 型管产生对于中心对称轴的一阶扭转"副振动"。该一阶扭转"副振动"相当于 U 型管自身的二阶弯曲振动(参见图 11.5.11)。同时,该"副振动"直接与所流过的"质量流量(kg/s)"成比例。因此,通过 B,B′测量元件检测 U 型管的"合成振动"就可以直接得到流体的质量流量。

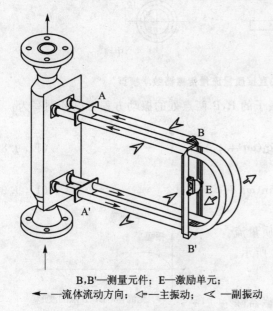

B,B′—测量元件; E—激励单元;
← 流体流动方向; ⇐ 主振动; ≪ 副振动

图 11.5.10 U 型管式谐振式直接质量
流量传感器结构示意图

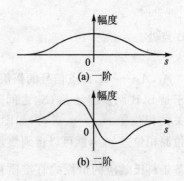

图 11.5.11 U 型管一、二阶弯曲
振动振型示意图

图 11.5.12 给出了 U 型管质量流量传感器的数学模型。当管中无流体流动时,谐振子在激励器的激励下,产生绕 CC′轴的弯曲主振动,可写为

$$x(s,t) = A(s)\sin \omega t \qquad (11.9.1)$$

式中 ω——系统的主振动频率(rad/s)。它由包括弹性弯管、弹性支承在内的谐振子整体结构决定;

$A(s)$——对应于 ω 的主振型。

科氏效应引起的力偶将使谐振子产生一个绕 DD′轴的扭转运动,相对于谐振子的主振动而言,称为"副振动",其运动方程可写为

$$x_1(t) = B_1(s)Q_m\omega\cos(\omega t) \qquad (11.9.7)$$

式中 Q_m——流体流过管子的质量流量(kg/s);

$B_1(s)$——副振动响应的灵敏系数(m·s²/kg),与敏感结构及其参数、检测点所处的位置有关;

φ——副振动响应对扭转力偶的相位变化。

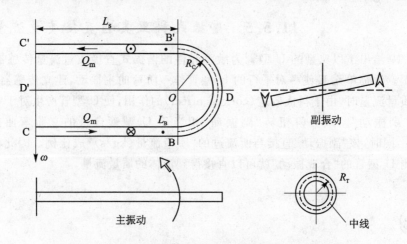

图 11.5.12 U型管式谐振式直接质量流量传感器数学模型

根据上述分析,当有流体流过管子时,谐振子的 B,B' 两点处的振动方程可以分别写为

B 点处

$$S_B = A_1 \sin(\omega t + \varphi_1) \tag{11.9.8}$$

B' 点处

$$S_{B'} = A_2 \sin(\omega t + \varphi_2) \tag{11.9.9}$$

式中 A_1, A_2——B,B' 点信号的幅值(m)。

于是 B,B' 两点信号 $S_B, S_{B'}$ 之间产生了与质量流量有关的相位差 $\varphi_{BB'} = \varphi_2 - \varphi_1$,如图 11.5.13 所示。通过检测相位差 $\varphi_{BB'}$,就可以得到质量流量。

基于科氏效应的谐振式直接质量流量传感器除了可直接测量质量流量,受流体的粘度、密度、压力等因素的影响很小外,它还具有如下特点。

1) 可同时测出流体的密度,自然也可以解算出体积流量;并可解算出两相流液体(如油和水)各自所占的比例(包括体积流量和质量流量以及它们的累计量)。

2) 信号处理,质量流量的解算是全数字式的,便于与计算机连接,构成分布式计算机测控系统;易于解算出被测流体的瞬时质量流量(kg/s)和累计质量(kg)。

3) 性能稳定,精度高,实时性好。

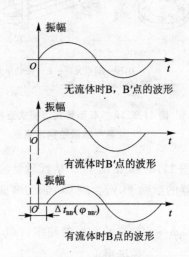

图 11.5.13 B,B' 两点信号示意图

目前国外有多家大公司,如美国的 Rosemount,Fisher,德国的 Krohne,Reuther,日本的东机等研制出各种结构形式测量管的谐振式直接质量流量传感器,精度已达到 0.2%,主要用于石油化工、机场地面测试系统等行业。

国内从 20 世纪 80 年代末有些单位开始研制谐振式直接质量流量传感器,近几年也推出了一些产品。

思考题与习题

11.1 建立以质量、弹簧、阻尼器组成的二阶系统的动力学方程,并以此说明谐振现象和基本特点。

11.2 实现谐振式测量原理时,通常需要构成以谐振子(谐振敏感元件)为核心的闭环自激系统。该闭环自激系统主要由哪几部分组成,各有什么用途?

11.3 什么是谐振子的机械品质因数 Q 值? 如何测定 Q 值?

11.4 谐振式传感器的主要优点是什么?

11.5 讨论谐振式传感器闭环系统的实现条件。

11.6 利用谐振现象构成的谐振式传感器,除了检测频率的敏感机理外,还有哪些敏感机理?它们在使用时应注意什么问题?

11.7 在谐振式压力传感器中,谐振子可以采用哪些敏感元件?

11.8 简述谐振弦式压力传感器的工作原理与特点。

11.9 谐振弦式压力传感器中的谐振弦为什么必须施加预紧力?

11.10 给出振动筒压力传感器原理示意图,简述其工作原理和特点。

11.11 简单说明振动筒压力传感器中谐振筒选择 $m=1$、$n=4$ 的原因。

11.12 振动筒压力传感器中如何进行温度补偿。

11.13 给出振膜式压力传感器的原理图,简述其工作原理和特点。

11.14 什么是科里奥利(coriolis)效应,在谐振式科里奥利直接质量流量传感器中,科里奥利效应是如何发挥作用的?

11.15 简述谐振式科里奥利直接质量流量传感器的工作原理及特点。

第12章 微机械与智能化传感器

12.1 概述

近20年来,传感器技术领域最具影响力的进步莫过于微机械传感器技术和智能化传感器技术的快速发展。硅传感器很好地结合了硅材料优良的机械性能和电学性能,其制造工艺与微电子集成制造工艺相容,这使得传感器技术开始向小型化、微型化、集成化、多功能化、智能化迅速发展;与此同时,硅传感器还具有低功耗、质量轻、响应快、便于批量生产、性能价格比高等优点。此外,硅传感器还有利于提高其稳定性、可靠性和测量精度。

另一方面,微处理器对仪器仪表的发展也起到了积极的推动作用。现代测控系统紧紧依赖于传感器技术与微计算机技术。传感器作为获取实时信号的源头,微处理器作为信息处理的核心。随着系统自动化程度和复杂性的增加,对传感器的精度、稳定性、可靠性和动态响应要求越来越高。传统的传感器因其功能单一、体积大,其性能和工作容量已不能适应以微处理器为基础构成的多种多样测控系统的要求而将被逐步淘汰。为了满足测量和控制系统日益自动化的需求,仪器仪表界提出了研制以微处理器控制的新型传感器系统,把传感器的发展推到了一个更高的层次上。人们把这种与专用微处理器相结合而组成的、具有许多新功能的传感器称为智能化传感器(国外有专家称为"智能化 sensor"),并于20世纪80年代初期问世。近年来,伴随着微处理器技术的高速发展,DSP(Digital Signal Processor)技术、FPGA(Field Programmable Gate Array)技术、蓝牙(bluetooth)技术等在测控技术领域都获得了成功的应用,从而给智能化传感器不断赋予新的内涵与功能。

可见,微机械传感器技术和智能化传感器技术是传感器技术发展的必然趋势,而基于微传感器技术的智能化传感器更具有先天的优势。

微传感器最显著的特征就是其敏感结构的尺寸非常微小。其典型尺寸在微米级或亚微米级。微传感器的体积只有传统传感器的几十分之一乃至几百分之一;质量从公斤级下降到几十克乃至几克。但微传感器绝不是传统传感器按比例缩小的产物,其基础理论、设计方法、结构工艺、系统实现以及性能测试、评估等,都有许多自身的特殊规律与现象,必须进行有针对性的理论与试验研究。

智能化传感器与传统传感器不同,传统的传感器仅是在物理层次上进行分析和设计,其功能原理如图12.1.1所示;而智能化传感器不仅仅是一个简单的传感器,并具有诊断、数字双向通信等新功能,如图12.1.2所示。

智能化传感器主要有以下新功能。

1) 自补偿功能:如非线性、温度误差、响应时间、噪声、交叉耦合干扰以及缓慢的时漂等的

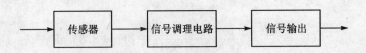

图 12.1.1 传统传感器功能简图

补偿。

2) 自诊断功能：如在接通电源时进行自检、在工作中实现运行检查、诊断测试以确定哪一组件有故障等。

3) 微处理器和基本传感器之间具有双向通信的功能，构成一闭环工作模式。这是智能化传感器关键的标志之一。不具备双向通信功能的，不能称为智能化传感器。

4) 信息存储和记忆功能。

5) 数字量输出或总线式输出。

由于智能化传感器具有自补偿能力和自诊断能力，所以基本传感器的精度、稳定性、重复性和可靠性都将得到提高和改善。

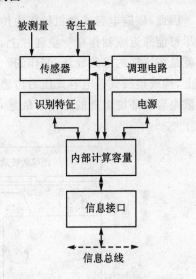

图 12.1.2 智能化传感器功能简图

由于智能化传感器具有双向通信能力，所以在控制室就可对基本传感器实施软件控制；实现远程设定基本传感器的量程以及组合状态，使基本传感器成为一个受控的灵巧检测工具。而基本传感器又可通过数据总线把信息反馈给控制室。如果不是智能化传感器，重新设定量程等操作，必须到现场进行，从这个意义上，基本传感器又可称为现场传感器（或现场仪表）。

由于智能化传感器有存储和记忆功能，所以该传感器可以存储已有的各种信息，如工作日期、校正数据等等。

12.2 几种典型的硅微机械传感器

12.2.1 硅电容式集成压力传感器

图 12.2.1 所示为差动输出的硅电容式集成压力传感器结构示意图。核心部件是一个对压力敏感的电容器 C_p 和固定的参考电容 C_{ref}。敏感电容 C_p 位于感压硅膜片，参考电容 C_{ref} 则位于压力敏感区之外。感压的方形硅膜片采用化学腐蚀法制作在硅芯片上。硅芯片的上下两侧用静电键合技术分别与硼硅酸玻璃固接在一起，形成有一定间隙的电容器 C_p 和 C_{ref}。

当硅膜片感受压力 p 的作用变形时，导致 C_p 变化，通过检测电容的变化量实现对压力的测量。

对于硅电容式集成压力传感器，方形膜片敏感结构半边长可设计为：$l = 1 \times 10^{-3}$ m；其厚度主要由压力测量范围和所需要的灵敏度来确定。例如，对于 $0 \sim 10^5$ Pa 的测量范围，膜厚 δ 的设计常数约为 20×10^{-6} m，电容的初始间隙 δ_0 约为 1×10^{-6} m；这样的敏感结构，其初始电

容约为

$$C_{p0} = \frac{\varepsilon S}{\delta_0} = \frac{10^{-9}}{4\pi \times 9} \cdot \frac{1 \times 10^{-6}}{1 \times 10^{-6}} \text{ pF} \approx 8.84 \text{ pF} \tag{12.2.2}$$

非常小,故其改变量 $\Delta C_{p0} = C_p - C_{p0}$ 将更小。

因此,该硅电容式微机械压力传感器必须将敏感电容器和参考电容与后续的信号处理电路尽可能靠近或制作在一块硅片上,才有实用价值。图 12.2.1 所示的硅电容式集成压力传感器就是按这样的思路设计、制作的。压力敏感电容 C_p、参考电容 C_{ref} 与测量电路制作在一块硅片上,构成集成式硅电容式压力传感器。该传感器采用的差动方案的优点主要有:测量电路对杂散电容和环境温度的变化不敏感,但对过载、随机振动的干扰几乎没有抑止作用。

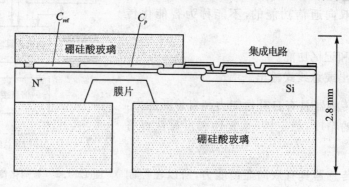

图 12.2.1 硅电容式集成压力传感器结构示意图

12.2.2 硅电容式微机械加速度传感器

图 12.2.2 所示为一种已实用的、具有差动输出的硅电容式单轴加速度传感器原理示意图。该传感器的敏感结构包括一个活动电极和两个固定电极。活动电极固连在连接单元的正中心,两个固定电极设置在活动电极初始位置对称的两端。连接单元将两组梁框架结构的一端连在一起,梁框架结构的另一端用连接"锚"固定。

该敏感结构可以沿着连接单元主轴方向的加速度。其基本原理是:基于惯性原理,被测加速度 a 使连接单元产生与加速度方向相反的惯性力 F_a,惯性力 F_a 使敏感结构产生位移,从而带动活动电极移动,与两个固定电极形成一对差动敏感电容 C_1,C_2 的变化,如图 12.2.2 所示。将 C_1,C_2 组成适当的检测电路便可以解算出被测加速度 a。该敏感结构只能敏感沿连接单元主轴方向的加速度,对于其正交方向的加速度,由于它们引起的惯性力作用于梁的横向(宽度与长度方向),而梁的横向相对于其厚度方向具有非常大的刚度,因此这样的敏感结构不会(能)对所测加速度 a 正交的加速度产生敏感影响。

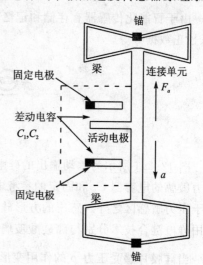

图 12.2.2 硅电容式单轴加速度传感器原理示意图

12.2.3 硅谐振式压力微传感器

图12.2.3所示为一种典型的热激励微结构谐振式压力传感器的敏感结构。它由方形膜片、梁谐振子和边界隔离部分构成。方形硅膜片作为一次敏感元件，直接感受被测压力，将被测压力转化为膜片的应变与应力；在膜片的上表面制作浅槽和硅梁，以硅梁作为二次敏感元件，感受膜片上的应力，即间接感受被测压力。外部压力 p 的作用使梁谐振子的等效刚度发生变化，从而梁的固有频率随被测压力的变化而变化。通过检测梁谐振子的固有频率的变化，即可间接测出外部压力的变化。为了实现微传感器的闭环自激系统，可以采用电阻热激励、压阻拾振方式。基于激励与拾振的作用与信号转换过程，热激励电阻设置在梁谐振子的正中间，拾振压敏电阻设置在梁谐振子一端的根部。

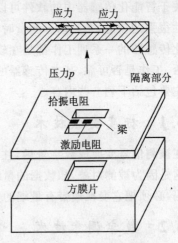

图12.2.3 一种典型的热激励微结构谐振式压力传感器

图12.2.4所示为微传感器敏感结构中梁谐振子部分的激励、拾振示意图。激励热电阻 R_E 设置于梁的正中间，拾振电阻 R_D 设置在梁端部。图12.2.5所示的传感器闭环自激振荡系统电路实现的原理框图。由拾振桥路测得的交变信号 $\Delta u(t)$ 经差分放大器进行前置放大，通过带通滤波器滤除掉通带范围以外的信号；移相器对闭环电路其它各环节的总相移进行调整。

利用幅值、相位条件（式(11.2.2)与式(11.2.3)），可以设计、计算放大器的参数，以保证谐振式压力微传感器在整个工作频率范围内自激振荡，使传感器稳定、可靠地工作。

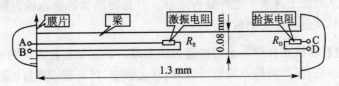

图12.2.4 加直流偏置的环自激系统示意图

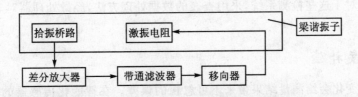

图12.2.5 纯交流激励的闭环自激系统示意图

通过几种典型的微机械传感器的介绍，不难发现：微机械传感器除了具有体积小、质量轻、功耗低、响应快等这些通常意义下的优势外，也许在将来会出现许多新颖独特的设计和实现方式。尽管目前还处于实验室的样机或样件的研制阶段，我们有理由相信，在不远的将来微机械传感器将会给人类社会带来更加美好的未来。

12.3 智能化传感器中的软件技术

关于智能化传感器中的软件可以实现硬件难以实现的功能。通常智能化传感器一般具有实时性很强的功能,尤其动态测量时常要求在几个 μs 内完成数据的采样、处理、计算和输出。智能化传感器的一系列工作都是在软件(程序)支持下进行的。如功能的多少与强弱、使用方便与否、工作是否可靠、基本传感器的性能等,都在很大程度上依赖于软件设计的质量。软件设计主要包括下列一些内容。

12.3.1 标度变换技术

在被测信号变换成数字量后,往往还要变换成人们所熟悉的测量值,如压力、温度、流量等。这是因为被测对象,如数据的量纲和 A/D 变换的输入值不同;经 A/D 变换后得到一系列的数码,必须把它变换成带有量纲的数据后才能运算、显示、打印输出。这种变换叫标度变换。

12.3.2 数字调零技术

在检测系统的输入电路中,一般都存在零点漂移、增益偏差和器件参数不稳定等现象。它们会影响测量数据的准确性,必须对其进行自动校准。在实际应用中,常常采用各种程序来实现偏差校准,称为数字调零。

除数字调零外,还可在系统开机或每隔一定时间自动测量基准参数实现自动校准。

12.3.3 非线性补偿

在检测系统中,希望传感器具有线性特性,这样不但读数方便,而且使仪表在整个刻度范围内灵敏度一致,从而便于对系统进行分析处理。但是传感器的输入输出特性往往有一定的非线性,为此必须对其进行补偿和校正。

用微处理器进行非线性补偿常采用插值方法实现。首先用实验方法测出传感器的特性曲线,然后进行分段插值,只要插值点数取得合理,且足够多,即可获得良好的线性度。

在某些检测系统中,有时参数的计算非常复杂,仍采用计算法会增加编写程序的工作量和占用计算时间。对于这些检测系统,采用查表的数据处理方法,经微处理器对非线性进行补偿更合适。

12.3.4 温度补偿

环境温度的变化会给测量结果带来不可忽视的误差。在智能化传感器的检测系统中,要实现传感器的温度补偿,只要能建立起表达温度变化的数学模型(如多项式),用插值或查表的数据处理方法,便可有效地实现温度补偿。

实际应用中,由温度传感器在线测出传感器所处环境的温度,将测温传感器的输出经过放大和 A/D 变换送到微处理器处理即可实现温度误差的校正。

12.3.5 数字滤波技术

当传感器信号经过 A/D 变换输入微处理器时,经常混有如尖脉冲之类的随机噪声干扰,尤其在传感器输出电压低的情况下,这种干扰更不可忽视,必须予以削弱或滤除。对于周期性的工频(50 Hz)干扰,采用积分时间等于 20 ms 的整数倍的双积分 A/D 变换器,可以有效地消除其影响。对于随机干扰信号,利用软件数字滤波技术有助于解决这个问题。

总之,采用数字补偿技术,使传感器的精度比不补偿时获得较明显的提高,有时能提高一个数量级。

12.4 几种典型的智能化传感器

12.4.1 智能化差压传感器

图 12.4.1 所示为智能化差压传感器,由基本传感器、微处理器和现场通信器组成。传感器采用硅压阻力敏元件。它是一个多功能器件,即在同一单晶硅芯片上扩散有可测差压、静压和温度的多功能传感器该传感器输出的差压、静压和温度三个信号,经前置放大、A/D 变换,送入微处理器中。其中静压和温度信号用于对差压进行补偿,经过补偿处理后的差压数字信号再经 D/A 变成 4~20 mA 的标准信号输出,也可经由数字接口直接输出数字信号。

该智能化传感器的指标的特点是:

1) 量程比高,可达到 400∶1;
2) 精度较高,在其满量程内优于 0.1%;
3) 具有远程诊断功能,如在控制室内就可断定是哪一部分发生了故障;
4) 具有远程设置功能,在控制室内可设定量程比,选择线性输出还是平方根输出,调整阻尼时间和零点设置等;
5) 在现场通信器上可调整智能化传感器的流程位置、编号和测压范围;
6) 具有数字补偿功能,可有效地对非线性特性、温度误差等进行补偿。

图 12.4.2 所示为智能化硅电容式集成差压传感器,由两部分组成,硅电容传感器和它的信号处理单元。微硅电容传感器的外形尺寸为 $(9 \times 9 \times 7)$ mm³。

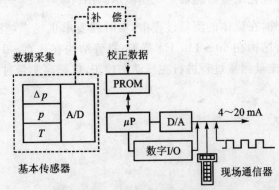

图 12.4.1 智能化差压传感器

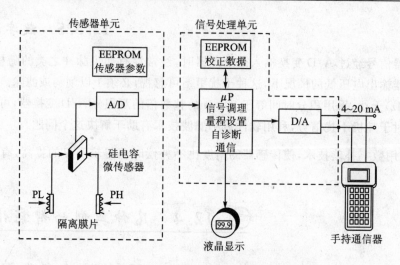

图 12.4.2 智能化硅电容式集成差压传感器

12.4.2 智能化流量传感器系统

11.5.5 节详细介绍了基于科氏效应的谐振式直接质量流量传感器的工作原理与应用特点。该直接质量流量传感器是一个典型的智能化流量传感器系统。

利用流体流过测量管所引起的科氏效应可直接测量流体的质量流量,而且受流体的粘度、密度、压力等因素的影响较小,在一定范围内无需补偿;利用流体流过测量管所引起的系统谐振频率的变化可以直接测量流体的密度,而且受流体的粘度、压力、流速等因素的影响较小,在一定范围内无需补偿。

基于系统同时直接测得的流体的质量流量和密度,就可以实现对流体体积流量的同步解算。

基于系统同时直接测得的流体的质量流量和体积流量,就可以实现对流体质量数与体积数的累计积算,从而实现罐装的批控功能。

基于直接测得的流体的密度,就可以实现对两组分流体(如油和水)各自质量流量、体积流量的测量;同时也可以实现对两组分流体各自质量与体积的积算,给出两组份流体各自的质量比例和体积比例。这在原油生产过程中具有十分重要的应用价值。

图 12.4.3 所示为智能化流量传感器系统功能示意图。

除了实现上述功能外,在流体的测量过程中,实时性要求也越来越高,而由于传感器自身的工作频率较低,如弯管结构在 60～110 Hz 范围;直管结构在几百～1 000 Hz 范围,因此必须有一定的解算模型对流量测量过程进行在线动态校正,以提高测量过程的实时性。

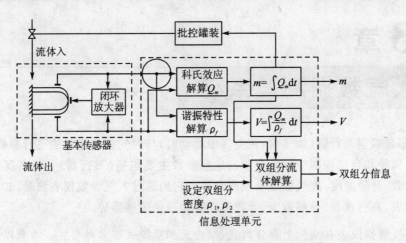

图 12.4.3 智能化流量传感器系统功能示意图

思考题与习题

12.1 微机械传感器的主要优点有哪些？

12.2 与传统的传感器技术相比，微机械传感器技术的主要特征有哪些？

12.3 试从原理上解释如图 12.2.1 所示的硅电容式压力传感器能够实现对环境温度的变化的补偿，而对随机振动的干扰没有补偿作用。另外，如果要使硅电容式压力传感器具有对随机振动干扰的补偿功能，可采取哪些措施？

12.4 说明图 12.2.2 所示的硅电容式单轴加速度传感器的原理。

12.5 说明图 12.2.3 所示的热激励微结构谐振式压力传感器的工作原理及应用特点。

12.6 说明图 12.4.3 所示的智能化流量传感器具有的主要功能。

12.7 "具有微处理器的传感器就是智能化传感器"的观点是否正确？为什么？

12.8 智能化传感器是在什么大背景下发展起来的？

12.9 智能化传感器应有哪些主要功能？

12.10 简述智能化传感器的优点。

12.11 智能化传感器中的软件主要有哪些功能？

12.12 "智能化传感器的特性主要由其软件来实现"的观点是否正确？为什么？

12.13 针对一个具体的智能化传感器，分析其设计思想、功能实现。

12.14 简述智能化传感器的发展前景。

第13章 航空大气数据测量系统

大气数据是航空飞行器(如飞机)在空气中运动时,与大气密切相关的飞行参数,在航空飞行器的航行、驾驶和自动控制中非常重要。这些参数主要包括(飞行器)飞行高度、指示空速、真空速、马赫数、升降速度、大气温度以及迎角等。它们通过大气参数仪表测量,如气压式高度表、指示空速表、真空速表、马赫数表、升降速度表和迎角传感器等。

目前,大气数据仪表在结构上有分离式、综合式和系统式等多种形式。本章以分离式为主介绍各种大气仪表的结构组成和工作原理,然后介绍大气数据测量系统等有关问题。

上述仪表所以称为大气数据仪表,因为这些仪表本身不能直接测量飞机所需的飞行参数,而是通过测量飞机与大气间的作用力以及飞机所在位置的大气数据(如大气压、温度等),再根据大气参数与飞机飞行参数的特定关系进行换算,才能在相应的仪表中获得所需飞行参数,所以称为大气数据仪表。在一些电动数据仪表系统中,也是用相应的大气数据,经过飞机的全、静压系统和大气数据计算机,经过一定的计算和变换才能得到相应的飞行参数,以便提供给各种指示仪表和控制系统使用。

本章主要介绍高度表、升降速度表、空速表、马赫数表以及大气数据系统等有关内容。

13.1 有关大气的基本知识

为了弄清楚飞机飞行参数与大气参数的换算关系,应当先了解一些有关大气的性能、特点和规律,然后从这些特点、规律入手,来研究大气数据仪表的测量原理和基本结构。

13.1.1 大气层

包围在地球周围的整个空气层叫做大气。通常将大气层分为五层:对流层、平流层、中间层、电离层和散逸层,如图13.1.1所示。

对流层又称变温层,是接近地球表面的一层。其底界是地球表面,顶界的高度则随地区纬度和季节而变化。这一层的特点是,随高度升高而温度降低。大约在11 km以下,高度每升高1 km,而温度要下降6.5 ℃。这层内的风速、风向经常变化,空气上下对流激烈,有云、雨、雾、雪等现象。这一层是航空飞行器主要的航行区域。

平流层位于对流层顶层之上,其顶界延伸到35~40 km的高空。该层空气稀薄,风向稳定,空气主要是水平流动,通常没有云、雨、雾、雪等现象。该层最大特点是气温大致保持恒定,大约为-56.5 ℃,因此又称同温层。

中间层的上边界离地面的高度约90 km。电离层的上边界离地约800 km。散逸层的上边界离地面约2 000~3 000 km。

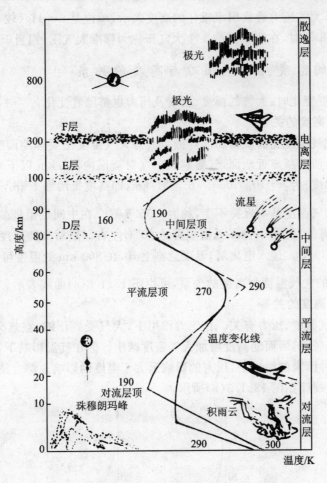

图 13.1.1 大气层示意图

13.1.2 大气的密度、温度和压力

1. 大气密度

又称空气密度,是指单位容积空气的质量。它表示空气分子疏密的程度,大气密度小,说明空气分子比较稀少。

2. 大气温度

大气层内空气受热的程度。它表示空气分子不规则热运动平均速度的大小。空气分子运动速度大,即表示空气分子平均能量大,则空气温度高;运动速度小,即它的平均能量小,则气温低。

3. 大气压力

单位面积上所承受的大气柱的重力,如图 13.1.2 所示。可以认为单位面积上所承受大气撞击力的总和,或是单位面积上所承受空气柱的重量。在国际标准单位制中,大气压力的单位用帕斯卡(Pa)来表示;但在航

图 13.1.2 大气压力

空大气参数测试中,大气压力通常用水银柱的高度表示,单位是 mmHg(较小的气压可用水柱表示)。当气温为 15 ℃时,在海平面的 1 个大气压称为标准大气压,相当于 760 mmHg。

13.1.3 大气的密度、温度、压力与高度的关系

在大气层中高度变化时,大气的温度、密度及压力也都随着变化。

1. 大气温度与高度的关系

在对流层中,大气温度随高度增加而降低。因为大气温度主要是地面吸收了太阳热能之后向外辐射的结果,所以越靠近地面,气温越高。在对流层内(11 km 以下),气温随高度的平均变化率(即温度梯度)为:$\tau = \mathrm{d}t_H/\mathrm{d}h = -6.5\ ℃/\mathrm{km}$,即高度每增加 1 km,气温下降 6.5 ℃。

在平流层中,大气温度基本保持不变,约为 −56.5 ℃。在中间层温度变化较大,从 30 km 以上温度开始是上升的,约在 60 km 处温度可达 20 ℃左右。然后又随高度升而下降,大约在 90 km 处降至 −80 ℃。进入电离层,温度急剧上升,在 800 km 处温度可达 +150 ℃。

在 30 km 以上的大气温度与高度的关系,可由图 13.1.3(a)曲线表示。

2. 大气密度与高度的关系

大气密度与大气温度、压力有关。在压力作用下,大气受到压缩,空气分子数目靠近地面处较多,远离地面处较少,因而随高度增加大气密度减小。但在气温影响下,气温降低,大气密度增大。在上述两种因素的影响下,压力的影响远大于温度的影响。综合结果,大气密度仍随高度增加而减小,其规律如图 13.1.3(b)所示。

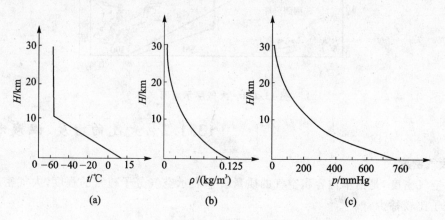

图 13.1.3 大气温度、密度、压力与气压高度的关系

3. 大气压力与高度的关系

大气压力随高度升高而减小。高度升高后大气密度减小,则单位容积内的空气分子数减少,单位时间内分子撞击物体表面的次数减少,结果都使大气压力减小。另外,高度升高,气温降低,使空气分子运动速度降低,空气分子撞击物体表面的力量降低,也使气压减小。大气压力随高度增加而减小的变化率(称气压梯度)为 $-\gamma_h$,即

$$\frac{\mathrm{d}p}{\mathrm{d}h} = \frac{p_A - p_B}{\mathrm{d}h} = -\gamma_h \tag{13.1.1}$$

大气压力随高度升高而减小的规律为

$$p_H = p_0 - \gamma_H h \tag{13.1.2}$$

式中　p_h——高度为 h 处的压力(Pa)；
　　　p_0——$h=0$ 时的大气压力(Pa)。

大气压力 p_h 随高 h 增加而减小，呈非线性关系，如图 13.1.3(c)曲线所示。例如，接近地面时，高度升高 11 m，气压下降 1 mmHg，而在 5 km 高空中，高度上升 20 m，气压下降约 1 mmHg。

13.1.4　国际标准大气与大气的物理性质

作为航空飞行器的飞机来说，一般都在对流层中飞行。在此范围内，空气的物质性质(温度、密度、压力)经常随季节、时间、地理位置、高度不同而变化。因此，同一架飞机在不同的地区飞行，所显示的飞行性能会有所不同。就是同一架飞机在其它情况相同的条件下，只要季节、时间不同，飞行性能也会不一样；为了确定飞机的飞行性能，必须按同一标准的大气物理性质来衡量。由国际组织规定的"国际标准大气"的数值如表 13.1.1 所列。

表 13.1.1　标准大气简表(0～32km)

h/m	T/K	p/Pa	ρ/kg·m^{-3}	α/m·s^{-1}	μ/kg·m^{-1}
0	288.15	101 325.00	1.225 00	340.29	0.178 94
1 000	281.65	89 874.56	1.111 64	336.43	0.175 78
2 000	275.15	79 495.20	1.006 49	332.53	0.172 60
3 000	268.65	70 108.52	0.909 12	328.58	0.169 37
4 000	262.15	61 640.21	0.819 13	324.58	0.166 11
5 000	255.65	54 019.88	0.736 12	320.53	0.162 81
6 000	249.15	47 180.99	0.659 70	316.43	0.159 47
7 000	242.65	41 060.71	0.589 50	312.27	0.156 10
8 000	236.15	35 599.78	0.525 17	308.06	0.152 68
9 000	229.65	30 742.42	0.466 35	303.79	0.149 22
10 000	223.15	26 436.23	0.412 71	299.46	0.145 71
11 000	216.65	22 632.04	0.363 92	295.07	0.142 16
12 000	216.65	19 330.38	0.310 83	295.07	0.142 16
13 000	216.65	16 510.39	0.265 48	295.07	0.142 16
14 000	216.65	14 101.78	0.226 75	295.07	0.142 16
15 000	216.65	12 044.55	0.193 67	295.07	0.142 16
16 000	216.65	10 287.44	0.165 42	295.07	0.142 12
17 000	216.65	8 786.67	0.141 29	295.07	0.142 16
18 000	216.65	7 504.83	0.120 68	295.07	0.142 16
19 000	216.65	6 410.00	0.103 07	295.07	0.142 16
20 000	216.65	5 474.88	0.088 03	295.07	0.142 16
21 000	217.65	4 677.88	0.074 87	295.75	0.142 71
22 000	218.65	3 999.78	0.063 73	296.43	0.143 26
23 000	219.65	3 422.43	0.054 28	297.11	0.143 81
24 000	220.65	2 930.49	0.046 27	297.78	0.144 35

续表 13.1.1

h/m	T/K	p/Pa	$\rho/kg \cdot m^{-3}$	$\alpha/m \cdot s^{-1}$	$\mu/kg \cdot m^{-1}$
25 000	221.65	2 511.02	0.039 47	298.46	0.144 90
26 000	222.65	2 153.09	0.033 69	299.13	0.145 44
27 000	223.65	1 847.45	0.028 78	299.80	0.145 98
28 000	224.65	1 586.29	0.024 60	300.47	0.146 52
29 000	225.65	1 362.96	0.021 04	301.14	0.147 06
30 000	226.65	1 171.86	0.018 01	301.80	0.147 60
31 000	227.65	1 008.23	0.015 43	302.47	0.148 14
32 000	228.65	868.02	0.013 22	303.13	0.148 68

除表 13.1.1 所列数据外,大气的惯性、粘性和压缩性等也与飞机的飞行密切相关。所谓惯性就是物体力图保持它原有运动状态(静止或直线匀速运动)不变的特性。物体的惯性与其质量成正比,由于物体的密度与质量成正比,则其惯性也与密度成正比。对空气来说亦如此。飞机相对空气运动时也破坏它的平衡状态。例如飞机在平静大气中飞行时,飞机要推开大气前进,就必须用很大的推力。或者说,空气对飞机的反推力更大,也就是阻力更大。这表明,在同一飞行速度下低空时飞机上所产生的空气动力(升力和阻力)要比高空时大。

空气的粘性是流体内相邻两层间内摩擦。它与空气的温度有关,温度越高,粘性越大。空气的粘性对飞机的阻力有直接的影响,粘性大,飞行阻力也大。

空气的压缩性和声速一样,也是飞机高速飞行时必须考虑的大气特性。物体中气体的压缩性尤为明显。空气的压缩性就是在压力作用下,或气温变化时,气体改变自己的密度和体积的一种特性。在低速时,空气的密度、压力都变化很小。空气的压缩性对于飞机的飞行影响也很小。因此,在低速飞行时,可认为空气是不可压缩的,即空气的密度是一个常值。但在高速飞行时必须考虑空气的压缩性。

13.2 气压高度表

气压式高度表是重要的大气数据仪表之一。本节以机械式气压高度表为例,简述高度表的测量原理、基本构造、使用方法和有关高度的知识。

13.2.1 飞行高度的定义

飞机的飞行高度是飞机在空中距某一基准面的垂直距离。测量飞机高度基准面不同,得出的飞行高度不同,其含义也不同。在航空中常用的飞行高度有以下 4 种,如图 13.2.1 所示。

1. 相对高度

飞机从空中到某一既定的机场地面间的垂直距离,叫相对高度。飞机在起飞和降落时必须测量相对高度。

2. 真实高度

飞机从空中到正下方地面目标上顶的垂直距离,称为真实高度。当前民用飞机在起飞、进场、着陆时,都必须知道真实高度。真实高度通常用无线电高度表测试。

3. 绝对高度

飞机从空中至海平面的垂直距离叫绝对高度。在气压较低的机场,无法利用气压式高度表测量相对高度时,可以利用测量绝对高度进行起飞和降落。

4. 标准气压高度

飞机从空中到标准气压平面(即大气压力为 760 mmHg 的气压面)的垂直距离,叫做标准大气压高度。飞机在加入航线飞行时利用标准气压高度;在场外和转场飞行以及场面气压低的机场,无法用气压式高度测量相对高度进行起飞降落时,也可利用标准气压高度。

由图 13.2.1 可以看出,飞机在平飞时,相对高度和绝对高度都不变,但真实高度随飞机正下方地标高度的变化而变化。另外,由于大气压力经常发生变化,标准气压平面也随着大气压力的变化而改变。所以,标准气压高度也随飞机正下方标准气压平面位置的变化而改变。如果标准气压平面恰好与海平面相重合,则标准气压高度与绝对高度相等。

绝对高度与相对高度的基准面之间的垂直距离称为机场标高。图 13.2.1 中几种高度的相互关系,可用下面关系式表示。

1) 绝对高度＝相对高度＋机场标高。若机场高于海平面,即机场标高＞0;若机场低于海平面,则机场标高＜0。

2) 标准气压高度＝相对高度＋机场标准高度

3) 绝对高度＝真实高度＋地点标高

根据上述关系,在飞行中若知道了机场标高、地点标高、机场标准气压高度,由仪表的指示亦可算出所需的另一种高度。

气压高度表可测量飞机飞行时相对高度、绝对高度和标准气压高度,而真实高度一般由无线电高度表测量。

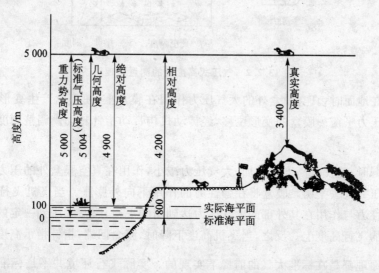

图 13.2.1 各种飞行高度示意图

13.2.2 气压高度表的基本工作原理

从前述已知,气压高度(h)与大气的压力(p)和温度(t)有关。在标准大气情况下,高度与大气参数成如下函数关系

$$h = f(p_h, p_b, t_b, \tau_b) \tag{13.2.1}$$

式中 p_b——标准大气情况下,各相应大气层的压力下限值(Pa);

t_b——标准大气情况下,各相应大气层的温度下限值(℃);

τ_b——标准大气情况下,各相应大气层的温度剃度(℃/km)。

对于标准大气,p_b, t_b, τ_b 都是标准值(参见表 13.1.1)。因此,只要能测出飞机所在高度的大气静压力 p_h,就可以按照标准气压公式求得飞机的气压高度。通过测量大气静压 p_h 来间接测量飞行高度的仪表,称为气压式高度表。

气压式高度表的测量原理如图 13.2.2 所示。由原理图看出,气压式高度表由真空膜盒、机械传动机构、指示机构和静压导管等部分组成。真空膜盒是感受大气压力变化的敏感元件,由两片弹性波纹膜片焊接而成,内部抽成真空状态。真空膜盒的中心,上下各有一个硬芯。下硬芯与仪表壳体固联,下硬芯与传动机构相联。膜盒安装在密封的壳体内。机械传动机构一般由曲柄连杆和齿轮传动机构组成,用来将膜盒的位移放大、变换成转角形式,传递给指示部件。指示部件一般为指针和刻度盘,或带动信号传感器。静压导管和表壳相通。为了获得飞机外部的真实静压,静压导管必须接在空速管上,使空速管的静压由导管引入仪表壳体内。

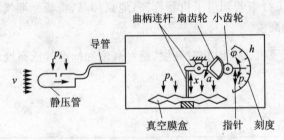

图 13.2.2 气压式高度表的测量原理图

当飞机停在地面时,真空膜盒外的大气压力作用在膜盒上,使膜盒产生变形,膜盒的弹性力将会与空气压力平衡。膜盒的变形位移,经传动机构带动指针转动。调整刻度盘,使此时的指示为零高度。

当飞机飞行时,随飞行高度的增加,大气压力减小,作用在真空膜盒外的压力减小,使得膜盒的弹性力与压力失去平衡。膜盒将在弹性力的作用下向外膨胀。当飞机飞行高度一定时,真空膜盒的弹性力与作用在其外部的大气压力达到新的平衡,膜盒膨胀到一定的位置,指针也就指示到一定的飞行高度上。反之,当飞机高度下降时,膜盒回缩,指针指示高度减小。

上述测量原理都是在标准大气的前提下实现的。实际飞行环境并不是标准大气的条件,必将造成测量误差。高度表测量的非标准大气与标准大气不相符合所造成的误差,称为仪表的方法误差。高度表的方法误差包括压力方法误差和温度方法误差两部分。在真正的气压式高度表结构设计时,一定要加以修正和补偿。图 13.2.3 是气压式高度表的结构图。

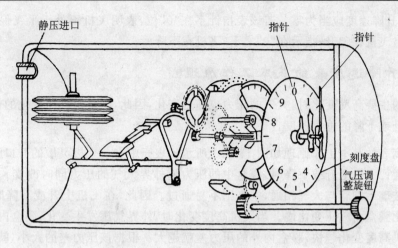

图 13.2.3　气压式高度表的结构图

13.2.3　气压式高度表的使用

气压式高度表可以测量飞机的相对高度、绝对高度和标准气压高度。具体测量方法如下。

1. 标准气压高度的测量

利用气压高度表测量标准气压高度时，先转动气压调整旋钮（见图 13.2.3），使指针指示当地机场对应的标准气压高度上，此时气压刻度盘应指在 760 mmHg，指针指示的数值即是标准气压高度。

2. 绝对高度的测量

因为绝对高度是以海平面为基准面的高度，所以，在测量绝对高度时，转动调整旋钮使气压刻度盘指示出修正的海平面气压，其指针指示的即为飞机的绝对高度。

修正的海平面气压是根据机场的场面气压和标高，按标准大气条件推算出来的。当海平面的气压情况完全符合标准气压条件时，绝对气压高度就与标准气压高度相等。

3. 相对高度的测量

相对高度是以机场面为基准面的高度，利用调整旋钮拨动高度表的指针和刻度盘，使气压刻度盘指示出起飞或着陆机场的地面气压。这时高度表的测量起点就是飞机起飞或着陆机场。高度表指针指示的，就是飞机相对于起飞或着陆机场的相对高度。

4. 高度表在机场的零位调整

由于机场的地面气压经常变化，有时飞机在地面，高度表并不指示零位，这时就要对高度表调整零位。其方法是，先从气象台了解当时该机场的气压，再转动调整旋钮使高度表指示零位。此时气压刻度盘应指示出当时机场的气压。

13.3　升降速度表

飞机在单位时间内高度的变化量（即飞机上升或下降的垂直速度）称为升降速度。用来测量飞机升降速度的仪表为升降速度表。它是飞行指示和控制的重要仪表之一。

另外，升降速度表还可用来判断飞机是否保持平飞状态。因升降速度表极为灵敏，当飞机保持平飞时,升降速度应当为零。若该表指针不在"0"位,表明飞机不处于平飞保持状态。指示在"0"之上,飞机在爬升;指示在"0"之下,飞机在下降。

13.3.1 升降速度表的基本工作原理

当飞机的主要高度变化时,大气的压力也随之变化,因此,测量出气压变化的快慢,就能表示出飞机上升或下降的垂直速度。

升降速度表的基本工作原理如图 13.3.1 所示。表壳中有一个极灵敏的开口膜盒,经过导管与大气相通。飞机上升或下降时,膜盒中的压力随外界大气的压力同时改变。表壳内的空气通过一个玻璃毛细管与大气相通,空气则不易通过。因此,在飞机上升或下降时,表壳内的气压变化要比膜盒内气压变化慢。当飞机高度变化时,外界气压发生变化,膜盒内外就产生了压力差。飞机高度变化越快,膜盒内外的压力差就越大。根据该压力差的大小,就可以使仪表指示出飞机的上升或下降的垂直速度。

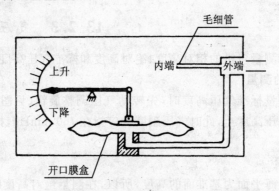

图 13.3.1 升降速度表的基本工作示意图

当飞机平飞时,膜盒内外压力相等,仪表指示为"0"。

当飞机高度增加时,大气压力逐渐降低,膜盒内与表壳中的气体同时向表壳外流动。膜盒内的气体通过铜导管能够迅速地随时与外界平衡;而表壳内的气体要通过玻璃毛细管流出壳外,流动较慢,因此壳体内的气压就稍大于外界气压(即大于膜盒内的气压),则膜盒内外就产生了压力差。在飞机上升的情况下,膜盒受压力差的作用而收缩。膜盒回缩,经传动机构带动指针向上偏转。飞机上升速度越快,压力差越大,膜盒回缩的越大,指针向上转动角度越大,则指示的上升速度值越大。

当飞机下降时,与上述情况相反,膜盒膨胀,带动指针向下偏转,指示出飞机下降的速度。

当飞机由上升或下降改平飞时,外界大气压不再变化,膜盒内的气压也不再变化。而壳体中的气体将继续向外流动,膜盒内外压差慢慢减小,指针慢慢地回转。经过一定时间后,膜盒内外压差为零,指针也回到"0"位。

从上述过程分析看出,升降速度表只有等温和毛细管两端的压力差保持动平衡的条件下,才能准确地指示出飞机的升降速度。实际上,温度不可能恒定,毛细管两压差不可能迅速达到动态平衡,它有一定的延迟。这些实际因素都将给升降速度表造成误差。这些仍是方法误差,也必须从构造上加以修正补偿。

13.3.2 升降速度表的结构

升降速度表由敏感元件、转换元件、传送机构、指示机构和调整机构 5 部分组成。其原理结构如图 13.3.2 所示。

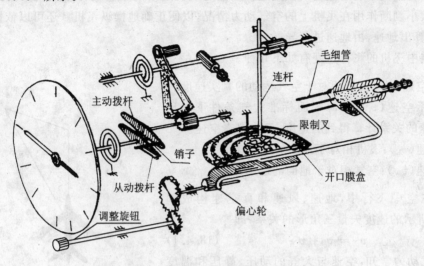

图 13.3.2 升降速度表的结构

1) 敏感元件：升降速度表的敏感元件是毛细管，用来感受仪表外部气压的变化率，同时把气压变化率转换成压力差。毛细管安装在表壳的静压接头上，改变毛细管的长度可以修正仪表的延迟误差。

2) 转换元件：开口膜盒是升降速度表的转换元件，它将毛细管两端的压力差转换成膜盒的位移。为减少毛细管的延迟时间，往往将它做得很短，这样它两端的压力差就极小。因此，开口膜盒的位移也就很小，降低了仪表的灵敏度。为解决这一矛盾，膜盒做得非常灵敏，使之在极微小的压力差作用下就能产生位移。通常膜盒的位移与压力差成正比。有时为提高灵敏度，增大膜盒位移，采用两个开口膜盒串联的结构形式。

3) 传送机构：其传送机构由连杆、摇臂和扇形齿轮机构组成，将膜盒的位移传递转换成指针的转动。

4) 指示机构：它由指针和刻度盘组成。刻度盘对称的分成上、下两部分。上部的刻度为上升速度数；下部为下降速度数。上下转角均为 180°，刻度前疏后密非均匀分布，如图 13.3.3 所示。

5) 调整机构：调整机构由调整旋钮、传动齿轮和偏心轮组成。其作用是调整指针的零位。由于膜盒非常灵敏，可能会产生微小的永久性变形，使指针不指在"0"上，可由此机构进行调整。

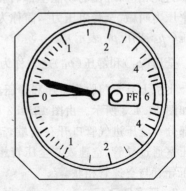

图 13.3.3 升降速度表刻度盘

13.4 空速表

飞机相对空气运动的速度叫做空速。空速是飞机运动的重要飞行参数,在飞行中可以根据空速的大小判断作用在飞机上的空气动力情况,以便正确地操纵飞机。还可以依据空速、风速、风向计算出地速,由地速进行导航。

在航空中飞机的飞行速度有如下几种。

1) 真空速(v_t):飞机相对于空气运动的真实速度。
2) 指示空速(v_i):按海平面标准大气条件下动压(p_D)与空速的关系计算得到的速度,又称仪表空速。
3) 地速(v_E):飞机相对于地面的运动速度。
4) 风速(v_W):空气相对于地面的运动速度。

飞机在空中飞行中,地速、风速和真空速构成如图13.4.1所示的速度矢量三角形的关系,即

$$v_E = v_t + v_W \quad (13.4.1)$$

由空气动力学知,空速与大气的动压、静压和温度有密切的关系。为了说明空速表的原理,应简单地阐述一下空速和这几个参数的关系。

图 13.4.1 速度矢量三角形关系示意图

13.4.1 空速与动压、静压和气温的关系

1. 气流的动压和降压

飞机在飞行中,空气相对于飞机就产生了气流,如图13.4.2所示。气流相对飞机运动时,在正对气流运动方向的飞机表面上,气流完全受阻,速度降低为零。此时,这部分气流分子的规则运动全部转化为分子热运动。

与此相应,气流的动能全部转化为压力能和内能。因此,空气的温度要上升,压力增大。这个压力叫做"全受阻压力",简称为"全压"(p_T)。气流未被扰动处的压力,为大气压力,叫做静压(p_S 或用 p_H 表示)。

全压(p_T)和静压(p_H)之差称为动压(p_D)。

飞机上有专门收集全压和静压的管子,叫做全静压管,又称空速管或皮托管。空速管内结构如图13.4.3所示。由图13.4.3可见,它由两个同心圆管组成,构成全压接收部分和静压接收部分。全压进气管口开在前端,正对气流,管口内开有弧形口,全压通过此口进入全压室。全压室通过导管、空速表与全压管相联。静压收集孔开在外圆管的后部与静压室相通,再通过静压导管与空速管相联。

2. 亚音速飞行

在不考虑空气压缩性的情况下(空速小于400 km/h),可认为空气没有被压缩,空气密度为常值,此时空速可表示为

$$v_t = \sqrt{\frac{2p_D}{\rho_S}} = \sqrt{\frac{2p_D RT}{p_S}} \quad (13.4.2)$$

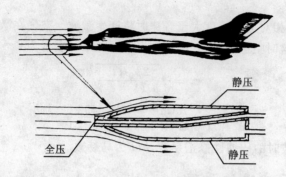

图 13.4.2　空气相对于飞机产生的气流示意图

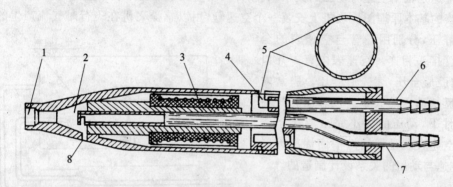

1—全压口；2—全压室；3—加温电阻；4—静压室；5—静压孔；6—静压管接头；7—全压管接头；8—排水孔

图 13.4.3　空速管内结构示意图

式中　ρ_S——飞机所在高度上的空气密度(kg/m³)；

p_D——所测得的动压(Pa)；

R——气体常数，287.053(m²/K·s²)；

T——所测得的空气温度(K)。

当飞行速度大于 400 km/h 时，必须考虑空气的压缩性，密度已不是常值，此时空速可表示为

$$v_t = \sqrt{\frac{2k}{k-1} \cdot \frac{p_S}{\rho_S} \cdot \left[\left(1+\frac{p_D}{p_S}\right)^{\frac{k-1}{k}} - 1\right]} \tag{13.4.3}$$

式中　k——空气绝热指数，1.4；

p_S——飞机所在高度上的空气静压(Pa)。

或

$$v_t = \sqrt{\frac{2p_D RT}{p_S(1+\varepsilon_Y)}} \tag{13.4.4}$$

$$\varepsilon_Y = \frac{1}{4} \cdot \frac{v_t}{a} + \frac{1}{40} \cdot \left(\frac{v_t}{a}\right)^2 = \frac{1}{4} \cdot Ma + \frac{1}{40} \cdot Ma^2$$

$$Ma = \frac{v_t}{a}$$

其中 ε_Y 称为压缩性修正系数，Ma 为马赫数，a 为音速。

3. 超音速飞行

当空气与飞机间的相对运动速度大于音速时将产生激波。空气在激波面前后所具有的状态参数差别非常明显,这时空速与动压、静压和温度的关系可表示为

$$v_t = \sqrt{\frac{2p_D RT}{p_S(1+\varepsilon_C)}} \tag{13.4.5}$$

$$\varepsilon_C = \frac{RMa^5}{(7Ma^2-1)^{2.5}} - \frac{1.492}{Ma^2} - 1$$

其中 ε_C 称为具有直激波时的压缩性修正系数,Ma 为马赫数。

13.4.2 测量指示空速的原理

指示空速是根据空速与动压的关系,利用开口膜盒测量动压来表示空速的。图13.4.4是指示空速表的基本原理图。飞机上安装一个空速管,用以感受飞机在飞行时气流产生的动压和大气的静压,分别用导管与空速表的全压和静压管接头相连。空速表内有一开口膜盒,其内腔通全压,表壳通静压。膜盒内外压力差反映动压的大小。在静压和气温一定的条件下,动压的大小完全取决于空速。指示空速表就是根据海平面标准大气条件下,空速与动压的关系设计制造的。

真空速与动压的关系为

$$v_t = \sqrt{\frac{2p_D}{\rho_S(1+\varepsilon_h)}} \tag{13.4.6}$$

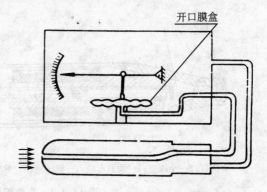

图 13.4.4 指示空速表的基本原理图

式中 v_t ——真空速(m/s);

p_D ——动压(Pa);

ρ_S ——飞机所在高度上的空气密度(kg/m³);

ε_h ——h 高度上的空气压缩性修正量。

指示空速与动压的关系式:

$$v_i = \sqrt{\frac{2p_D}{\rho_0(1+\varepsilon_0)}} \tag{13.4.7}$$

式中 v_i ——指示空速(m/s);

ρ_0 ——海平面标准大气条件下的空气密度(kg/m³);

ε_0 ——海平面标准大气条件下空气压缩性修正量。

指示空速与真空速的关系为

$$v_t = v_i \sqrt{\frac{\rho_0}{\rho_S}} \cdot \sqrt{\frac{1+\varepsilon_0}{1+\varepsilon_h}} \tag{13.4.8}$$

当不考虑空气的可压缩性时,式(13.4.6)～式(13.4.8)可以简化。基于式(13.4.8),可以由指示空速求出真空速。由上述关系看出,指示空速小于真空速,高度越高,误差越大。

这种误差叫做指示空速的方法误差,对于指示空速表只能通过计算加以修正;而对于真空速表是利用测量静压、气温和动压的大小来自动修正指示出真空速的。

13.4.3 测量真空速的原理

真空速的测量原理是根据关系式(13.4.2)、式(13.4.3)或式(13.4.4)进行的,要求真空速表的指针应随动压增大而增大,随静压减小而增大,随气温的减小而减小,只要仪表指示能按上述关系变化,便可准确地测出飞机的真空速度。所以,真空速表需要有感受动压、静压和气温的三个敏感部分,将它们的输出综合起来控制仪表的指示。测量真空速原理上有以下两种方法。

1. 通过感受动压、静压、气温测量真空速

该方法的原理结构图如图13.4.5所示。在仪表中有两个开口膜盒和一个真空膜盒。其中,第一个开口膜盒内部通全压、表壳内通静压,其位移的大小由动压决定;第二开口膜盒的内部与感温传感器相连,该感温传感器装在飞机外部,感受大气温度,膜盒的位移由大气温度而定;真空膜盒感受静压,其位移大小由静压决定。真空膜盒与第二个开口膜盒相串联,可以共同控制传送机构的传动比。

由图13.4.5可见,当静压、气温不变时,真空速随动压增大而增大。这时第一开口膜盒膨胀,位移增大,通过传送机构使指针转角增大。如果动压、静压不变而温度降低,则真空速度应减小,这时第二开口膜盒收缩,位移减小,使支点向左移动,传动比减小,指针转角减小。若动压、温度不变而静压减小,真空速亦应增大,此时真空膜盒膨胀使支点右移,增大传动比,指针偏角增大。

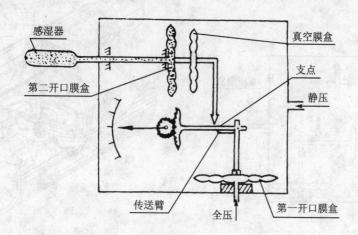

图13.4.5 感受动压、静压、气温测量真空速的原理结构示意图

上述原理表明,测量真空速需要三个敏感部件,结构比较复杂。

2. 通过测量动压、静压测量真空速

在标准大气条件下,温度与高度有对应关系,静压与高度也有对应关系,因此可以用静压的大小反映出气温的高低,即真空速与气温的关系可以通过静压来表示。通过推导,可以由所测得的动压、静压来近似解算真空速,其关系为

$$v_t \approx \sqrt{\frac{2RkT_0}{(k-1)p_0^{0.1}}} \cdot \sqrt{\frac{p_D}{p_S^{0.8}}} = A \cdot \frac{p_D^{0.5}}{p_S^{0.4}} \tag{13.4.9}$$

$$A = \sqrt{\frac{2RkT_0}{(k-1)p_0^{0.1}}}$$

式中 T_0——标准大气条件下的温度,$T_0 = 288.16$ K；
  p_0——标准大气条件下的压力,$p_0 = 101\,325$ Pa；
  R——气体常数,$287.053(\text{m}^2/\text{K} \cdot \text{s}^2)$；
  k——空气绝热指数,$k = 1.4$。

因此系数 A 为常数。

由式(13.4.9)看出,通过感受动压、静压同样可以测量真空速。其原理如图 13.4.6 所示。

这种真空速表没有感温部分,真空膜盒兼顾了感温部分的作用,不仅反映了静压对真空速的影响,也反映了气温对真空速的影响。所以它结构比较简单,但有一定的温度误差。

由于飞机类型繁多,飞行性能差别很大,所以空速表的类型也很多。对于低速、小型飞机其速度都较小,一般都用指示范围较小的空速表,而对于大型客机,如 B-747-400,TU-154 和高速歼击机,飞行速度较大,所用空速表不但刻度范围大,而且既要指示空速,又要求用真空速。

空速表的用途不同,其结构也有一定的差别,图 13.4.7 所示为一种小刻度范围的空速表的典型结构。

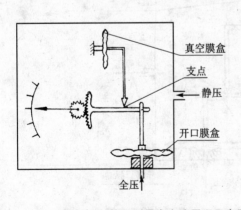

图 13.4.6 感受动压、静压测量真空速原理示意图

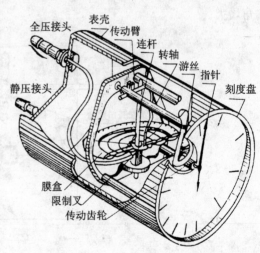

图 13.4.7 一种小刻度范围空速表的典型结构

13.5 马赫数表

马赫数(Ma 数)是真空速 v_t 与音速 a 的比值。现代飞机上 Ma 数是表征飞机性能的重要参数,也是防止激波失速的重要依据。当飞机在近音速飞行时,其某些部分可能产生局部激波,阻力急剧增加,将会导致飞机的稳定性和操纵性变坏,甚至产生激波失速。为防止激波失

速,必须知道飞机的飞行速度是否接近音速,即必须了解马赫数的大小,以使飞行员在高速飞行时能正确地操纵飞机,保证飞行安全。因此,在高速飞机上均装有马赫数表。马赫数表的测量原理和基本构造与真空速表基本相同。

根据马赫数的定义,下面给出基于测量动压与静压解算马赫数的公式。

1. $Ma \leqslant 1$

马赫数与动压,静压的关系为

$$\frac{p_D}{p_S} = (0.2Ma^2 + 1)^{3.5} \tag{13.5.1}$$

或

$$Ma = \sqrt{5\left[\left(\frac{p_D}{p_S}\right)^{\frac{2}{7}} - 1\right]} \tag{13.5.2}$$

2. $Ma > 1$

马赫数与动压,静压的关系为

$$\frac{p_D}{p_S} = \frac{166.922 Ma^7}{(7Ma^2 - 1)^{2.5}} \tag{13.5.3}$$

马赫数表就是依据上述原理,利用一个开口膜盒测量动压,用一个真空膜盒测量静压,经由传动机构带动指示机构,组成马赫数表。

图 13.5.1 所示为典型的马赫数表结构图。

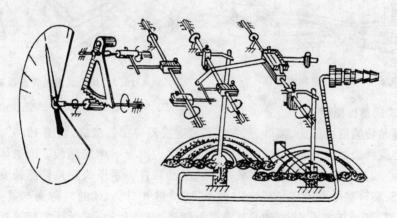

图 13.5.1 典型的马赫数表结构图示意图

13.6 迎角传感器

迎角传感器又称攻角传感器,用来测量、转换和传送迎角信息的装置。迎角信号可直接用来指示,供飞行员观察。在大气数据计算机系统中,迎角信号用于静压源的修正,同时迎角信号还供仪表显示和失速告警系统。在飞行控制系统中,常引入迎角信号构成自动增稳、控制增稳以及法向过载限系统。迎角信号也常用于发动机油门杆控制系统中。

迎角传感器常用的有以下两种形式。

13.6.1 风标式迎角传感器

它由叶片(风标)、转轴及传动机构、传感器和配重组成。叶片剖面为对称翼型,分为单风标和双风标两种形式。风标一般安装在远离机身的地方,处于比较平稳的气流中,这样可以比较准确感受飞机迎角的变化,如图13.6.1所示。

在飞行中,若迎角等于零,气流流过风标上下翼面的速度相等,作用在风标上的合力为零,风标不转动,迎角信号传感器输出的信号为零。若迎角增大,风标上翼气流速度加快,压力减小,下翼面气流速度低,压力大,则推动风标向着风的方向偏转。通过转轴和传动机构带动信号传感器,输出与迎角成比例的信号,若迎角减小,与上述情况相反,输出相反的信号,如图13.6.2所示。

风标式迎角传感器结构简单、工作可靠,应用较广。

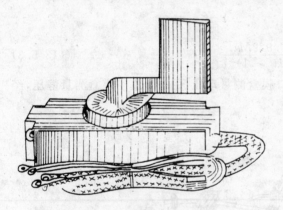

图 13.6.1 风标式迎角传感器

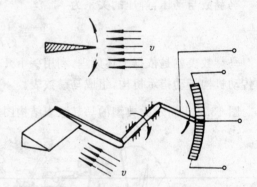

图 13.6.2 风标式迎角传感器工作原理

2. 零压式迎角传感器

零压式迎角传感器由探头、桨叶、气室和角度变换器等部件组成,如图13.6.3所示。探头是一个在中心线两边对称开有两排气孔的圆锥体,其内部有一中间隔板。圆锥体与空心轴刚性连接,在空心轴上固定着桨叶和角度变换器的活动部件。零压式迎角传感器安装在机身或机头侧面,探头旋转轴垂直于飞机纵向对称面,并使进气口 A,B 的对称面与翼弦方向平行。当迎角 $\alpha = 0$ 时,二排进气孔对称地正对着迎面气流,夹角相等,感受压力相等,桨叶不转动。当 $\alpha \neq 0$ 时,两孔的压力也不相等,在此压力差的作用下,桨叶向着压差减小的方向转动,直至两压力相等。在此过程中,转轴转动的角度即是迎角变化值。

零压式迎角传感器有较好的阻尼,输出信号比较平衡,测量精度较高,可达 0.1°。传感器中只有探头(约 10 cm 长)露在机身外面,对飞机造成的附加阻力很小。但这种迎角传感器结构比较复杂,装配精度要求较高,对机上安装位置要求较严。

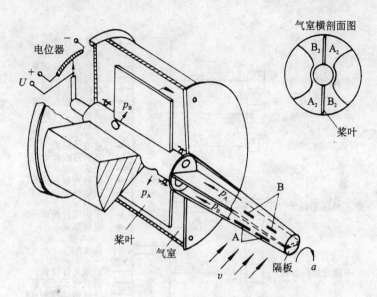

图 13.6.3 零压式迎角传感器工作原理示意图

13.7 大气数据系统

大气数据系统也称大气数据计算机处理系统,是一种多输入多输出的机载综合测量处理系统。它根据传感器测得的基本原始信息,如静压、全压、总温、迎角等,处理计算出较多的与大气数据有关的参数,如飞行高度、高度偏差、升降速度、真空速、指示空速、马赫数。由大气数据系统得到的马赫数的变化率、总温、真空静压、大气静温、大气密度比、迎角等,要传送给座舱显示系统、飞行控制系统、导航系统、发动机控制系统、火力控制系统以及空中交通管制系统和飞行数据记录系统等。图 13.7.1 为歼击机大气数据系统与机上其它机载设备的联系图。

大气数据系统一般由三部分组成,即传感器部分、计算机或补偿解算装置与信号输出装置。

其中提供原始信息的传感器部分最重要,通常包括静压传感器、全压传感器或动压传感器、总温传感器(或称全受阻气温)以及迎角传感器等。

航空航天常用的大气数据系统有模拟式和数字式两种类型。数字式大气数据计算机体积小、结构简单、工作可靠、精度高、寿命长、适应性强,便于与其它机载数字系统连接。

模拟式大气数据系统是以硬件为基础实现各种参数的综合计算,并以模拟量的形式输出结果。典型的模拟式大气数据系统原理方案如图 13.7.2 所示。

图 13.7.2 中,静压、动压伺服系统本身均具有机电式函数转换机构。它们可以直接地输出高度、高度差变化率、指示空速。Ma 数、真空速、大气静温等均通过伺服式解算机构来计算完成。在这种系统中,静压误差的修正是采用机械的或电气的修正装置实现的。

模拟式大气数据系统的主要特点是结构复杂、可靠性差、功能低、输出信息量少,且加工、装配、调试、维护工作量大,体积、重量和功耗也较大。在现代的航空上已完全被数字式大气数

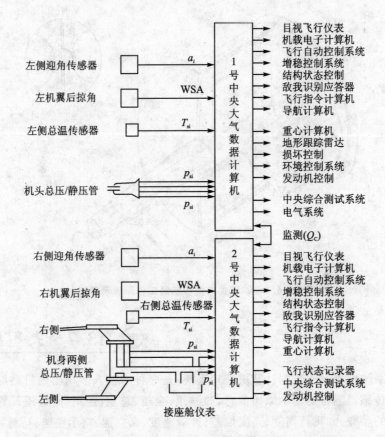

图 13.7.1 歼击机大气数据系统与机上其它机载设备的联系图

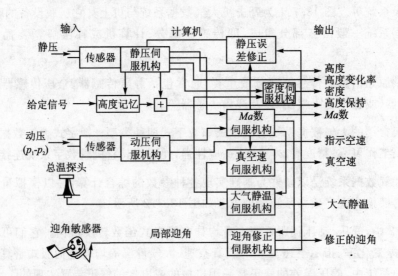

图 13.7.2 模拟式大气数据系统原理方案示意图

据系统所代替。

数字式大气数据系统一般由传感器、输入接口、中央处理机、输出接口、自检和故障监控系统等部分组成,如图13.7.3所示。

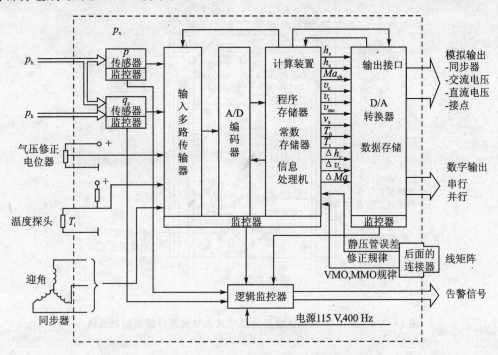

图 13.7.3　数字式大气数据系统组成结构示意图

由图13.7.3看出,数字式大气数据系统是一种采用中央信息处理机的数据采集和处理系统。它以中央处理机为核心,以软件来实现各种参数关系的数学运算。

系统的传感器多采用结构简单、工作可靠、体积小、精度高的"准数字量"输出的固态新型元件,如谐振式、电容式等压力传感器。相关的存储电路是压力传感器的一部分,为温度管路等因素的影响提供修正。系统的原始输入信息静压、全压、总温以及迎角等信号,分别由静压、全压、总温、迎角传感器引入,经多路传输系统(接口)变换处理后,送入处理机。

中央数字处理机一般包括信息处理机、程序存储器、数据存储器和随机存储器等。数字处理机的功能是:确定时间函数或格式,为参数计算更新存储电路,进行各种参数的计算,进行定期自检,把计算和处理结果加到相应的输出电路上。各种处理、计算结果经多路 1 输出装置转换成不同格式的信号,传输到各相应的系统和设备。

图13.7.4和图13.7.5是B-757飞机上使用的数字式大气数据计算机的前面板和原理方块图。

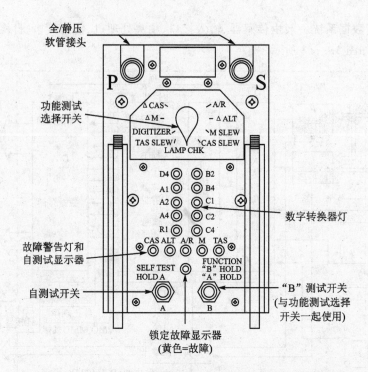

图 13.7.4　B-757 飞机上使用的数字式大气数据计算机的前面板

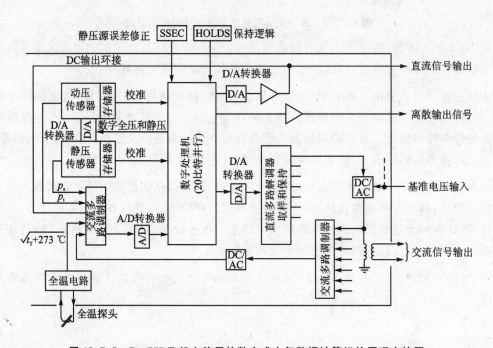

图 13.7.5　B-757 飞机上使用的数字式大气数据计算机的原理方块图

思考题与习题

13.1　大气层有哪些主要特征？

13.2　某机飞场的海拔高度为 500 m，如果当地温度为 15 ℃，试绘出该机场上空大气温度随高度的变化曲线(500～15 000 m)。

13.3　飞机的飞行高度有哪几种定义？各自的物理意义是什么？

13.4　简述气压高度表的基本工作原理。在实际使用中应注意哪些问题？

13.5　说明图 13.2.2 所示的气压式高度表的工作原理。

13.6　简述升降速度表的基本工作原理。在实际使用中应注意哪些问题？

13.7　飞机的飞行速度有哪几种？各自的物理意义是什么？它们之间有什么关系？

13.8　依图 13.4.4 说明指示空速测量的基本原理。

13.9　说明马赫数的物理意义。测量马赫数时应注意什么问题？

13.10　常用的迎角传感器的实现方式有哪几种？简述各自的工作原理和应用特点。

13.11　气压式高度表的工作原理。

13.12　简要说明航空大气数据测量系统在航空机载电子系统中作用。

13.13　航空大气数据测量系统需要哪些基本参数的测量？

13.14　简述航空大气数据测量系统的组成。

第 14 章 汽车用传感器

汽车的性能与车用传感器和微处理器密切相关。作为信息获取的环节,传感器在汽车电子控制系统中的作用非常突出。为了更好地了解传感器在汽车电子控制系统中的重要作用,首先有必要介绍一下汽车广泛应用的电子控制技术。

14.1 汽车测控技术

汽车电子控制技术是汽车技术与电子技术相结合的产物。随着汽车工业与电子工业的不断发展,在汽车上,电子控制技术的应用越来越广泛,汽车电子化的程度越来越高。

为了实现对汽车工作的实时控制,必须利用微处理器技术和传感器技术。20 世纪 70 年代中期,微计算机在汽车上成功应用后,给汽车工业带来划时代的变化。

14.1.1 汽车电子测控技术的应用现状与发展趋势

目前,在汽车上常用的、比较成熟的电子控制技术主要包括以下几个部分。

1. 发动机部分

(1) 最佳点火提前角控制

点火系统可使发动机在不同转速、进气量等工况下,实现最佳点火提前角,使发动机发出最大的功率或转矩,使油耗和污染物排放降低到最低限度。

该系统有开环和闭环控制两种。闭环控制是在开环控制的基础上,增加一个爆震传感器进行反馈控制,其点火时刻的精确度比开环控制高,但排气净化稍差些。

(2) 最佳空燃比控制

空燃比的控制是电控汽油喷射发动机的一项主要内容。它能有效控制混合气空燃比,使发动机在各种工况及有关因素的影响下,空燃比都能达到最佳值,从而实现提高功率、降低油耗、减少排气污染等功效。

闭环控制是在开环控制的基础上,在一定条件下,由电子控制单元(简称电控单元,ECU:Electric Control Unit)根据氧传感器输出的混合气(空燃比)信号,修正燃油供应量,使混合气空燃比保持在理想状态。

该系统分电子反馈化油器系统和电子控制汽油喷射系统两种。其中电子控制汽油喷射系统的性能更优越,化油器式已基本淘汰。

(3) 排气再循环控制

该系统是将一部分排气引入到进气侧的新鲜混合气中,以抑制发动机有害气体(氮的氧化物 NO_x)生成。该系统能根据发动机的工况,适时调节排气再循环的流量,以减少排气中的有

害气体 NO_x，是一种排气净化的有效手段。

(4) 怠速控制

该系统能根据发动机冷却水温及其它有关参数，如空调开关信号、动力转向开关信号等，使发动机的怠速转速处于最佳值。

(5) 断缸控制

当发动机处于部分负荷下运行时，电控单元 ECU 指令切断几个气缸的燃油供应与点火，停止几个气缸工作，则剩下各缸的工作效率得到增大，从而提高了发动机的效率并降低了燃油消耗；而当功率不能满足要求时，再恢复一个或几个气缸工作。电控单元 ECU 根据从空气流量传感器传来的负荷信号，可以判定何时需要断缸，并实现从一个工况转移到另一个工况。

(6) 涡轮增压发动机增压压力的控制

在有些涡轮增压汽油发动机上，装有电子增压压力控制装置。在发动机工作中，能保证得到最佳增压值，可以通过降低增压压力阻止爆震燃烧。由于增压发动机上的排气温度较高，不大可能单纯地用点火调节来控制爆震。若单一用降低增压压力来防止爆震，又可能引起发动机性能降低。一般采用点火正时调节和降低增压压力相结合的办法。控制系统进行的调节是：当电控单元鉴别出爆震之后，即刻将点火提前角向延迟方向推移，同时又平行地降低增压充气压力。在点火提前角改变已经生效时，充气增压压力可以慢慢下降。随着增压压力的降低，通过爆震调节器又将点火提前角调到最佳值。

(7) 发电机输出电压的控制

电控单元 ECU 根据发动机转速、蓄电池温度及有关信息，通过控制磁场电流的方法来实现对发电机输出电压的控制。当发电机输出电压超过额定值时，ECU 使磁场电路接通的相对时间变短，减小磁场电流，降低发电机电压；当发电机输出电压低于额定值时，ECU 使磁场电路接通的相对时间变长，增大磁场电流，提高发电机电压。

(8) 电控加速踏板

在电控加速踏板中装一个电位器作为传感器，用传感器将加速踏板位置的信息传送给电控制单元 ECU，同时采集发动机工况参数的其它传感器的输出信号，也把信息分别输入电控单元 ECU，微计算机计算出节气门位置的理论值。这个理论位置与发动机运行参数、加速踏板位置都有关。随后电控制单元 ECU 又通过一个外部控制装置，把节气门位置调到计算的理论值处，从而避免了加速踏板传动机构中，由于间隙、摩擦磨损所产生的误差，可以在燃油消耗优化的前提下，得到较好的加速性能。

(9) 停车、启动控制

停车、启动控制是降低怠速燃油消耗量的一种方法。它使发动机在需要输出功率时才运转，在汽车不需要驱动功率时，关闭发动机。这样可以有效地降低燃油消耗，同时达到降低排气污染和降低噪声的目的。该控制系统是通过一个附加电控单元输出信号，根据发动机停车或启动来抑制喷油脉冲。在汽车停车时间长达数秒之后，该装置将喷油切断。其工作方式是：当离合器脱开，汽车停车或车速约为 2 km/h 时，发动机就停机。如再次启动，将离合器踏板踩到底，踏下加速踏板，只要加速踏板踩到其总行程的 1/3，发动机由启动机启动。

除以上控制装置外，对发动机部分进行控制的还有电动汽油泵控制、冷却风扇控制、发动机排量控制、节气门正时控制、二次空气喷射控制、油气蒸发及系统自我诊断等。

另外，随着微计算机技术的进一步发展，它将会在汽车上承担更重要的任务，如控制燃烧室的容积和形状、控制压缩比、检测汽车零件逐渐增加的机械磨损等。

2. 底盘部分

(1) 电控防抱死制动系统 ABS(Anti-lock Braking System)

在紧急刹车时，如果没有 ABS 会使轮胎抱死。抱死之后轮胎与地面形成滑动摩擦，所以刹车的距离会变长。如果前轮锁死，车子失去侧向转向力，容易跑偏；如果后轮锁死，后轮将失去侧向抓地力，容易发生甩尾。特别是在积雪路面，当紧急制动时，更容易发生上述的情况。ABS 通过控制刹车油压的收放达到对车轮抱死的控制。其实际上是抱死→松开→抱死→松开的循环工作过程，使车辆始终处于临界抱死的间隙滚动状态。该系统能大大提高制动效能，保证行车安全，防止事故发生。

(2) 电控自动变速器

该装置能根据发动机节气门开度和车速等行驶条件，按照换档特性，精确地控制变速比，使汽车处于最佳档位。它具有提高传动效率、降低油耗、改善换档舒适性、汽车行驶平稳性以及延长变速器使用寿命等优点。

(3) 电控动力转向

电控动力转向的型式较多，目前有电子控制前轮、后轮及前后四轮转向系统。它们分别具有不同的优点，如可获得最优化的转向作用力特性、最优化的转向回正特性、改善行驶的稳定性以及节能降低成本等；有的主要是为了提高转向能力和转向响应性；有的主要用来改善高速行驶时的稳定性。

(4) 电控悬架

该系统能根据不同路面状况和驾驶情况，控制车辆高度，调整悬挂的阻尼特性及弹性刚度，改善车辆行驶的稳定性、操纵性和乘座的舒适性。

3. 行驶安全方面

(1) 安全气囊系统 SRS(Supplemental Restraint System)

该系统是汽车上的一种常见的被动安全装置。在车辆相撞时，由电控单元 ECU 用电流引爆安置在方向盘中央(有的在仪表板杂物箱后边)气囊中的氮化合物，像"火药"似的迅速燃烧产生氮气，瞬间充满气囊，所有动作在 20 ms 内完成。安全气囊的作用是在驾驶员与方向盘之间，前座乘员与仪表板间形成一个缓冲软垫，避免硬性撞击而受伤。此装置一定要与安全带配合使用，否则效果大为减小。

(2) 巡航控制系统 CCS(Cruise Control System)

该系统一般称为恒速行驶系统。汽车在高速公路上长时间行驶时，打开该系统的自动操纵开关后，恒速行驶装置将根据行车阻力自动增减节气门开度，使汽车行驶速度保持一定。有的巡航控制系统利用车载雷达或激光测量距离，在路况许可的条件下，自动保持与前后车的距离。

(3) 驱动防滑系统 ASR(Acceleration Slip Regulation)

也称牵引力控制系统 TC(Traction Control)。该装置在防抱制动系统的基础上开发，两系统有许多共用组件。当驱动轮上的轮速传感器感受到驱动轮打滑时，电控单元便通过制动或通过油门降低转速，从而减小牵引力，使其不再打滑，实质上是一种速度调节器。它可以在起步和弯道中车速发生急剧变化时，改善车轮与路面间的附着力，提高安全性。这在路面有冰雪的情况下非常重要。

(4) 电子稳定程序 ESP(Electronic Stability Program)

该系统通常是支援电控防抱死制动系统 ABS 及驱动防滑系统 ASR 的功能。通过对从转向传感器、车轮传感器、侧滑传感器、横向加速度传感器等获得的车辆行驶状态信息进行分析，然后向 ABS,ASR 发出纠偏指令,以帮助车辆维持动态平衡。ESP 可以使车辆在各种状况下保持最佳的稳定性,在转向过度或转向不足的情形下效果更加明显。

ESP 可以监控汽车行驶状态,并自动向一个或多个车轮施加制动力,以保持车子在正常的车道上运行,甚至在某些情况下可以进行 150 次每秒的制动。ESP 有 3 种类型:能向 4 个车轮独立施加制动力的四通道或四轮系统;能对两个前轮独立施加制动力的双通道系统;能对两个前轮独立施加制动力和对后轮同时施加制动力的三通道系统。

ESP 最重要的特点就是它的主动性。如果说 ABS 是被动地作出反应,那么 ESP 却可以做到防患于未然。

(5) 电子制动力分配 EBD(Electric Brake force Distribution)

汽车制动时,如果轮胎附着地面的条件不同,那么轮胎与地面的摩擦力不同;在制动时,如果每个车轮的制动力相同就容易产生打滑、倾斜和侧翻等现象。EBD 的功能就是在汽车制动的瞬间,高速计算出 4 个轮胎由于附着条件不同而导致的摩擦力数值,然后调整制动装置,使其按照设定的程序在运动中高速调整,达到制动力与摩擦力(牵引力)的匹配,以保证车辆的平稳和安全。

当紧急刹车车轮抱死的情况下,EBD 在 ABS 动作之前就已经平衡了每一个轮的有效地面抓地力,可以防止出现甩尾和侧移,并缩短汽车制动距离。EBD 实际上是 ABS 的辅助功能,可以改善提高 ABS 的功效。

(6) 防撞系统

该系统有多种类型:在汽车行驶中或停车时,利用雷达或光学探测器告知驾驶员附近障碍的距离。当两车间的距离小到某一距离时,即自动报警;若继续行驶,则会在即将相撞的瞬间,自动控制汽车制动器将汽车停住;有的是在汽车倒车时,显示车后障碍物的距离,有效地防止倒车事故发生。

(7) 安全带控制

该装置在汽车发生任何撞击情况下,可瞬间束紧安全带;有的汽车上则装有 ECU,当确认驾驶员或乘客安全带使用正确无误时,发动机才能起动。

(8) 前照灯控制

该照明系统,可在前照灯照明范围内,随着转向盘的转动而转动,并能在会车时自动启闭和防眩。

除上述装置外,还有主动车身控制、转弯制动控制、动力稳定性控制、紧急制动助力、电子差速器锁、下坡控制系统、自动门窗装置、车门自动闭锁装置、防盗装置、车钥匙忘拔报警装置和语言开门(无钥匙)装置等。

4. 信息方面

随着汽车电子技术的发展,汽车信息系统越来越复杂,远远超出如车速、里程、水温、油压等项范围,逐渐向全面反映车辆工况和行驶动态等方向发展。信息技术的成果正在源源不断地进入到汽车领域。

(1) 信息显示与报警

该系统可将发动机的工况和其它信息参数,通过微计算机处理后,输出对驾驶员有用的信息,并用数字、线条显示或声光报警。

显示的信息除水温、油压、车速、发动机转速等常见的参数外,还有瞬时耗油量、平均耗油量、平均车速、行驶里程、续驶里程、车外温度等,根据驾驶员的需要,可随时调出显示。

监视和报警的信息主要有:燃油温度、水温、油压、充电、尾灯、前照灯、排气温度、制动液量、手制动、车门未关严等。当出现不正常现象或自诊断系统测出有故障时,立即由声光报警。

(2) 语音信息

语音信息包括语音警告和语音控制两类。语音警告是在汽车出现不正常情况时,包括水温、水位、油位不正常、制动液不足和蓄电池充电值偏低等情况,电控单元经过逻辑判断,输出信息至扬声器,发出模拟人的声音向驾驶员报警,多数还同时用灯光报警。

语音控制是用驾驶员的声音来指挥和控制汽车的某个部件、设备进行动作。

(3) 车用导航

该系统利用全球定位系统 GPS(Global Positioning System)与地理信息系统 GIS(Geographical Information System),可在城市或公路网范围内,定向选择最佳行驶路线,并能在屏幕上显示地图,表示汽车行驶中的位置与行驶的轨迹,以及到达目的地的方向和距离。

5. 舒适性方面

(1) 电控全自动空调

该装置突破了单一的空气温度调节功能。它根据设置在车内外的各种温度传感器(车内温度、大气温度、日照强度、蒸发器温度、发动机水温等)输入的信息,由电控单元 ECU 进行平衡温度演算,对进气转换风扇、送气转换风门、混合风门、水阀、加热继电器、压缩机、鼓风机等进行控制,根据乘客要求,保持车内的温度、湿度等处于最佳值(人体感觉最舒适的状态)。

(2) 电控自动座椅

该装置是人体工程技术与电子控制技术相结合的产物,能使座椅适应乘客的不同体型,满足乘客乘座的舒适性。

可以看出,电子技术在汽车上的应用已是大势所趋,在世界范围内已形成热潮。更新、更先进、更实用的电子控制技术(装置)将会不断涌现。微处理机发展速度的不断加快和存储容量的增加,使其控制功能大大增加,并具有各种备用功能。与电控汽油喷射、电控点火和其它控制系统相关的各种控制器,由于所用的传感器很多都可以通用,如水温传感器、进气温度传感器、负荷和车速(转速)传感器等。因此,利用控制功能集中化,就可以不必按功能设置传感器和 ECU,而是将多种控制功能集中到一个 ECU。不同控制功能所共同需要的传感器也就只需设置一个,形成集中控制系统,也就是汽车微计算机控制系统。它包括发动机微机控制系统;传动系统控制;行驶、转向、制动器控制;安全保证及仪表报警控制;电源系统控制;舒适性控制系统和娱乐通信系统等。

应当指出:上述各种控制系统既独立执行相应的控制功能,又必须在极短时间内相互交换大量信息,如转速、负荷、车速等,所以汽车微计算机控制系统是一个十分复杂的综合控制系统。

14.1.2 汽车电子测控技术的基本组成与工作

汽车的许多电子控制系统的控制过程都是依靠反馈机制来实现的。这些系统能及时识别迅速变化的外界条件和系统自身的变化,系统本身再根据变化的信息控制系统去工作,或者将这些信息储存起来以备将来某个时候使用。系统接收信息的元件叫传感器,接受控制信息后经过处理产生动作的机构叫做执行器。

如图14.1.1所示,汽车电子控制系统主要由传感器、电子控制装置和执行机构三大部分组成,图14.1.2所示为与电控汽油喷射系统有关的主要控制系统部件的构成图。

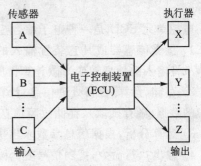

图 14.1.1 电子控制系统的组成

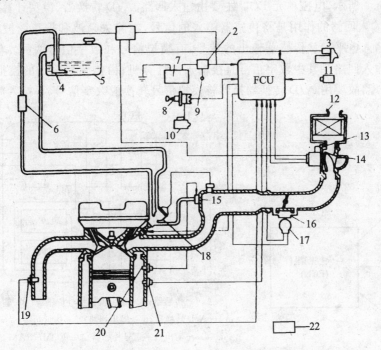

1—断路继电器;2—主继电器;3—起动装置;4—电动汽油泵;5—油箱;6—燃油滤清器;7—蓄电池;
8—曲轴位置传感器(分电器);9—点火开火;10—点火线圈;11—大气压力传感器;12—空气滤清器;
13—进气温度传感器;14—空气流量传感器;15—冷启动喷油器;16—辅助空气阀;17—节气门位置传感器;
18—燃油压力调节器;19—氧传感器;20—冷启动喷油器温度-时间开关;21—水温传感器;22—控制系统部件

图 14.1.2 与电控汽油喷射系统有关的主要控制系统结构图

传感器在汽车电子控制系统中担负信息收集的任务,并将有关机械动作或热效应等方面的信息变换成和这些物理量成比例的模拟或数字电信号,再传输给控制系统。显然,如果没有各种传感器,ECU控制就根本无法实现。要有效地控制某一系统需要具备相应条件,条件不充分或不具备都达不到控制的目的。某一电子控制系统需要多少相应的条件就需要多少个传感器，条件多少取决于影响这一系统工作过程的因素多少。图14.1.3所示的点火系统就有三个传感器，分别用来测定曲轴转角、发动机转速和进气管真空度。这些传感器为电子控制装置提供信号，以便正确地控制点火时间。影响点火时间的因素较多，而一个传感器只能测定一个项目。如果要求点火正时有更高的精确度，还需测定更多变量，如发动机的温度、CO的排量等。

  电控单元ECU是一种电子综合控制装置，具备的基本功能如下。

  1) 接受传感器或其它装置输入的信息；给传感器提供参考（基准）电压：2 V，5 V，9 V，12 V；将输入的信息转变为微计算机所能接受的信号。

  2) 存储、计算、分析处理信息；计算出输出值所用的程序；存储该车型的特性参数；存储运算中的数据（随存随取）、存储故障信息。

  3) 运算分析，根据信息参数求出执行命令数值；将输出的信息与标准值对比，查出故障。

  4) 输出执行命令，把弱信号变为强的执行命令，输出故障信息。

  5) 自我修正功能（自适应功能）。

  如图14.1.4所示，电控单元ECU主要由输入回路、A/D转换器、微型计算机和输出回路4部分组成。输入回路的作用是将传感器输入的信号，在除去杂波和把正弦波转变为矩形波后，再转换成输入电平。从传感器输出的信号，有模拟信号和数字信号两种。信号输入ECU后，首先通过输入回路。其中数字信号直接输入微计算机；由传感器输出的模拟信号，微计算机不能直接处理，故要用A/D转换器换器将模拟信号转换成数字信号，再输入微计算机。

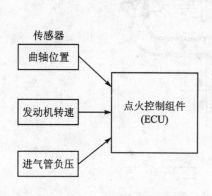

图14.1.3 点火系统传感器

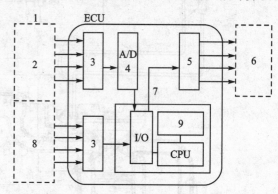

1—传感器；2—输出模拟信号传感器；3—输入回路；
4—A/D转换器；5—输出回路；6—执行元件；7—微型计算机；
8—输出数字信号传感器；9—ROM-RAM记忆装置

图14.1.4 电控单元ECU的构成

  图14.1.5所示为空气流量传感器输出模拟信号，由A/D转换器处理的示意图。微计算机的功能是根据汽车工作的需要，把各种传感器送来的信号和数据进行运算处理，并把处理结果，如燃油喷射控制信号、点火控制信号等送往输出回路。如图14.1.6所示，微计算机的内部结构是由中央处理器(CPU)、存储器1、输入/输出装置3等组成。

  中央处理器CPU的功用是读出命令，并执行数据处理任务。它是由进行数据算术运算和逻辑运算的运算器6、暂时存储数据的寄存器5，按照程序把各装置之间信号进行传送及控制的控制器4等构成，如图14.1.7所示。存储器的功用是记忆存储程序和数据，一般由几个只读存储器ROM和随机存取存储器RAM组成。ROM是读出专用存储器，存储内容一次写

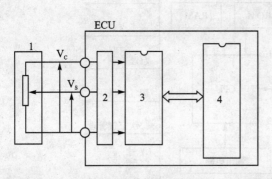

图14.1.5 空气流量传感器模拟信号转换处理示意图
1—空气流量计;2—输入回路;3—A/D转换器;4—微计算机

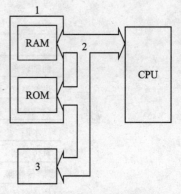

图14.1.6 微型电子计算机的构成
1—存储器;2—信息输送通路;3—输入/输出装置

入后就不能改变,但可以调出使用,其存储内容即使切断电源也不丢失,适用于对各种程序和数据的长期保存。随机存储器RAM既能读出也能写入数据,但电源切断,存储的数据就丢失,故只适用于暂时保留过程中的处理数据。输入/输出装置的功能是根据CPU的命令,在外部传感器和执行器之间执行数据传送任务,一般称之为I/O接口。输出回路的功用是将微计算机输出的数字信号转换成可以驱动执行元件的输出信号(由于由微计算机输出的是电压很低的数字信号,用它一般是不能直接驱动执行元件的)。输出回路多采用大功率三极管,由微计算机输出的信号控制其导通和截止,从而控制执行元件的搭铁回路,如图14.1.8所示。

执行器受ECU控制,执行某项具体控制功能。通常由ECU控制执行器电磁线圈的搭铁回路,或由ECU控制某些电子控制电路,如电子点火控制器等。

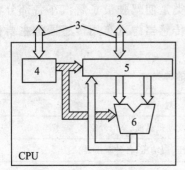

1—控制信号;2—数据;3—信息传送通道;
4—控制器;5—寄存器;6—运算器

图14.1.7 CPU的组成

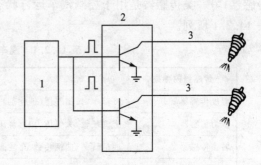

1—微计算机;2—输出回路;3—喷油器

图14.1.8 输出回路

典型发动机电子控制系统框图如图14.1.9所示。电控单元ECU接收空气流量传感器、转速传感器、曲轴位置传感器、进气温度传感器、大气压力传感器、氧传感器、节气门位置传感器、爆震传感器等的输出信号,进过计算、对比、分析输出控制信号,控制喷油器、点火器、怠速调节阀、废气再循环阀等执行器工作,从而实现发动机的电子控制。

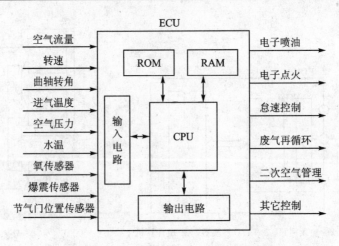

图 14.1.9　发动机电子控制系统框图

14.2　汽车用传感器的分类、性能及特点

汽车行业是当前传感器的最大用户。据统计,在1986年,西欧传感器市场上,汽车用传感器占33%,而在美国约使用了1.1亿个汽车用传感器,其中发动机用传感器约6 000万个。随着汽车电子控制技术的发展,汽车用传感器将大幅度地增加,遍布汽车的各个部位。因此,汽车用传感器已经成为传感器技术领域的一个重要分支。

14.2.1　汽车传感器的组成与分类

汽车用传感器按照其功能大致可以分为两大类:一类是使驾驶员了解汽车各部分状态的传感器;另一类传感器是用于控制汽车运行状态的控制传感器。汽车用传感器的主要种类如表14.2.1所列。

表 14.2.1　汽车用传感器的种类

传感器的种类	检 测 对 象
温度传感器	冷却水、排出气体(催化剂)、吸入空气、发动机机油、室内外空气
压力传感器	进气歧管、大气压力、燃烧压、发动机油压、制动压、各种泵压、轮胎压
转速传感器	曲柄转角、曲柄转数、车轮速度
速度、加速度传感器	车速、加速度
流量传感器	吸入空气流量、燃料流量、排气再循环量、二次空气量、冷媒流量
液量传感器	燃料、冷却水、电解液、洗窗器液、机油、制动液
位移方位传感器	节气门开度、排气再循环阀开量、车高(悬梁、位移)、行驶距离、行驶方位
排出气体浓度传感器	O_2、CO_2、NO_x、HC 化合物、柴油烟度
其它传感器	转矩、爆震、燃料酒精成分、湿度、玻璃结露、鉴别饮酒、睡眠状态、蓄电池电压、蓄电池容量、灯泡断线、荷重、冲击物、轮胎失效率

14.2.2 汽车用传感器的性能与要求

传感器的性能指标包括精度、响应特性、可靠性、耐久性、结构是否紧凑、适应性、输出电平等。对汽车用传感器的要求如下。

1) 较好的环境适应性。因为汽车是在环境温度变化范围较宽(-40~800 ℃)、道路表面优劣程度相差很大,烈日、暴雨或温度悬殊的情况下工作的,因此要求传感器耐震、耐水、耐温。

2) 批量生产性。由于汽车是批量生产的,在每台车上都要装同一种传感器,所以要求汽车用传感器要大批量生产。

3) 可靠性。同一般传感器一样,汽车用传感器的可靠性应是最重要的,并且稳定性要好。

4) 尽可能小型、轻量、便于安装。

5) 符合有关标准的要求。

6) 对线性特性要求不严,因为即使线性特性不良,只要再现性好,通过微计算机也能修正计算。

7) 传感器的数量不受限制。汽车电子控制系统能把传感器信号完全变成电信号,无论数量怎样多,也能轻易处理。事实上,随着微型计算机在汽车上的应用,传感器的数量不断增加,只要把各种传感器的信号送入微计算机处理,就可以实现汽车的高精度控制。

表 14.2.2 列出了主要的汽车用传感器的测量范围和精度。

表 14.2.2 汽车用传感器的测量范围和精度

测定项目	测定范围	精度要求/%
进气歧管压力/kPa	10~100	2
空气流量/(kg·h^{-1})	6~600	2
温度/℃	-50~150	2.5
曲轴转角/(°)	10~360	0.5
燃油流量/(L·h^{-1})	0~110	1

汽车电子控制系统用传感器是在发动机产生的热、振动、汽油蒸气以及轮胎产生的污泥和飞溅的水花等恶劣环境条件下工作的。表 14.2.3 列出了汽车发动机控制用传感器工作的环境条件。因此,汽车用传感器与一般传感器相比,其耐恶劣环境的技术指标要求较高。汽车发动机控制用传感器的技术指标见表 14.2.4。

表 14.2.3 发动机控制用传感器的工作环境条件

传感器	环境条件	传感器	环境条件
振动	50~2 000 Hz,三轴方向,无共振	保存温度	-40~150 ℃
冲击	从 0.91 m 高自由跌落,三轴方向	湿度	10~100 %,-40~120 ℃
初期温度	0~50 ℃	热冲击	-40~120 ℃,每点 30 min,800 次循环
工作温度	-40~120 ℃	其它	应承受盐雾腐蚀、油和污染溶液的侵入

表 14.2.4　发动机控制用传感器的技术指标

传感器名称	满度值	量程或安全化	输出/V	准确度	响应时间	分辨率	可靠性
曲轴位置	360°	脉冲最小	0.25	±0.5°	3 s	±0.1°	0.999 (4000 h)
压力	106.66 kPa	4:1	0～5	40 kPa时，±0.4 Pa	10 ms	±13.332 Pa	0.997 (2000 h)
空气流量	236 L/min	30:1	脉冲重复频率,周期0～5	7.08 L/min时,±1%	1 ms	数值的0.1%	0.997 (2000 h)
温度	150 ℃(max)	−50～120 ℃	0～5	±2 ℃	10 s(冷却水) 1 s(空气)	±0.5 ℃	0.997 (4000 h)
氧分压	1.066 kPa	0～1.066 kPa	0～1	133.322 Pa时，±13.3 Pa	10 ms	±66.66 kPa	0.999 (2000 h)
燃料流量	33.6 mL/min	30:1	脉冲重复频率,周期0～5	1.12 mL/min时,±1%	1 s	数值的0.1%	0.997 (2000 h)
节气门角度	——	90°	0～5	±1°	——	0.1°	0.997 (4000 h)

14.2.3　汽车用传感器的特点

1. 温度传感器

为了弄清发动机的热状态、计算进气的质量流量以及排气净化处理,需要有能够连续、精确地测量冷却水温度、进气温度与排气温度的传感器。常用的温度传感器有绕线电阻式、热敏电阻式和热电偶式等。可用于汽车上的温度传感器的种类及特点如表14.2.5所列。

2. 压力传感器

用来检测进气歧管负压、大气压、涡轮发动机的升压比、气缸内压,发动机油压等。可用于汽车上的各种压力传感器的特点如表14.2.6所列。

3. 流量传感器

电控汽油喷射发动机通常采用调节供油量与充气量相匹配的方式调节空燃比。因此,测定进气流量是控制空燃比的基础。燃料流量的测定亦是如此。表14.2.7列出了可用于汽车上的流量传感器的类型及特点。

表 14.2.5 各种温度传感器的特点

传感器名称	特 点
绕线电阻式温度传感器	误差小于 1‰,响应特性差,响应时间约为 15 s,可用于测量冷却水温度和进气温度
热敏电阻式温度传感器	灵敏度高,但线性差。使用温度一般限于 300 ℃以内,响应特性比绕线电阻式温度传感器优良,广泛地用于检测冷却水和进气温度
扩散电阻式温度传感器	在硅半导体上形成电阻电极,当电极上口有电压时,产生的扩散电阻随温度的变化而变化,可制成成本低、各项性能优良的温度传感器。树脂型扩散电阻式温度传感器的响应速度,在空气中是 5 s,温度系数为 0.007 2 ℃,比绕线电阻式温度传感器的 0.005 ℃高 22 %
半导体晶体管式温度传感器	在一定电流下,硅晶体管的基极和发射极间的偏置电压依温度而改变。根据这一原理,制成半导体晶体管式温度传感器。例如,MTS102 传感器,当温度在 -40~150 ℃的范围内变化的,其精度为±2 ℃,温度系数是 -2.25 mV/℃;带塑料外壳时,置于空气中的响应速度是 8 s,置于液体中的响应速度是 3 s
金属芯式温度传感器	利用像集成电路所采用的金属芯底板,在底板上涂敷陶瓷烧结成的多孔材料,表面形成阻值随温度变化而变化的电阻体,导热性和响应特性优良
热电偶式温度传感器	把两种不同的导体连在一起,再接上电流表,当其测温点加热时,电路中就有电流产生,电流值随温度变化而变化(在一定范围内),可测量 -180~2 800 ℃的温度,在发动机排气系统中用于测定排气温度

表 14.2.6 各种压力传感器的特点

传感器名称	特 点
LVDT(差动变压器式压力传感器)	有较大的输出,易于获得数字信号输出,其抗振性和紧凑性较差
电容式压力传感器	输入能量低,动态响应好,环境适应性好
扩散硅压力传感器	体积小、质量小、功耗低,适于批量生产,但受温度变化的影响大,需要设置适当的温度补偿电路
SAW(声表面波)式压力传感器	体积小、质量小、功耗低、灵敏度高、分辨率高、数字量输出,受温度变化的影响较大

表 14.2.7 各种流量传感器的特性

传感器类型	直接测量对象	输出信号类型	应用特点
卡门涡街式	流速	频率	不适于急变流量
涡轮式	流速	频率	不适于急变流量
离子偏流式	质量流量	直流电压或电流	需要高压电
叶片式	体积流量	电压	响应特性差
超声波式	流速	直流电压或频率	适于中等流量的测量
热线式热膜式	质量流量	直流电压	弱小易损
水车式	流速	频率	适用于油耗测量
循环球式	流速	频率	适用于油耗测量

4. 曲轴位置、转速传感器

曲轴位置是进行空燃比、点火时刻、怠速转速和排气再循环等项控制所必须的参数。曲轴位置、转速传感器的种类与特性如表 14.2.8 所列。

5. 氧传感器

在使用三元催化转换器时,氧传感器是不可缺少的部件。在排气管中插入氧传感器,根据排气中的氧浓度,向供油装置发出负反馈信号,以控制空燃比使其接近于理论值。氧传感器中,最常用的有氧化铬固体电解质式传感器和二氧化钛式氧传感器。

6. 爆震传感器

在即将发生爆震而又没有发生明显爆震时,燃烧速度最快,发动机动力性能最好,因此控制发动机爆震是必要的。在点火提前角控制中采用爆震传感器作为反馈控制信号。爆震的检测方法有:气缸压力、发动机机体振动和燃烧噪声等等。其中气缸压力的检测方法,其精度最佳,但存在着传感器的耐久性和难以安装的问题。燃烧噪声的检测法,由于是非接触式,其耐久性好,但精度和灵敏度偏低。现在最实用的办法是用发动机机体振动的检测法。

7. 其它控制用传感器

其它控制用传感器,其耐恶劣环境的技术要求不如发动机控制用传感器苛刻,因此只要将工业控制领域里用的传感器稍加改进,即可使用。其它控制用传感器及使用目的如表 14.2.8 所列。

表 14.2.8 其它控制用汽车传感器

传感器	用 途
对地速度传感器、车轮转数传感器	防制动器打滑
车速传感器、油压传感器	用于液压转向装置
车速传感器、加速踏板位置传感器	用于速度自动控制系统
超声波传感器,图像传感器	用于死角报警
光传感器	用于亮度自动控制
车速传感器	用于自动门锁系统
磁传感器、气流速度传感器	用于电子式驾驶
室内温度传感器、吸气温度传感器、风量传感器、日照传感器、湿度传感器	用于自动空调
方位传感器、车速传感器	用于导向行驶系统
方向传感器、行驶距离传感器	用于慢速行驶系统

汽车各种系统中采用的传感器的种类及使用目的如表 14.2.9 所列。

表 14.2.9 汽车各系统用传感器的种类及使用目的

系　统	传感器	使用目的
发动机	进气压力(或进气流量)、空燃比、曲轴角度(位置)、爆震、发动机转速、进气温度、冷却水温阀、冷却水负压阀、冷却水温度、冷启动喷油温度时间开关、节气门开度、氧传感器	燃油喷射、废气再循环控制率、点火时间的程序控制、冷却水温稳定、急速转速的稳定控制、空燃比修正反馈控制、爆震区控制、冷启动喷油器喷油量控制、断油控制
自动变速器	变速器位置开关、节气门位置、车速	换档控制
车身行驶	车速、车轮速度、车高、结露开关、车外开关、车内开关、车外温度、车内温度、日照量、湿度、冷却水温开关、冷媒压力开关、冷媒流量	恒速行驶(巡航)控制、车高稳定控制、防抱制动控制、防车窗结露、变速自动锁止控制、悬架系统控制、自动空调、前照灯控制、防眩目后视镜、雨滴检测刮水器
显示诊断	发动机转速、车速、燃油剩余量、冷却水温、油压、方位行车距离、进气压力、燃油流量、排气温度开关、燃油剩余量开关、冷却水量开关、制动液量开关、洗涤剂量开关、蓄电池液位开关、门开关、座位安全带开关、行李箱盖开关、油温开关	车速、里程表、燃油剩余量，冷却水温、耗油量、进气压力、行车路线、机油油压、燃油剩余量、高速区、排气温度报警区、冷却水位、制动液位、风窗洗涤剂液位、蓄电池液位

14.3 汽车用传感器的发展趋势

　　传感器技术的发展趋势是实现多功能化、集成化和智能化。多功能是指一个传感器能检测两个或两个以上物理参数或化学参数。集成化是直接利用半导体特性制成单片集成电路传感器或是将分立的小型传感器制作在硅片上，如集成温度、湿度、压力传感器以及霍耳电路等。智能化是指传感器与大规模集成电路结合。这种带有专用微型计算机的传感器具有智能作用。

　　开发汽车用传感器有两种趋势：一是按照汽车的设计更新传感器结构；二是开发新工作原理的传感器，用来满足更新换代的需要。

　　汽车传感器的发展趋向表现在以下几个方面。

14.3.1 光纤传感器受到人们的重视

　　光纤通信的特征是没有电磁感应的干扰，质量轻，能实现多种通信，耐环境性好，传递损失少。一部分汽车上已经采用了光纤通信。由光纤和激光器组合而成的光纤传感器，是测定温度、压力等的高精度传感器。其作用原理是：光波束在光纤中传播，把光纤作为敏感元件，直接和待测物相互作用，使在光纤中传播的光波束受到调制，变成调制信号，再通过光探测器产生与待测量相应的电信号，形成一个包含三个单元的传感器系统，如图 14.3.1 所示。待测量(如压力、温度)和光纤相互作用，引起光纤性能变化，如压力引起光纤变形(长度、截面变化)、温度引起光纤折射变化。但光纤长度变化并不能输入探测器而变成电量，而是通过在光纤中传输的光束。由于光纤长度、折射率变化而使光束参量,如强度或相位发生变化。光的强度变化可输入到光探测器而变换为电信号,这一过程称为传感过程。光探测器始终承担着变换元件的角色。如果光束中载有信息的参量是相位,就不能直接被光探测器转换为电信号,而必须加一级光相位探测器(一般使用干涉仪光路),将光束的相位变化转换成光探测器可接受的干涉条纹的强度变化。将敏感单元的检测量转换为光探测器可接受的光学强度变化量的单元称为传感单元。

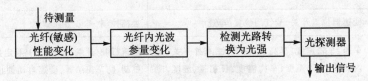

图 14.3.1 光纤传感器原理框图(新)

利用光纤研制光纤传感器始于1977年。光纤传感器发展十分迅速,具有其它传感器不可媲美的许多优点。光纤传感器的特点是:

1) 灵敏度高;
2) 体积小、质量轻,随意性好,可弯曲,脆,易损;
3) 绝缘性好、频带宽、无寄生效应、无电磁干扰;
4) 化学稳定性好,防腐蚀、防火、防水、防霉;
5) 可传输光能和图像、低损耗、波谱宽。

目前,国际市场上较为成熟的光纤传感器有温度、振动、压力、位移、电场、磁场、电流、液位、流量、旋转、幅射、惯性、陀螺等上百种。显然,光纤传感器广泛应用于汽车只是个时间问题。图14.3.2所示为已应用在汽车上的光纤光学扭矩传感器的结构。

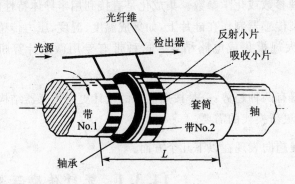

图 14.3.2 光学式扭矩传感器的结构

14.3.2 增强车辆安全性的传感器系统

随着传感器技术和计算机技术的进步,搜索车辆后部和驾驶员视野盲区障碍物,保持本车与前面车辆间距的技术已取得进步。未来可能采用传感器与乘员保护装置(如安全带控制、安全气囊控制系统等)联系,在碰撞不可避免时,使乘员保护装置自动提前打开,使车辆乘员得到最大的保护,从而增强车辆的安全性。

传感器系统,由测试相关目标的传感器、处理从传感器获得的信息的信息处理机、考虑系统与驾驶员之间信息交换的显示和控制装置组成。

14.3.3 汽车用传感器与微计算机接口

由图 14.3.3 可看出,数字量输出的传感器不必经放大与 A/D 转换即可直接与计算机的中央处理器(CPU)连接,但通常数字式传感器成本较高,故现在汽车上一般仍采用模拟式传感器。模拟计算机以电压和电流等模拟量进行运算,故运算精度低(约 0.1%),仅用于特殊情况,故信息处理仍采用数字式计算机。

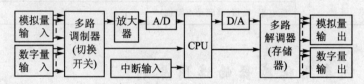

图 14.3.3 计算机与传感器的连接器

车用传感器和微型计算机一起组成电子控制系统时,模拟式传感器与数字化的中央处理器的接口是关键问题。在设计系统接口时应考虑的问题有:传感器、I/O 接口、微型计算机处的 A/D 转换问题;数字传感器、时间模拟传感器、A/D 转换器等选用哪种转换方法的问题;总同步、采样保持、缓冲存储等选用哪种子程序方法的问题。

在信号转换过程中,大多数传感器的输出信号为电压、电流、电阻等模拟量,因而在采用微型计算机时,就需要 A/D 和 D/A 转换器。VCO 和双斜式 A/D 转换器是通过计数器把模拟信号转换成时间-模拟信号的转换器。所谓时间-模拟信号是指脉冲与脉冲间的时间间隔为模拟变化的信号,其时间就代表信息。在这两种转换器中,转换时间由分辨率决定,因此,采用 8~10 位或更多位数时,转换时间增长。逐次逼进 A/D 转换器,快又准,它要求基准部分足够精确。目前,8~10 位的线性 A/D 转换器芯片容易得到。

过去习惯于把传感器信号照原样进行传输,后来对信号传输形式进行了标准化,如最近的 CAMAC 和 IEEE 并行数字总线和 ASCⅡ 串行数字总线。在汽车电子控制系统中,选择传输系统方案时,有两个制约条件:一是环境中电噪声多;二是需要较多的电缆与接头。对于前者,可用耐噪声的方法解决;对于后者,为减少电缆和接头用量,往往不用并行传输方法,而采用串行时分制系统。车辆控制的另一个特点是,设计人员可以用有限带宽的信号进行传输。表 14.3.1 列出了几种传输方法,并按耐噪声性能和接线繁简程度排列。

以前,多数电子控制系统采用模拟硬件组成的单一控制环路。控制参数通常是传感器的高电平模拟输出信息,但发动机转速和曲轴位置传感器例外。曲轴位置必须在分度盘的任何角度上准确到±1%,然而选用 9V 电源的模拟系统不能稳定地保证这一精度要求。因此,在所有电控发动机系统中,对这两个参数都采用时间-模拟信号方法(可以满足精度要求,且具有良好的抗干扰性)。

表 14.3.1　汽车用传感器信号传输方法

耐噪声性能	传感器信号	传输方式
好 ↓ 差	高电平、脉冲码、数字化	组线、时间模拟
	高电平、时间模拟	组线、串行数字
	高电平、模拟（双芯线）	单线模拟或时间模拟（底盘搭铁）
	高电平、模拟（底盘搭铁）	双芯线模拟或时间模拟
	低电平、模拟（低驱动点阻抗）	并行总线
	低电平、模拟（高驱动点阻抗）	

14.4　汽车用传感器的选用原则

汽车用传感器在选择时，应当考虑的原则有许多。主要有传感器的量程、灵敏度、分辨力、灵敏度、重复性、线性度、动态响应、过载以及传感器的可靠性与可维修性等。

传感器的过载能力表示传感器允许承受的最大输入量（被测量）。在这个输入量作用下传感器的各项指标，应保证不超过其规定的公差范围。一般用允许超过测量上限（或下限）的被测量值与量程的百分比表示。选择时，只要实际应用工况的过载量不大于传感器说明书上所规定的值即可。

可靠度的含义是在规定的环境条件、维护条件和使用条件下，传感器正常工作的可能性（概率）。例如，某一压力传感器的可靠度为 0.997（2 000 h）。它是指该压力传感器在符合规定的条件下，工作 2 000 h，它的正常工作的可能性（概率）为 0.997。在选择传感器时，工作时间长短及其概率两指标都要符合要求，才能保证汽车整个系统的可靠度指标。

思考题与习题

14.1　简述汽车用传感器在汽车技术的发展中的作用。

14.2　解释 ABS，SRS，CCS，ASR，TC，ESP，EBD 等的物理意义。

14.3　简述最佳空燃比控制的物理意义，实现这一技术需要哪些基本传感器？各自的作用是什么？

14.4　简要说明安全气囊系统的工作过程。

14.5　图 14.1.2 所示的电控汽油喷射系统的主要控制中，采用了哪些传感器？各自的作用是什么？

14.6　简述汽车用传感器性能要求的特点。

14.7　汽车用传感器输出信号有哪几种？并说明它们各自的传输方式。

14.8　简述汽车用传感器的发展趋势。

第 15 章 空气监测

近年来,随着生活水平的逐步提高,人们对环境保护的必要性和重要性的认识日益增强。环境监测是环保的必要手段。本章重点讨论空气污染与监测问题。

15.1 大气和空气污染

15.1.1 大气和空气污染的基本概念

1. 大 气

大气是指包围在地球外面的厚厚的空气层,是环境介质的组成部分之一,是人类和动植物摄取氧气的源泉,是植物所需二氧化碳的贮存库,也是环境中能量传递的重要环节。空气层又称大气层,一般指由地表至 10 000 km 左右的高空所围绕的一层空气。它是由干洁空气、水蒸气和各种固体杂质三部分组成的混合物。干洁空气的组成是基本不变的,如表 15.1.1 所示。

表 15.1.1 海平面上干燥清洁空气的组成

成 分	相对分子质量	体积分数/%	成 分	相对分子质量	体积分数/%
氮(N_2)	28.01	78.09	氪(Kr)	83.80	1×10^{-4}
氧(O_2)	32.00	20.94	氢(H_2)	2.02	0.5×10^{-4}
氩(Ar)	39.94	0.934	一氧化碳(CO)	28.01	0.11×10^{-4}
二氧化碳(CO_2)	44.01	0.032	一氧化二氮(N_2O)	44.02	0.25×10^{-4}
氖(Ne)	20.18	18×10^{-4}	氙(Xe)	131.30	0.08×10^{-4}
氦(He)	4.003	5.2×10^{-4}	臭氧(O_3)	48.00	0.02×10^{-4}
甲烷(CH_4)	16.04	1.5×10^{-4}	氨(NH_3)	17.03	0.01×10^{-4}

水蒸气的含量是因时因地而变化的,在干旱地区可低至 0.02 %,而在温暖湿润气候下可达 6 %。各种杂质(如粉尘、烟、有害气体等),则因自然过程或人类活动的影响,无论种类还是含量,变动都很大,甚至导致空气污染。空气污染特指发生在离地面 1 km 内的大气圈里,即边界层里。

2. 空气污染

随着工农业及交通运输业的不断发展,产生了大量的有害有毒物质逸散到空气中,使空气增加了多种新的成分。当其达到一定浓度并持续一定时间时,就破坏了空气正常组成的物理化学和生态的平衡体系,而影响工农业生产,对人体、生物体以及物品、材料等产生不利影响和危害,即造成空气污染。

根据国际标准化组织(ISO)作出的定义:空气污染通常系指由于人类活动和自然过程引

起某种物质进入空气中,达到一定浓度和足够的时间时,并因此而危害了人体健康、舒适感和环境。

监测空气污染是环境保护工作的重要内容。它可以获得有害物质的来源、分布、数量、动向、转化及消长规律等,为消除危害、改善环境和保护人民健康提供资料。

目前,空气监测的主要对象是有害有毒的化学物质及有关的气象因素。

3. 空气监测的任务

空气监测的主要工作任务分为以下几方面。

(1) 污染源监测

如对烟囱、汽车尾气的检测,目的是了解这些污染源所排出的有害物质是否符合现行国家规定的排放标准,分析它们对空气污染的影响,以便对其加以限制。同时,还对现有净化装置的性能进行评价,确定在排放时失散的材料或产品所造成的经济损失。通过长时间定期或连续监测积累数据,为进一步修订和充实排放标准及制定环境保护法规提供科学依据。

(2) 空气污染监测

监测对象不是污染源而是整个空气中的污染物质。目的是了解和掌握环境污染的状况,进行空气污染质量评价,并提出警戒限值。通过长期监测,为制订和修订空气环境质量标准及其它环境保护法规积累资料,为预测预报创造条件。另外,研究有害物质在空气中的变化,如二次污染物的形成(光化学反应等)以及某些空气污染的理论,制定城市规划、防护距离等,均需要以监测资料为依据。

在进行空气污染各项监测时,一个重要的问题是如何取得能反映实际情况,并有代表性的测量结果。因此,需要对采样点的布设、采样时间和频度、气象观测、地理特点、工业布局、采样方法、测试方法和仪器等进行综合考虑。

通过空气监测获得了大量的监测数据后,需要研究如何运用这些监测数据去描述和表征空气环境质量的状况、趋势动态,并预测环境质量的变化趋势。

因为影响空气环境质量的因素很多,除污染源排出的污染物种类不同、强度有异外,能否造成空气污染,就决定于不同地区的各种气象条件,这是空气监测工作的主要特点。这样,空气监测工作就要在一个大范围内,长时间地收集资料数据,才能真实地反映当地空气环境质量。因此,不仅在采样方法、分析测量方法等技术方面需要保证数据的准确可靠,还要保证在时间、空间分布方面的数据具有代表性。

随着科学技术的发展,连续自动监测技术已应用于空气监测,这样能够更有效地反映空气环境质量的动态变化。

15.1.2 空气污染物的种类和存在状态

1. 种类和存在状态

污染物在空气中的存在状态,直接关系到监测项目、采样手段以及分析方法的选择等。一般地,存在于空气中的污染物大致可分为气态和气溶胶两大类。

(1) 气态和蒸气态

气态,是指某些污染物质,在常温常压下以气体形式分散于大气中。常见的气态污染物有:二氧化硫、一氧化碳、氮氧化物、氯气、氯化氢、臭氧等。

蒸气态,是指某些污染物质,在常温常压下是液体或固体(如苯、丙烯醛、汞是液体,酚是固体),只是由于它们的沸点或熔点较低,较易发挥,因而以蒸气态挥发到空气中。

显然,气态和蒸气态没有本质的区别。气态或蒸气态分子,它们的运动速度都较大,扩散性强,且能在空气中均匀分布。扩散情况与其相对密度有关,相对密度小的向上飘浮,相对密度大的(如汞蒸气)向下沉降。它们受温度和气流的影响,随气流以相等的速度扩散,故空气中许多气体污染物都能扩散到很远的地方。

(2) 气溶胶

气溶胶系指沉降速度可以忽略的固体粒子、液体粒子或固体和液体粒子在气体介质中的悬浮体。常见的气溶胶有如下几种。

降尘:一般系指粒径大于 10 μm 的较大尘粒,在空气中,由于重力作用,在较短时间内沉降到地面的粒子。在静止的空气中,10 μm 以下的尘粒也能沉降。

可吸入颗粒物:系指能长期飘浮在空气中的气溶胶粒子,其粒径小于 10 μm。

总悬浮颗粒物:一般指粒径小于 100 μm 的颗粒物。

从气溶胶对环境污染及人体健康的危害来看,尘粒的粒径在 10 μm 以上的降尘,由于它因重力引起的沉降作用很快从空气中降落下来,故对人体健康的危害较小。粒径在 10 μm 以下的可吸入颗粒物,可长期飘浮在空气中,特别是 2 μm 以下的尘粒,更易沉降在呼吸道和深部肺泡内,危害甚大。这就是在空气监测时选择可吸入颗粒物作为主要监测项目之一的原因。

2. 浓度表示方法及换算

单位体积空气样品中所含有污染物的量,就称为该污染物在空气中的浓度。大气污染的浓度表示方法主要有质量浓度。

以单位体积空气中所含污染物的质量数来表示,常用的有 mg/m³ 和 μg/m³。

考虑到实际采样时环境温度和大气压力都是变化的,为了具有可比性,应将采样体积换算成标准状况或参比状况下的体积。

根据理想气体状态方程,在标准状况(0 ℃,101 325 Pa)下:

$$V_0 = V_t \times \frac{273 \text{ ℃}}{273 \text{ ℃} + t} \times \frac{p}{101\ 325 \text{ Pa}} \tag{15.1.1}$$

在参比状况(25 ℃,101 325 Pa)下

$$V_r = V_t \times \frac{(273 + 25) \text{ ℃}}{273 \text{ ℃} + t} \times \frac{p}{101\ 325 \text{ Pa}} \tag{15.1.2}$$

式中 V_0——标准状况下采样体积(m³);

V_r——参比状况下采样体积(m³);

V_t——在温度为 t(℃),大气压力为 p(Pa)时的采样体积(m³);

t——采样现场的温度(℃);

p——采样现场的大气压力(Pa)。

15.1.3 主要空气污染源及污染物

1. 空气污染物的来源

根据污染物产生的原因,空气污染物一般可分为天然空气污染源和人为空气污染源。

(1) 天然空气污染源

造成空气污染的自然发生源,如火山爆发排出的火山灰、二氧化硫、硫化氢等;森林火灾、海啸、植物腐烂、天然气、土壤和岩石的风化以及大气圈中空气运动等自然现象所引起的空气污染。一般说来,天然污染源能造成的大气污染只占空气污染的很小一部分。因此,我们主要研究人为因素所引起的空气污染问题。

(2) 人为空气污染源

造成空气污染的人为发生源,如资源和能源的开发(包括核工业)、燃料的燃烧以及向大气释放出污染物的各种生产设施等,有工业污染源、农业污染源、交通运输污染源及生活污染源。

2. 空气中主要污染物

空气中主要污染物是指对人类生存环境威胁较大的污染物:总悬浮颗粒物(粒径 $<100\ \mu m$)、可吸入颗粒物(粒径 $<10\ \mu m$)、二氧化硫(SO_2)、氮氧化物(NO_x)、一氧化碳(CO)和光化学氧化剂(O_3)等 6 种。对于局部地区,也有由特定污染源排放的其它危害较重的污染物,如碳氢化合物、氟化物以及危险的空气污染物,如石棉尘、金属铍、汞、多环芳烃,特别是具有强致癌作用的 3,4-苯并芘等。

15.2 空气污染监测方案的制订

在进行空气监测时,要考虑各种因素和条件,如污染源强度、气象条件、地理环境、工业区域特点等。要实行合理布设采样点和确定采样的时间、频率,选择合适的监测方法,以获得有代表性的样品。因此,须制订空气污染监测的方案。

15.2.1 空气监测规划与网络设计

1. 空气监测规划

空气监测规划的任务是确定监侧目的、监测对象和设计监测程序及选择监测技术。

(1) 监测目的

监测目的按监测覆盖的地理区域位置及其功能不同可以分为两类。城市和工业区域空气质量监测与乡村和边远地区空气质量监测。

城市和工业区的特点是人口和工业比较集中、交通繁忙。在这类地区监测目的一般有以下几个方面。

1) 空气污染长期趋势监测和背景监测。①工业区是在发展的城市的居住区、商业和文教区,是在扩大的。这类监测目的是了解污染的现状和趋势,主要是获取一段时间区间内的空气污染物的平均值。②背景监测作为污染监测的对照,常选择远离城区和工业区的主导风向上风向地区。

2) 判断空气质量是否符合标准,评价本市污染控制方案的有效性,可称为超标监测。主要是获取空气质量是否超标的信息,即一段时间内可能出现的高浓度污染物数据。

以上 2 类属于常规监测的范围。

3) 污染事故的预报监测。为了进行空气质量预报监测,必须研究出空气污染物浓度与气象参数之间关系的数学模型,根据模型进行预报,防止污染事故的发生。

4) 污染事故的调查与仲裁。对居民受到空气污染损害提出的申诉进行调查,和对不同调查结论进行仲裁。重点是监测局部污染散发出的污染物。

5) 进行初步评价的调查。在过去未进行监测的地区,或出现新污染源的区域,进行探索性监测,以了解污染的类型、变化趋向,为建立正式监测网、点做准备。

6) 验证和建立污染物迁移、转化模型的监测。这类监测除了为地区性扩散、转化模型提供数据外,还为大范围、跨地区的扩散、转化模型提供数据。

7) 研究空气污染物剂量与效应的关系。剂量和效应是指人群、生物和各种材料暴露在一定浓度的空气污染环境中,在一段时间内产生的影响。它包括以下几点:①对人群健康的长期与短期影响;②在一段时间内植物受到的影响;③各种材料,如金属零部件、金属涂层、建筑物的腐蚀和保护情况。

以上 3)~7)属于研究性和特种目的监测。

由于乡村和边远地区空气受污染影响小,因此这些地区的空气质量监测除了包含城市地区的各项监测项目外,还有以下一些目的。

1) 研究污染物跨越城市、省界和国界的长距离迁移及输运规律。

2) 掌握城市和区域空气质量背景值,用乡村空气质量数据补充城市空气监测结果。其目的是:验证各种污染模型时,将监测取得的城市空气中污染物浓度与背景浓度作比较,确定城市污染源对当地空气质量的影响;把城市空气质量和乡村进行比较,使市民对本市空气状况有了解。

(2) 监测对象

空气环境监测的对象包括监测的空间和时间范围内空气中的主要污染物和有关的气象参数。

1) 空气监测的主要污染物和气象参数

空气的主要污染物有可吸入颗粒物、降尘、二氧化硫、一氧化碳、氮氧化物和氧化剂等。随着一个区域内工业生产的类型和污染源情况的变化,会增加很多新的污染物。与污染物扩散和转化有关的气象参数有风速、风向、气温、气压、湿度和稳定度等。

我国目前统一要求的空气监测项目有二氧化硫、氮氧化物、总悬浮颗粒物(粒径在 $100~\mu m$ 以下的液体或固体微粒)及可吸入颗粒物(粒径在 $10~\mu m$ 以下的颗粒)等 4 个项目。另外,各地根据具体情况,增加各种必测项目,例如一氧化碳、总氧化剂、硫化氢、氟化物;总烃、苯并[α]芘及重金属等项目。

2) 选择待测污染物的种类

选择本地区应该监测的污染物种类,常有 2 种方式。

第一种方式是从已认识到的,几乎在整个区域中均以不同数量存在的,最常见的空气污染物着手。一般先监测 TSP 和二氧化硫;如果当地交通繁忙,汽车尾气污染显著,也可再增加一氧化碳和氮氧化物 2 个指标。

第二种方式是依据污染源排放调查的结果,首先选择对人群健康和环境危害大的污染物。在选择污染物时,可采用上述两种方式中的一种。但是,在大多数情况下,都是把这2种方式综合起来进行选择。

3) 监测范围的选择和确定

由于空气污染物能扩散到很远距离,尤其是在高空排放时,污染物的影响能达到距排出口很远的地方。空气污染物在空间的输运转化,引起浓度变化,按监测目的对象不同,可以选择不同尺度的监测范围,详见表15.2.1所列。

一般污染源和建设项目环境影响监测范围取小尺度和区尺度。对城市来说,在大多数情况下,监测范围覆盖整个城市。

为了全面研究空气污染状况,也需要和城市区域的邻近地区在监测工作中进行合作。

表 15.2.1 不同尺度的监测范围

尺　度	监测范围/km
小尺度	0～1.0
区尺度	1～10
城市(中)尺度	10～100
大尺度	100～1 000
大陆、半球和全球尺度	>1 000

在确定监测区域时,地形等方面的某些特征是重要的。例如,山脉和巨大的水体可以成为监测区域的边缘。在对某单个污染源设立监测点,以提供该污染源周围空气中的污染物质的浓度时,监测区域的选择主要取决于排放烟囱的高度、地形和气象条件。

(3) 监测活动的程序和技术

空气监测的程序是首先确定技术方案,即是采用人工采样、自动监测,还是遥感遥测系统,或者是三者综合的系统。与此同时进行监测网设计。第二步是确定用什么采样技术、采样仪器和设备以及实验室分析技术。第三步是决定数据整理、分析方案,是人工还是计算机。第四步是研究监测数据的处理,监测成果的解释和表达方法。第五步是全面设计和布置全部监测活动的质量保证系统和质量控制技术。第六步是研究信息的反馈。

2. 空气监测网的设计

空气监测网的设计包括监测站(点)数目的确定;站(点)位的布置以及监测频率和时间的选择。

(1) 确定监测站(点)的数目

采样站(点)的数目决定于以下几个因素:①监测网设计的目的以及需监测的项目;②监测网所包括区域的大小、人口多少、经济水平和污染源分布;③污染程度及污染物浓度变化的范围;④所需提供的数据(这与监测目的有关);⑤所具备的财力、人力、物力条件。

确定采样站(点)的数目,应使其监测结果尽可能反映该城市(或区域)的实际污染情况。确定监测网中站(点)数目有以下方法。

经验法

城市空气监测站(点)数目与覆盖的人口数是关联的。我国主要监测二氧化硫、氮氧化物、飘尘等项目。站(点)数目的参考规定,见表15.2.2所列。

除表15.2.2所提出的监测站(点)数以外,同时还应在该区域主导风向的上风侧设立清洁对照站1～2个。

对于降尘的监测站(点)的数目,根据实际情况应多于二氧化硫、氮氧化物、飘尘等项目规定的监测站(点)的数目。同时,根据城市工业化程度、燃料和交通运输等具体情况,应当增加或减少某些项目的监测站(点)数量。在其它监测目的时,特别是与流行病学调查要求有关时,采样站(点)的数目一般应增加。

世界卫生组织(WHO)1976年建议的城市地区空气质量趋势监测站数目的确定,可参考表15.2.3所列。

表15.2.2 城市空气监测站(点)数目表

人口数/万	监测站(点)数/个
<10	≥3
10~50	4~8
50~100	8~11
100~500	12~20
500~1 000	20~25

1) 在高度工业化的城市,悬浮颗粒物和 SO_2 的监测站数目应增加。
2) 在大量使用重燃料油的地区, SO_2 监测站数应增加。
3) 在重燃料油使用不很多的地区, SO_2 监测站数可以减少。
4) 在地形不规则的地区,可能有必要增加监测站的数量。
5) 在交通格外繁忙的城市中, NO_x、氧化剂和 CO 监测站的数目可能要加倍。
6) 在拥有 400 万人口以上,但交通流量相对较小的城市里, NO_x、氧化剂和 CO 的监测站可以减少。

表15.2.3 大城市地区空气质量趋势监测站(点)数的建议值

城市人口/百万	每种污染物的监测站平均站数					
	总悬浮颗粒物	SO_2	NO_2	氧化剂	CO	风速及风向
<1.0	2	2	1	1	1	1
1.0~4.0	5	5	2	2	2	2
4.0~8.0	8	8	4	3	4	2
>8.0	10	10	5	4	5	3

注:表列数值在不同条件下需作适当修正。

采样点布设的一般方法

1) 扇形布点法。在孤立源(高架点源)的情况下宜使用此法。布点时,以点源所在位置顶点,以烟云流动方向(决定于主导风向)为轴线,在烟云下风方向的地平面上,划出一个扇形地区作为布点范围。扇形的角度一般为 45°,也可取得大一些,如 60°,但不超过 90°。平原开阔地带扇形角度可大些,山区、丘陵地区扇形角可小些;大气如不稳定,扇形角可大些;大气为稳定时,扇形角小些。采样点就设在扇形平面内距点源不同距离的若干条弧线上(见图15.2.1),每条弧线上设三四个采样点,相邻两采样点之间的夹角一般取 10°~20°。

采用这种方法布点时,最好先用高架点源模型对浓度分布作一定预测,还要注意高架源的特殊性。因为不计"背景"值时,烟囱脚下污染物浓度为零,随距离增加很快出现浓度最大值。以后则按指数规律下降。因此上述弧线不宜等距离划分,而是靠近最大浓度值的地方密一些,以免漏测最大浓度位置,远处则疏一些,可减少不必要的工作量。

2) 放射式(同心圆)布点法。这种布点方法,主要用于多个污染源(污染群),且重大污染源较集中的情况下。

布点时，先找出污染群的中心，以此为圆心在地面上划若干个同心圆，再从圆心向周围引出若干条放射线。原则上，放射线与圆的交点就是采样点的位置（见图15.2.2）。例如，同心圆的半径分别为 4 km,10 km,20 km 及 40 km。从里向外，各个圆上可分别设置 6 个、6 个、8 个、4 个采样点。当然，同心圆与放射线的划分要根据实际情况与要求决定，在同一个圆上的采样点可以平均分布，也可以下风方向比上风方向多一些，需根据实际情况和要求作决定。

3）网络布点法。对于多个污染源，且在污染源分布较均匀的情况下，通常采用此法布点。具体方法如下。将监测范围内的地面划分成网状方格，采样点就设在两条线的交点或方格的中心。网格的距离和采样点的数目，要根据人力、物力决定。但要注意，图15.2.2同心圆布点法若主导风向明显时，下风方向的采样点应多一些，通常约占采样点数目的 60％。

4）按功能区划分的布点法。这种方法多用于区域性常规监测。布点时，先将监测地区按工业区、居民住宅区、商业区、交通枢纽、公园等划分成若干个"功能区"，再按具体污染情况和人力、物力条件，在各功能区设置一定数量的监测点。各功能区点的数量不要求平均，一般是污染源较集中的工业区和人口较多的居住区应设较多的监测点，其它功能区则可少些。这种布点方法的特点是便于了解工业污染对其它功能区的影响。

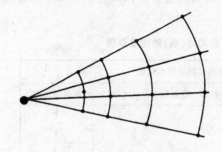

图 15.2.1　扇形布点法

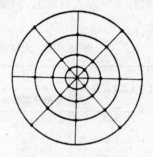

图 15.2.2　同心圆布点法

(2) 建站(点)位置的具体选择

正确地选择每个采样站(点)的位置是建立监测网的一项重要工作。如果位置选择得不好，所得出的数据价值就不大，对以后的工作就可能造成影响。

空气采样站(点)的具体位置应满足以下要求。

1）其位置应在已确定的小区域范围以内具有代表性。有代表性的采样站(点)所获得的数据能反映监测区域范围内空气污染物的浓度水平及其波动范围。一般来说，实现这一指导原则是困难的。但是，一个采样站(点)的位置是否满意，可以用该小区域内一个或几个临时采样站(点)同时进行监测来核实。

采样站(点)还应位于邻近几乎没有什么干扰的地方，即以下几点。

2）要离开污染源，其合适的距离取决于污染源的高度和排放浓度。采样站(点)距离家庭烟囱应大于 25 m，特别是当烟囱低于采样点时，更要注意距离大些。对较大的污染源其距离应当加大。

3）要远离表面有吸附能力的物体，如树叶和具有吸附能力的建筑材料。所允许的间隔距离取决于物体对有关污染物的吸附情况,通常至少应有 1 m 的距离。

4)要避开在不远的将来会有较大程度重建或改变土地使用方式的地方,特别是要作污染趋势长期观测时,更要注意这个问题。

以上 4 条要求适用于测量一般污染水平的采样站(点)。

(3) 采样站(点)应当具备的物质条件等

采样站(点)所在的地点应满足下列一项或几项要求(依所用仪器类型而定):①可长期使用;②最好在全年内每天 24 h 都可使用;③有足够的电力供应;④能防止被破坏;⑤有围护结构防护,不受严寒酷暑温度骤升骤降的影响。

一般公共建筑物常能满足上述要求,可用来作为建立采样站(点)的地方。每一个采样站(点)位置的最后确定是权衡这些不同的要求,使之能得到最大程度满足的某种折衷的方案。

(4) 监测时间

空气污染监测应采用连续、自动记录的仪器。因此,监测网设计的任务是合理布设监测站位。

根据我国的实际情况,1986 年国家环保局颁布的空气环境监测技术规范,对监测频率和时间的规定是在我国目前条件下,一般要求每年冬季(1月)、春季(4月)、夏季(7月)、秋季(10月)的中旬,对二氧化硫、氮氧化物、总悬浮微粒(粒径在 100 μm 以下)及飘尘(粒径在 10 μm 以下)各连续采样测量 5 d,每天间隔采样不得少于 4 次。具体的时间选择,应根据本地区污染物浓度的日变化规律来确定。有条件的地方,可以增加采样次数。北方也可以在采暖期每半月采样 1 次,以较好地反映出污染水平。采样期间,如遇特殊天气情况(大雨、雪、大风等),采样时间应当顺延。

对于降尘,每月监测 1 次,每次连续 1 个月。北方采暖期可适当增加采样次数。根据国家环保总局和国家环境监测总站的有关规定:空气监测时,一定要执行在线监测,否则监测数据无效。

为了提高空气例行监测的有效性,采样间隔的时间尽可能短,我国 1988 年起开始执行的监测规范中监测时间和频率见表 15.2.4 所列。

表 15.2.4 大气污染例行监测项目的监测时间和频率

监测项目	检测时间和频率
SO_2	隔日采样,每次采样连续(24 ± 0.5) h,每月 14~16 d。每年 12 个月
NO_x	隔日采样,每次采样连续(24 ± 0.5) h,每月 14~16 d,每年 12 个月
TSP	隔双日采样,每次(24 ± 0.5) h 连续监测,每月监测 5~6 d,每年 12 个月
灰尘自然沉降量	每月(30 ± 2) d 监测,每年 12 个月监测
硫酸盐化速率	每月(30 ± 2) d 监测,每年 12 个月监测

从监测时间来看,大气污染的监测可分为以下形式。

1)定时监测。定时监测是指大气污染连续采样实验室分析法的例行监测。它的任务是对一定区域内的大气环境质量进行长期的、系统的监测。这种连续监测的时间长,测出的结果为日平均浓度,能正确反映任何一段时间(如1天、1个月或1年)的代表值,而不能反映污染物浓度随时间变化的规律。

2) 自动瞬时监测。自动瞬时监测是指利用大气环境地面自动监测系统对大气环境进行连续的监测,以获得连续的瞬时大气污染信息,为掌握大气环境污染特征及变化趋势,分析气象因素与大气污染的关系,评价环境大气质量提供基础数据。同时还可以掌握大气污染事故发生时大气污染状况及气象条件,为分析污染事故提供第一手资料。自动瞬时监测解决了定时连续采样实验室分析法缺少瞬时值的问题,但由于条件的限制,只能在个别有条件的城市建立大气地面自动监测系统。

3) 非定时监测。非定时监测是指在时间不能预先确定的情况下进行的监测。如出现大气污染事故,必须立即采样分析,以便及时寻找造成事故的原因,确定污染物危险的程度等。再如厂矿大气质量的评价也属于非定时监测。这种监测的时间是事先无法估计的。

(5) 采样频率

在确定空气监测采样频率时,应重点考虑以下两种因素。

1) 污染物质内在的变异性,如昼夜变化、周期变化和季节性变化。

2) 空气质量数据所需的精确程度与监测的目的有关。

例如,二氧化硫和飘尘的浓度有昼夜的变化波动,这与波动的污染源排出量和每日气象变化有很大关系。又如,一氧化碳的浓度昼夜变化主要受交通运输量和交通密度变化的影响。空气污染物浓度的季节性变化与污染源排出量和气象变化都有关系。在生产日和在节假日采样,对评价工业污染的影响和汽车交通运输对空气污染浓度的影响,能够提供很有用的资料。为了确定污染物浓度的波动规律,采样次数比预计的变化频率要多。如果要确定昼夜的变化规律,在1 d内进行连续测量或者在1 d中均匀分布采样时间,一般每隔1 h采样1次,这样,才能得到代表性的结果。如果要了解一周的变化规律,除了逐日进行采样外,应同时在工作日和周末假日采样。如果要计算年平均值,则全年的各种时候(如季节)都要有等量的数据。这样做是很有必要的,如果每季度所作的监测量不少于全年监测量的20%,则认为监测工作计划是平衡的。在不同采样频率条件下,监测数据平均值的正确性随着采样频率的减少而减少。

15.2.2 空气采样方法和技术

在空气污染监测中,正确有效地采集空气样品是第一步工作。它直接关系到监测结果的可靠性。空气采样方法和仪器的选择,取决于被测污染物在空气中存在的状态、浓度水平、化学性质和所用分析方法的灵敏度。

1. 空气污染物质样品的采集

采集气体样品的方法,基本分为直接采样法和浓缩采样法两大类。

(1) 直接采样法

当空气中被测污染物的浓度较高,或者所用分析方法的灵敏度较高时,直接采集少量空气样品就可以满足分析的需要。如用氢火焰离子化检测器测量空气中一氧化碳时,直接注入数毫升空气样品,就可以测出空气中一氧化碳的浓度。

用直接采样法所测得的结果是瞬时或短时间的平均浓度,且能较快地得出监测数据。常用的直接采样法主要有以下两种。

1) 塑料袋法

用一种与采集的污染物既不起化学反应,也不吸附、不渗漏的塑料袋,在现场用二联橡皮球打进空气,冲洗 2～3 次后,再充进现场空气,夹封袋口,带回实验室分析。

采用塑料袋采样时,应事先对塑料袋进行样品稳定性试验,挑选出对被测污染物有足够的稳定时间的塑料袋,以免引起较大的误差。塑料袋常用的材料有聚乙烯、聚氯乙烯和聚四氟乙烯等。有的还用金属薄膜衬里(如衬银、衬铝)以增加样品的稳定性。如聚氯乙烯袋,对一氧化碳和非甲烷碳氢化合物样品,只能放置 10～15 h,而铝膜衬里的聚酯塑料袋则以保留 100 h 而无损失。

2) 注射器采样法

在现场直接用医用 100 ml 注射器抽取空气样品,封严进样口,带回实验室分析。为避免注射器壁的吸附,在采样时,先用现场空气抽洗 2～3 次,当管壁吸附达到饱和后,再最后抽样,密封进样口,且将注射器进样口朝下,垂直放置,使注射器内压略大于空气压。另外,用注射器取样,不宜放置过久,一般当天分析完毕。

(2) 浓缩采样法

一般来说,空气中污染物的浓度是很低的(10^{-6}～10^{-9} mg/m³),目前的测量分析方法灵敏度又不高。因此,采用直接采样法是远不能满足分析要求的。还有,直接采样分析所得的结果是瞬时的浓度值,可比性差。浓缩采样法的采样时间一般都较长,所得的测量结果是在浓缩采样时间内的平均浓度,无疑更能反映人体接触的真实情况。所以,在空气污染监测工作中,一般采用浓缩采样法。

所谓浓缩采样法,就是以大量的空气通过液体吸收剂或固体吸附剂,将有害气体吸收或阻留,使原来空气中含量很低的有害气体得到浓缩(或称富集)的方法。对气体和蒸汽态的污染物,常用溶液吸收法采样;对颗粒状的污染物,常用固体吸附法采样。

当空气通过吸收液时,在气泡和液体的界面上,被测污染物分子由于溶解作用或化学反应,很快地进入吸收液中。下面介绍几种常用的吸收管,如图 15.2.3 所示。

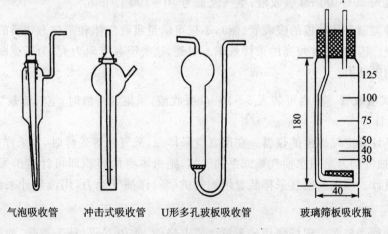

气泡吸收管　　冲击式吸收管　　U形多孔玻板吸收管　　玻璃筛板吸收瓶

图 15.2.3　常用吸收管(瓶)

简单的采样系统如图15.2.4所示。用一个气体吸收管,内装适量吸收溶液,后面接有抽气装置,以一定的抽气流量,当空气通过吸收管时,被测空气中污染物就被吸收在溶液中。采样完毕后,取出供分析用,并记下采样时现场的温度和空气压力。根据采集空气样品的体积和测出其含量,就可以计算出空气中污染物浓度。

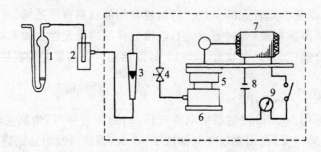

1—吸收管;2—滤水阱;3—流量计;4—流量调节阀;5—抽气泵;6—稳流器;7—电动机;8—电源;9—定时器

图15.2.4 携带式采样器工作原理图

2. 采样仪器

用于空气污染监测的采样仪器主要由收集器、流量计和抽气动力3部分所组成,如图15.2.4所示。

(1) 收集器

根据污染物在空气中的存在状态,选择合适的收集器。常用的收集器有液体吸收管,如图15.2.3所示。

1) 气泡式吸收管。吸收管内可装入 5～10 ml 吸收液,空气流量为 0.1～2 L/min。此采样管容易洗涤,但在使用时,要注意磨砂口严密不漏气。

2) U型多孔玻板吸收管。吸收管内可装入 5～10 ml 吸收液,空气流量为 0.1～1 L/min。对吸收管孔径滤板的阻力要求是：当装入 5 ml 水,以 0.5 L/min 抽气时,阻力为 30～40 mmHg。

管内可装入 20～100 ml 吸收液,空气流量为 10～100 L/min。

以上2种类型多孔玻板的吸收管(瓶),不仅可满足吸收气体和蒸气态物质的要求,还可采集雾态气溶胶。因此,它有较高的采样效率。但是,这类吸收管阻力大,为了克服孔板阻力,需要用较大的抽气动力。

3) 冲击式吸收管。管内可装入 5～10 ml 吸收液,采集气溶液时,空气流量为 2.8L/min。

(2) 流量计

流量计是计量空气流量的仪器。在用真空采样瓶、采气管等采样时,其采样体积就是容器的容积;有的抽气动力是用水抽气瓶或手抽气筒,则由本身的容积即可计算出采样的体积,不需要用到流量计。现在的空气采样装置用抽气机(泵)作抽气动力,用流量计来计量所采空气的体积。

流量计的种类较多。现场使用的流量计要求轻便,使用方便,易于携带,如孔口流量计和转子流量计是常用的流量计。

1) 孔口流量计

孔口流量计有隔板式及毛细管式 2 种。当气体通过隔板或毛管小孔时,因阻力而产生压力差,气体的流量越大,产生的压力差也越大;由孔口流量计下部的 U 型管两侧的液柱差可直接读出气体的流量。

孔口流量计中的液体,可用水、酒精、硫酸、汞等。由于各种液体相对密度不同,在同一流量时,孔口流量计上所示液柱差也不一样,相对密度小的液体液柱差最大。通常所用的液体是水,为了读数方便,可向液体中加几滴红墨水。

2) 转子流量计

转子流量计是由一个上粗下细的锥形玻璃管和一个转子所组成。转子可以用铜、铝等金属制成,也可以用塑料制成。当气体由玻璃管的下端进入时,由于转子上端的环形孔隙截面积大于转子下端的环形孔隙截面积,当流量一定时,截面积大,流速小,压力小;截面积小,压力大,流速大,所以,转子下端气体的流速大于上端的流速,下端的压力大于上端的压力,使转子浮升,直到上下两端压力差与转子的质量相等时,转子就稳定下来。气体流量越大,转子浮升越高。根据转子的位置、所指示的刻度读数。

在使用转子流量计时,当空气中湿度太大时,需要在转子流量计进气口前连接一支干燥管,否则转子吸收水分后质量增加和管壁湿润都会影响流量的准确测量。

(3) 抽气动力

抽气动力是一个真空抽气系统,通常有电动真空泵、刮板泵、薄膜泵、电磁泵等。这里不作详细讨论。

(4) 典型的采样仪器

1) 空气采样仪器

目前大都将薄膜泵或刮板泵、转子流量计和流量调节阀等组装在一起,构成便携式的空气采样器。

国家环保局为加强环境监测仪器的标准化、规范化,保证所获数据的准确性和可靠性,规定了"24 h 自动连续气体采样器技术指标"。

2) 颗粒物采样器

又称滤膜采样装置,如图 15.2.5 所示。颗粒物采样器用来采集一定粒度范围内的颗粒物。这种采样器按抽气量的大小分为大流量采样器(一般抽气量为 0.967~1.14 m^3/min),中流量采样器(抽气量在 10~50 L/min 以下)。采集的颗粒物粒径可小到 40~60 μm。采样时受风速风向的影响较大。目前,这两种采样器在我国环境监测部门均有使用,如图 15.2.6 和图 15.2.7 所示。

3) 大气降水采样器

用于采集大气降水样品的采样器,为聚乙烯塑料小桶或玻璃缸,上口直径为 20 cm,高 20 cm,亦可用自动采样器。

总之,随着科学技术的发展,空气污染物的采样仪器种类、型号日新月异,越来越趋向于体积小、质量轻、便于携带、准确度高、重现性好、容易操作,且价格便宜等特点。在实际监测工作中,根据各监测站的自身条件,选择适合自己的空气采样仪器。

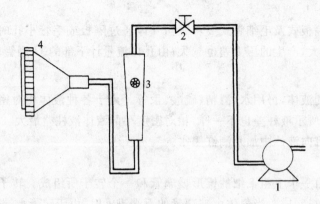

1—泵；2—流量调节阀；3—流量计；4—采样夹

图 15.2.5 滤膜采样装置

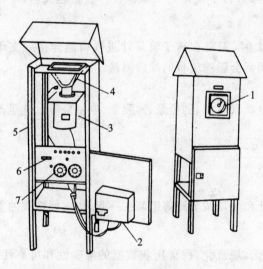

1—流量记录器；2—流量控制器；3—抽气风机；4—滤膜夹；
5—铝壳；6—工作计时器；7—计时器的程序控制器

图 15.2.6 大流量采样器结构示意图

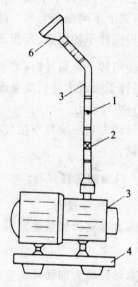

1—流量计；2—调节阀；3—采样泵；
4—消声器；5—采样管；6—采样头

图 15.2.7 中流量 TSP 采样器

15.3 烟道气测试技术

烟道气主要指固定污染源,如工厂或居民供暖的烟囱排出的空气污染源。这是形成空气污染的主要来源之一,必须对污染源进行监测,严格控制其污染物的排放量及排放浓度。

15.3.1 监测的目的、要求和内容

(1) 目 的

1) 检查污染源排放的尘粒是否符合排放标准的规定。
2) 评价除尘装置的性能和使用情况。

3）为大气质量管理与评价提供依据。

4）在条件许可情况下，应配备专用车输送仪器和测试人员。

（2）测量内容

1）尘粒的排放浓度，标准状态下干基尘粒单位为 mg/m³。

2）尘粒排放量，单位为 kg/h 及烟气排放量，单位（标准状态下干基物质）为 m³/h。

3）除尘设备的性能及净化设备的效率（％）。

（3）测量时对污染源的要求

为了取得有代表性的样品，测量时，生产设备应处于正常运转条件下。对生产过程变化的污染源，应根据其变化的特点和规律进行系统的测量。当测量工业锅炉烟尘浓度时，锅炉应在稳定的负荷下运行，不能低于额定负荷的 85％。对于手工烧炉，测量时间不能少于 2 个加煤周期。

一般通过上述指标的监测来说明烟气排放量是否符合现行的国家排放标准和评价其对空气污染的影响，以确定防治重点；评价烟气净化装置的性能和使用情况；确定排放散失的原材料或产品所造成的经济损失和为进一步修订充实排放标准，制订环境保护规划提供依据。

由于烟气具有高温、高湿、高浓度，且尘粒分布不均匀、烟尘粒径大、分散度范围宽、流速快，以及波动大、腐蚀性强等特点，给烟气监测工作带来许多复杂的技术问题。在烟气含湿量高时，一般露点温度（当空气的压力恒定，水蒸气没有增减时，使空气达到饱和状态时的温度）超过 40 ℃。经湿式除尘器处理后的烟气，露点温度更高。若在采样管路中产生冷凝水时，不仅影响尘粒物质和二氧化硫的浓度，而且也影响烟气流量的准确测量。

按照烟尘质量法测量浓度的程序是：①采样位置和测量点的确定；②烟气温度的测量；③烟气含湿量的测量；④烟气流量的测量；⑤烟尘浓度的测量。

在对烟气实测之前，应对测量对象作细微的调查，如锅炉型号、蒸发量（t/h）、加煤方式、燃料消耗量（t/h）、煤质、除尘器类型、烟尘回收量（t/d）、引风机型号及风量（m³/h）、烟囱高度（m）、烟囱截面积（m²）等。通过上述调查，掌握生产设备和净化设备的性能，排放有害物质的种类、数量。一般在正式采样前应对拟定的测量点的烟气状态作初步判定，检查所用仪器、滤筒恒重编号等准备工作。

为了做好污染源监测工作，在测量时，要求生产设备应处于正常运转条件下；对生产过程变化的污染源，应根据其变化特点和规律进行系统的测量，以得到可靠的数据。

15.3.2 采样位置和采样点的确定

1. 采样位置

在测量烟气流量和采集烟尘样品时，为了取得有代表性的样品，尽可能将采样位置放在烟道气流平稳的管段中，否则会因尘粒在烟道中受重力作用较大的颗粒偏离流线向下运动，使烟道中的粉尘分布不均。即使现场条件不能满足这些要求，也必须设在距弯头、接头、阀门和其它变径管段下游方向大于 6 倍直径处，或在其上游方向大于 3 倍直径处，最少也应在不小于 1.5 倍直径处。

测量点的烟气流速要大于 5 m/s。否则，因为用皮托管测量烟气流速小于 5 m/s 时，动压值才升高 1 mmHg，这样的读数会造成较大的误差。

对排放源有害气体样品的采集，由于气态物质在烟道内分布一般是均匀的，且无惯性影响，故对采样位置要求不严。

2. 采样孔和采样点

当采样位置选定后，就开凿采样孔，其孔径一般为 50～70 mm，以放人采样管为宜，平时不用时，将孔封堵起来。

1) 圆形烟道。将烟道断面分成若干个等面积的同心圆环，每个环上采 2 个点(见图 15.3.1)。
2) 矩形烟道。将烟道断面分成等面积的矩形小块，各块中心即为采样点(见图 15.3.2)。
3) 拱形烟道。分别按圆形和矩形烟道采样点布点原则确定(见图 15.3.3)。

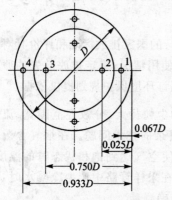

图 15.3.1　圆形烟道采样点设置

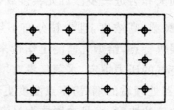

图 15.3.2　矩形烟道采样点设置

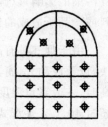

图 15.3.3　拱形烟道采样点设置

当采集有害或高温气体，且采样点处烟道处于正压状态时，为保护操作人员安全，采样孔应设置防喷装置。

15.3.3　烟气状态参数的测量

1. 烟气温度的测量

1) 玻璃水银温度计，适于在直径较小的低温烟道中使用。测量时应将温度计球部放在靠近烟道中心位置。

2) 热电偶温度计，是将两根不同的金属导线连成一闭路，当两接点处于不同温度环境中时，便可产生热电势，温差越大，热电势越大。如果热电偶一个接点的温度保持恒定(称为自由端)，则产生的热电势便完全决定于另一个接点的温度(称为工作端)。用毫伏计测出热电偶的热电势，就可以得到工作端所处的环境温度。

镍铬-康铜热电偶用于 800 ℃ 以下烟气；镍铬-镍铝热电偶用于 1 300 ℃ 以下的烟气。

2. 压力的测量

为了进行等速采样流量的计算和烟气中有害物质的浓度及烟气排放量的计算，必须分别测量烟、采样系统和空气环境中的空气压力变化，以便对气体体积进行校正换算。

(1) 烟道管压力的测量

烟气静压(p_s)是指单位体积内，由烟气本身的质量而产生的压力。它指的是表压，即烟道内烟气的压力和周围大气压力(p_a)之差,在气体体积校正时要用到它。当测量点处于正压管段时,烟气静压为正值;反之,在负压管段则为负值。有时绝对值很大,超出倾斜管微压计的测量范围,应改用U形水银压力计来测量,以尽量减小测量误差。

烟气动压(p_d)是指烟气流动时所具有的压头,故又称为速度压。由它可以解算出烟气流速,它必是正压值。

烟气全压(p_r)为烟气静压p_s与动压p_d之和。用它衡量排烟系统的阻力,是锅炉行业的一项经济指标。

最常用的测试仪表是皮托管。标准皮托管的结构如图15.3.4所示。按标准尺寸加工的皮托管,其校正系数近似等于1。标准皮托管测孔很小,当烟道内尘粒浓度较大时,容易被堵塞。因此,只适用于较清洁的管道中使用。

S型皮托管(图15.3.5)在使用前必须用标准皮托管进行校正,求出它的校正系数。当流速在5~30 m/s的范围内时,其速度校正系数平均值为0.84。S型皮托管不像标准皮托管那样呈90°弯角,因此可以在厚壁烟道中使用,且开口较大,不易被尘粒堵塞。

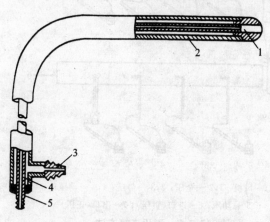

1—全压测孔;2—静压测孔;3—静压管接口;
4—全压管;5—全压管接口
图 15.3.4　标准皮托管

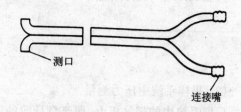

图 15.3.5　S型皮托管

倾斜式微压计的结构如图15.3.6所示,一端为截面积较大的容器,另一端为倾斜玻璃管,管上刻度表示压力计读数。测压时,将微压计的容器开口与测量系统中压力较高的一端相连,将斜管一端与系统中压力较低的一端相连,作用于两个液面上的压力差使液柱沿斜管上升。压力差Δp按下式计算:

$$\Delta p = L\left(\sin \alpha + \frac{A_1}{A_2}\right)\rho \tag{15.3.1}$$

式中　L——斜管内液柱长度(m);

α——斜管与水平面夹角(°);

A_1——斜管截面积(m^2);

A_2——容器截面积(m^2);

ρ——测压液体相对密度,用相对密度为0.81的乙醇;

Δp——测得的压力差(Pa)。

工厂生产的倾斜微压计,修正系数 K 即代表 $\left(\sin\alpha+\dfrac{A_1}{A_2}\right)\rho$ 一项,则式(15.3.1)变为

$$p = LK \tag{15.3.2}$$

测量方法。测量烟气压力应在采样位置的管段,烟气压力在 150 mm 水柱以上时,用 U 型压力计测量。烟气压力在 150 mm 水柱以下时,用倾斜微压计测量。测压时,皮托管管嘴要对准气流,每次测量要反复 3 次以上,取其平均值。图 15.3.7 是测量烟气全压、静压和动压时,标准皮托管、S 皮托管与倾斜微压计的连接方法。

(2) 大气压力的测量

用气压表测量大气压力 p_a 或向当地气象台(站)询问。

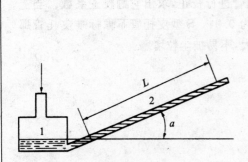

1—容器;2—玻璃管

图 15.3.6 倾斜式微压计

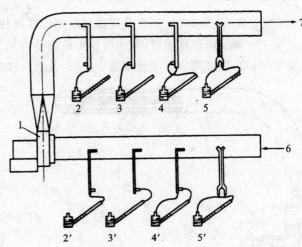

1—风机;2,2′—全压;3,3′—静压;4,4′—动压;5,5′—动压;6—进口(负压);7—出口(正压)

图 15.3.7 测压连接方法

(3) 采样系统中压力测量

采样系统中的烟气压力,即流量计前的压力 p_r,由于抽气动力压头大,常用水银作为测压液体,其读数为负值。

3. 烟气含湿量的测量

排出烟气中的水分含量是不饱和的,而流量计测量的却是该温度下的饱和状态。因此,在计算干基烟气中的粉尘浓度和等速采样流量时,必须计算出含湿量。烟气含湿量常以 1 kg 干基空气中存在的水蒸气质量 m_{sw} 或用湿基空气中水蒸气占的体积百分数 X_{sw} 表示。一般以体积百分数表示,便于计算。

下面介绍用吸湿管法(质量法)来测量含湿量。

质量法测量含湿量的原理为:从烟道中抽出一定体积的烟气,使之通过装有吸湿剂的吸湿管,烟气中水气被吸湿剂吸收,吸湿管增加的质量即为已知体积的烟气中含有的水气量。

常用的吸湿剂有无水氯化钙、硅胶、氧化铝、五氧化二磷等。选用吸湿剂时,应注意吸湿剂只吸收烟气中的水气,而不吸收水气以外的其它气体。

图 15.3.8 所示为连接图,使用前应检查系统是否漏气,然后将采样管插入烟道中心位置,加热数分钟后,打开吸湿管活塞,以 1 L/min 流量抽气。采样后,关闭吸湿管活塞,取下吸湿管,擦去表面的附着物,用分析天平称测。

烟气含湿量 m_{sw} 的计算式为

$$m_{sw} = \frac{m_w}{\rho_0 \left(V_d \dfrac{273\ \text{℃}}{273\ \text{℃}+t_s} \times \dfrac{p_a+p_s}{101325} \right)} \times 10^3 \tag{15.3.3}$$

式中 m_{sw}——烟气含湿量(g/kg,标准状态下,干基空气);

m_w——吸湿管吸收的水量(g);

ρ_0——标准状况下干基烟气的相对密度,若干基烟气组分近似于干基空气时,可取 1.293 g/L(干基);

V_d——抽取的干基烟气体积(测量状态下)(L);

t_s——流量计前烟气的温度(℃);

p_a——大气压力(Pa);

p_s——流量计前的烟气指示静压力(Pa)。

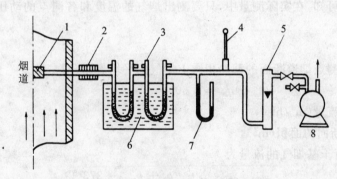

1—过滤器;2—保温或加热器;3—吸湿管;4—温度计;5—流量计;6—冷却器;7—压力计;8—抽气泵

图 15.3.8 质量法测量烟气含湿量装置

若以百分含量计算,则按下式换算。

$$X_{sw} = \frac{1.24 m_w}{V_d \dfrac{273\ \text{℃}}{273\ \text{℃}+t_s} \times \dfrac{p_a+p_s}{101\ 325} + 1.24 m_w} \times 100\ \% \tag{15.3.4}$$

式中 X_{sw}——标准状态下烟气中水气含量的体积百分数(%);

1.24——标准状况下 1 g 水气占有的体积(L)。

4. 烟气流速和流量计算

(1) 流速测量

根据烟气动压和烟气状态计算烟气的流速。当干基烟气组分同空气近似,露点温度在 35~55 ℃ 之间,烟气绝对压力在 750~770 mmHg 之间时,可用下列简单公式近似计算烟气的流速

$$v_s \approx 2.38 \sqrt{273\ \text{℃}+t_s} \cdot \sqrt{p_d} \tag{15.3.5}$$

式中 t_s——烟气温度(℃);

p_d——烟气动压(Pa);

2.38——量刚为 $m \cdot s^{-1} \cdot K^{-0.5} \cdot Pa^{-0.5}$ 常系数;

v_s——烟气流速(m/s)。

烟道内横断面上各采样点的平均流速为

$$\bar{v}_s = \frac{v_1 + v_2 + \cdots + v_n}{n} \tag{15.3.6}$$

式中 $\bar{v}_s$——烟气的平均流速(m/s);

$v_1, v_2, \cdots, v_n$——横断面上各点的流速(m/s)。

或者,烟气的平均流速为

$$\bar{v}_s \approx 2.38\sqrt{T_s} \cdot \overline{\sqrt{p_d}} \tag{15.3.7}$$

$$T_s = 273\ ℃ + t_s$$

$$\overline{\sqrt{p_d}} = \frac{\sqrt{p_{d1}} + \sqrt{p_{d2}} + \cdots + \sqrt{p_{dn}}}{n}$$

式中 $p_{d1}, p_{d2}, \cdots, p_{dn}$——横断面上各测点的动压(Pa)。

由式(15.3.7)可知,在实际测量中,只要测出烟气的温度和各测点的动压后,即可计算出烟气的平均流速。

(2) 流量计算

烟气流量等于测点烟道断面的截面积乘上烟气的平均流速,即

$$q_m = 3\ 600 \cdot \bar{v}_s \cdot A \tag{15.3.8}$$

式中 q_m——烟气流量(m^3/h);

A——烟道断面的面积(m^2)。

那么,在标准状况下干基烟气的流量为

$$q_{m,n} = q_{m,s}(1 - X_{SW}) \frac{p_a + p_s}{101\ 325} \cdot \frac{273\ ℃}{273\ ℃ + t_s} \tag{15.3.9}$$

式中 $q_{m,n}$——在标准状况下的烟气流量(标准状态下干基物质)(m^3/h)。

5. 烟气中颗粒物的测量

烟气中的颗粒物即烟尘浓度的测量方法介绍如下。

(1) 过滤法

这是最常用的方法。基本原理是一定体积的含尘烟气,通过已知质量的滤筒后,烟气中的尘粒被阻留,根据采样前、后滤筒的质量差和采样体积,解算出含尘浓度。计算公式为

$$C_{dust} = \frac{m_1 - m_2}{V_{nd}} \times 10^6 \tag{15.3.10}$$

式中 ρ——烟尘浓度(标准状态下干基物质)(mg/m^3);

m_1, m_2——采样前、后滤筒质量(g);

V_{nd}——采样体积(标准状况下干基物质)(L)。

该方法准确度高、精密度好,被定为标准方法。但该法是手工测量,不便于获得烟尘浓度的动态变化。为了提高燃料的利用率和提高除尘器效率,必须应用烟尘连续测量的仪器。

（2）光电透射法

光电透射法测量烟尘浓度的理论是依据朗伯-比尔定律,通过测量悬浮在烟气中的尘粒对入射的测量光减弱的程度,求烟尘相对浓度的方法。其方法是,向烟道气投射测量光,烟尘即引起测量光减弱,通过光电传感元件,使之产生与含尘浓度成正比的电信号,通过含尘烟气后的光通量 Φ 满足

$$\Phi/\Phi_0 = \exp(-KLN\pi r^2) \tag{15.3.11}$$

式中 Φ_0——零点情况（即清洁气体中）下的原始光通量(em);

L——光束在含尘气体中通过的长度(m);

N——单位容积中尘粒数目(m^{-3});

r——尘粒半径(m);

K——尘粒的消光系数。

若以光电流 I 代替光通量 Φ,以零点情况下基准光电流 I_0 代替 Φ_0,同时考虑尘粒径分布无明显变化时,此测量状态（湿基情况下）含尘浓度 $C_{w,dust} \propto N\pi r^2$。对于固定测点,$L$ 一定,对于固定种类烟尘,K 值也一定,则 KL 乘积仍为一常数,以 σ 表示,则上式可改写为

$$I/I_0 = \exp(-\sigma C_{w,dust}) \tag{15.3.12}$$

于是通过对光电流 I 与基准光电流 I_0 比值的就可以解算出含尘浓度 $C_{w,dust}$。

$$C_{w,dust} = \frac{0.4348}{\sigma}\lg\frac{I_0}{I} \tag{15.3.13}$$

光电透射式测尘仪由检测器、稳压电源控制和显示仪表组成,其结构简单、使用方便、维护量小、响应快,并能在被测含尘气体物理化学性质不变的条件下进行连续测量。但该仪器对安装要求较高,标定工作也较麻烦。

（3）β射线吸收法

此法是先用放射线核素所放射出的 β 射线（电子流）照射空白滤纸,测出空白滤纸对 β 射线的吸收程度,然后通过采样管将烟尘捕集在滤纸上,再用 β 射线照射集尘后的滤纸,测出集尘滤纸对 β 射线的吸收程度。根据空白滤纸和集尘滤纸对 β 射线的吸收程度确定烟尘浓度。β 射线的吸收与物质粒径、成分、颜色及分散状态无关,与物质的质量成正比。

在滤纸质底和捕集在滤纸上的尘粒分布均匀的前提下,设 β 射线透过空白滤纸的程度为 I_0,通过集尘滤纸的强度为 I,每平方米滤纸上捕集的烟尘质量为 $m_{w,dust}$(g),满足

$$I = I_0 e^{-\mu m} \tag{15.3.14}$$

式中 μ——为尘粒质量吸收系数单位(m^2/g)。

烟尘质量的计算式为

$$m = \frac{q \cdot t \cdot \rho_{w,dust}}{A} \tag{15.3.15}$$

式中 q——采集抽气量(m^3/min);

t——抽气时间(min);

$\rho_{w,dust}$——湿基烟尘浓度(mg/m^3);

A——滤纸集尘面积(m^2)。

将式(15.3.14)与式(15.3.15)合并得

$$\rho_{w,dust} = \frac{A}{\mu \cdot q \cdot t}(\ln I_0 - \ln I) \tag{15.3.16}$$

由此可见，当 $q \cdot t \cdot \rho_{w,dust}$ 选定后，烟尘浓度 $\rho_{w,dust}$ 与 $(\ln I_0 - \ln I)$ 成正比。所以通过测量集尘前后所透过的 β 射线的强度就可决定烟尘浓度。

β 射线测尘仪器是一个能够用于现场，且实现间歇和自动测量烟尘浓度的仪器。

(4) 标准状况下的含尘量

式(15.3.13)与式(15.3.16)计算得到的烟尘浓度是在烟道的实际工况下测得的。因此在标准状态下的烟尘含量为

$$\rho_{dust} = \rho_{w,dust}(1-X_{SW})\frac{p_a+p_s}{101\,325} \cdot \frac{273\ ℃}{273\ ℃+t_s} \tag{15.3.17}$$

(5) 除尘效率的计算

根据除尘器进、出口管道内烟尘的浓度和烟气的流量，可以求出除尘效率

$$\eta = \left(1-\frac{\rho_{out,dust}}{\rho_{in,dust}}\right) \times 100\ \% \tag{15.3.18}$$

式中　η——除尘效率(%)；

$\rho_{out,dust}$——除尘器出口管道内烟尘浓度(标准状况下干基物质)(mg/m³)；

$\rho_{in,dust}$——除尘器进口管道内烟尘浓度(标准状况下干基物质)(mg/m³)。

一般要求除尘设备的效率达 90% 以上。

(6) 折算浓度的计算

烟道管内的烟气是通过空气中的氧与以碳为主的可燃性物质燃烧后形成的。通常为了正确评估烟气中的排污量，需要计算烟道管中排放的烟气的有关污染物的浓度进行折算，即计算其折算浓度。由式(15.3.18)可计算标准状态下烟尘的折算浓度

$$\rho_{eff\_dust} = \rho_{dust}\frac{\alpha'}{\alpha} \tag{15.3.19}$$

$$\alpha' = \frac{21}{21-\rho_{O_2}} \tag{15.3.20}$$

$$\rho_{O_2} = \frac{\rho_{wO_2}}{1-X_{SW}} \tag{15.3.21}$$

式中　α——有关污染源排放规定中的过量空气系数，例如燃煤锅炉取 1.8；燃油或燃气锅炉取 1.2；

α'——实际工况的过量空气系数；

ρ_{O_2}——干基氧含量；

ρ_{wO_2}——湿基氧含量。

6. 其它有害气体的测量

烟气中的有害气体主要有化学成分二氧化硫(SO_2)、一氧化碳(CO)与氮氧化物(NO_x)等。它们的测量方法主要有化学法、电化学法和光电法。通常化学法主要用于高精度的离线分析，而电化学法和光电法可用于在线连续监测。电化学法结构简单、使用方便、成本低，但寿命短、稳定性差；光电法结构复杂、成本高、寿命较长、稳定性高。

思考题与习题

15.1 什么是空气污染?它是如何形成的?
15.2 空气监测的主要工作任务是什么?
15.3 说明空气污染的主要种类及其存在的状态。
15.4 为什么要对浓度进行换算?在换算过程中与哪些物理量有关系?
15.5 空气环境监测规划中,主要监测哪些参数?
15.6 空气监测中,采样点布设主要有哪些方法?各自的应用特点是什么?
15.7 简要说明烟道气测试技术的特殊性。
15.8 在烟道气测试技术中,有哪些主要的烟气状态参数需要检测?常用的方法有哪些?
15.9 利用式(15.3.1)计算得到的是什么压力?如何减小测量误差?
15.10 基于式(15.3.5)和式(15.3.6),推导式(15.3.7)。
15.11 简述折算浓度的物理意义。它对监测污染物的排放有什么重要意义。

第 16 章

桥梁检测

16.1 静载检测

16.1.1 静载检测的目的

桥梁静载检测是按照预定的试验目的与试验方案，将静止的荷载作用在桥梁上的指定位置上，观测桥梁结构的位移、应变和裂缝等参量，根据有关规范和规程的指标，判断桥梁结构在荷载作用下的工作性能及使用能力。

桥梁结构包括上部结构和下部结构两部分。因此，桥梁结构的静载检测可以分为上部结构试验和下部结构试验。上部结构的形式有梁桥、拱桥、钢构桥、斜拉桥和悬索桥等各种体系；下部结构包括桥墩、桥台和基础三个部分。按照技术可行、经济合理的原则，它们之间可以组合成各式各样的桥梁结构形式。桥梁静载检测可以是生产鉴定性试验或科学研究性试验；可以是组成桥梁的主要构件试验或全桥整体试验；可以是实桥现场检测或者是桥梁结构模型的室内试验。为了能够较为客观地反映桥梁结构的工作性能，桥梁检测多采用实桥现场检测。通常，桥梁静载检测主要解决以下问题。

1) 检验桥梁结构的设计与施工质量，验证结构的安全性与可靠性。对于大、中跨度桥梁，都要求在竣工之后，通过试验来具体地、综合地鉴定其工程质量的可靠性，并将试验报告作为评定工程质量优劣的主要依据。

2) 验证桥梁结构的设计理论与计算方法，充实与完善桥梁结构的计算理论与施工技术，积累科学技术资料。随着交通事业的不断发展，采用新结构、新材料和新工艺的桥梁结构日益增多。这些桥梁在设计、施工中必然会遇到一些新问题，其设计计算理论需要通过桥梁试验予以验证或确定。在大量试验检测数据积累的基础上，就可以逐步建立或完善这类桥梁的设计理论与计算方法。

3) 掌握桥梁结构的工作性能，判断桥梁结构的实际承载能力。目前，我国已建成了数万座各种型式的桥梁，在使用过程中，有些桥梁已不能满足当前通行荷载的要求，有些桥梁由于各种自然原因而产生不同程度的损伤与破坏，有些桥梁由于设计或施工差错而产生各种缺陷。对于这些桥梁，经常采用试验的方法确定其承载能力和使用性能，并由此确定限载方案或加固改造方案，特别是对于那些原始设计施工资料不全的已有桥梁，通过静载检测确定其承载能力与使用条件就显得尤为重要。

实践证明，要搞好一次桥梁检测，为设计、施工、理论研究提供可靠和完整的试验资料和科学依据，并不是一件轻而易举的事情，必须明确试验目的，遵循一定的程序，采用科学先进的测量手段,进行严密的准备和组织工作才可能达到预期的目标。为此,根据实际情况,必须把握住以下三个主要环节。

1) 明确试验目的,抓住主要问题:桥梁静载检测涉及到理论计算、测点布置、加载、测试和数据分析整理等多个方面。因此,试验之前一定要明确试验目的,预测试验桥梁的结构行为。这样才能有的放矢,合理地选择仪器仪表,准确地确定加载设备及加载程序,科学地布置测点及测试元件,充分地利用有限的人力、物力及其它有利条件,采取各种必要的手段,以达到预期的试验效果。

2) 精心准备、严密组织:桥梁静载检测由于观测项目比较多、测点多、不同仪器仪表多,这就要求试验工作必须严格组织,统一指挥,并能够紧密配合,协同作战。在正式试验之前,要做好充分的准备工作,对一些关键性的测试项目和测点要考虑备用的测试方法,注意防止和消除意外事故。大量试验证明,如果试验工作的某些环节考虑不周,轻者会使试验工作不能顺利进行,严重的会导致整个试验工作的失败。

3) 加强测试人员培训,提高测试水平:参加试验检测的工作人员,必须在试验之前,熟练地掌握仪器的性能、操作要领以及故障排除技术和技巧,了解试验的目的、试验程序及测试要求。

16.1.2 静载检测的程序

一般情况下,桥梁静载检测可分为三个阶段,即桥梁结构的考察与试验工作准备阶段、加载试验与观测阶段、测试结果的分析总结阶段。

桥梁结构的考察与试验方案设计阶段是桥梁检测顺利进行的必要条件。桥梁结构检测与桥梁结构的设计、施工和理论计算的关系十分密切。现代桥梁的发展对于结构试验技术、试验组织与准备工作提出了更高的要求。准备工作包括技术资料的收集、桥梁现状检查、理论计算、试验方案制订、现场准备等一系列工作。因此,这一阶段工作是大量而细致的。实践证明,检测工作的顺利与否很大程度上取决于检测前的准备工作。桥梁结构的考察与试验工作准备阶段的具体工作内容如下。

1. 技术资料的收集

包括桥梁设计文件、施工记录、监理记录、原有试验资料、桥梁养护与维修记录、环境因素的影响、现有交通量及重载车辆的情况等方面。掌握了这些资料,能够对试验桥梁的技术状况有一个全面的了解。

2. 桥梁现状检查

包括桥面平整度、排水情况和纵横坡的检查;包括承重结构开裂与否及裂缝分布情况、有无露筋现象及钢筋锈蚀程度、混凝土剥落碳化程度等情况的检查;也包括支座是否老化、河流冲刷情况、基础有无冻融灾害等方面的检查。通过桥梁现状检查等,从而对试验桥梁的现状做出宏观的判断。

3. 理论分析计算

包括设计内力计算和试验荷载效应计算两个方面。设计内力计算是按照试验桥梁的设计图纸与设计荷载,按照设计规范,采用专用桥梁计算软件或通用分析软件,计算出结构的设计内力;试验荷载效应计算是根据实际加载等级、加载位置及加载重量,计算出各级试验荷载作用下桥梁结构各测点的响应,如位移、应变等,以便与实测值进行比较。

4. 检测方案制订

包括测试内容的确定、加载方案设计、观测方案设计、仪器仪表选用等方面。试验方案是整个检测工作技术纲领性文件,因此,必须具备全面、翔实、可操作性强等基本特点。

5. 现场准备

包括搭设工作脚手架、设置测量仪表支架、测点放样及表面处理、测试元件布置、测量仪器仪表安装调试、通信照明安排等一系列工作。现场准备阶段工作量大,工作条件复杂,是整个检测工作比较重要的一个环节。

加载与观测阶段是整个检测工作的中心环节。这一阶段的工作是在各项准备工作就绪的基础上,按照预定的试验方案与试验程序,利用适宜的加载设备进行加载,运用各种测试仪器,观测试验结构受力后的各项性能指标,如挠度、应变、裂缝宽度和加速度等,并采用人工记录或仪器自动记录手段记录各种观测数据和资料。有时,为了使某一加载、观测方案更为完善,可先进行试探性试验,以便更完满地达到原定的试验目的。需要强调的是,对于静载检测,应根据当前所测得的各种指标与理论计算结果进行现场分析比较,以判断受力后结构行为是否正常,是否可以进行下一级加载,以确保试验结构、仪器设备及试验人员的安全,这对于存在病害的既有桥梁结构尤为重要。

分析总结阶段是对原始测试资料进行综合分析的过程。原始测试资料包括大量的观测数据、文字记载和图片等材料。受各种因素的影响,原始测试数据一般显得缺乏条理性与规律性,未必能深刻揭示试验结构的内在行为。因此,应对它们进行科学的分析处理,去伪存真,去粗存精,进行综合分析比较,从中提取有价值的资料。对于一些数据或信号,有时还需按照数理统计的方法进行分析,或依靠专门的分析仪器和分析软件进行分析处理,或按照有关规程的方法进行计算。这一阶段的工作,直接反映整个检测工作的质量。测试数据经分析处理后,按照相关规范或规程以及检测的目的要求,对检测对象做出科学的判断与评价。

16.1.3 桥梁结构静载检测的方案设计

试验方案设计是桥梁静载检测的重要环节,是对整个试验的全过程进行全面的规划和系统的安排。一般说来,试验方案的制订应根据试验目的,在充分考察和研究试验对象的基础上,分析与掌握各种有利条件与不利因素,进行理论分析计算后,对试验的方式、方法、数量等做出全面规划。试验方案设计包括试验对象的选择、理论分析计算、加载方案设计、观测内容确定、测点布置及测试仪器选择等方面。

1. 试验对象的选择

桥梁静载检测既要能够客观全面地评定结构的承载能力与使用性能,又要兼顾试验费用、试验时间的制约,因此,要进行必要的简化,科学合理地从全桥中选择具体的试验对象。一般说来,对于结构形式与跨度相同的多孔桥跨结构,可选择具有代表性的一孔或几孔进行加载试验测量;对于结构形式不相同的多孔桥跨结构,应按不同的结构形式分别选取具有代表性的一孔或几孔进行试验;对于结构形式相同,但跨度不同的多孔桥跨结构,应选取跨度最大的一孔或几孔进行试验;对于预制梁,应根据不同跨度及制梁工艺,按照一定的比例进行随机抽查试验。此外,试验对象的选择还应考虑以下条件。

1) 试验孔或试验墩台的计算受力状态最为不利；
2) 试验孔或试验墩台的破损或缺陷比较严重；
3) 试验孔或试验墩台便于搭设脚手支架、布置测点及加载。

2. 加载方案设计

加载是桥梁静载检测重要的环节之一，包括加载设备的选用，加载、卸载程序的确定以及加载持续时间三个方面。实践证明，合理地选择加载设备及加载方法，对于顺利完成试验工作和保证试验质量，有着很大的影响。

（1）加载设备

桥梁静载检测的加载设备应根据试验目的要求、现场条件、加载量大小和经济方便的原则选用。对于现场静载检测，常用的加载设备主要有三种：利用车辆荷载加载；利用重物加载；利用专门的加力架加载。

采用车辆荷载进行加载具有便于运输、加载卸载方便迅速等优点，是桥梁静载检测中较常用的一种方法。通常可选用重载汽车或利用施工机械车辆，重物装卸运输比较方便。利用车辆荷载加载需注意两点：对于加载车辆应严格称重，保证试验车辆的重量与理论计算时车辆重量的取用值相差不超过 5 %；尽可能采用与标准车相近的加载车辆，此时，应测量车子间的距离，如轴距与标准车差异较大时，则应按照实际轴距与重量重新计算试验荷载所产生的结构内力与结构响应。

重物加载是将重物（如铸铁块、预制块、沙包和水箱等）施加在桥面或构件上，通过重物逐级增加以实现控制截面的设计内力，达到加载效果。采用重物加载时也要进行重量检查，如重物数量较大时可进行随机抽查，以保证加载重量的准确性。采用重物直接加载的准备工作量较大，加载卸载时间较长，实际应用受到一定限制。重物加载一般用于现场单片梁试验、人行桥梁试验等场合。

专用加力架一般由地锚、千斤顶、加力架、测力环（力传感器）和支承等组成，如图 16.1.1 所示。千斤顶一端作用于加力架上，并通过加力架传递给地锚；另一端作用在试验梁上，力的大小由测力环进行监控。一般说来，专用加力架临时工程量大，经济性差，仅适用于单片梁或桥梁局部构件的现场检测。

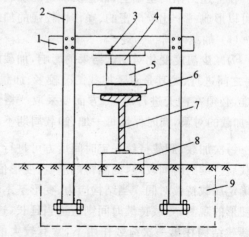

1—上横梁；2—拉杆；3—垫板；
4—测力计；5—千斤顶；6—分配梁；
7—试验梁；8—试验梁支承；9—地锚

图 16.1.1 加力架的构成示意

（2）加载卸载程序

为使试验工作顺利进行，获得结构应变和变形随荷载增加的连续关系曲线，防止意外破坏，桥梁静载检测应采用科学严密的加载卸载程序。加载卸载程序就是试验进行期间荷载-时间的关系，如加载速度的快慢、分级荷载量值的大小、加载、卸载的流程等等。对于短期实验，加载程序确定的基本原则可归纳如下：

1) 加载卸载应该是分级递加和递减，不宜一次完成。分级加载的目的在于较全面地掌握桥梁实测变形、应变与荷载的相互关系,了解桥梁结构各阶段的工作性能,且便于观测操作。因此,按照有关要求,静载检测荷载一般情况下应不少于四级加载。当使用较重车辆或达到设计内力所需的车辆较少时,应不少于三级加载,逐级使控制截面由试验所产生的内力逼近设计内力。采用分级加载方法,每级加载量值的大小和分级数量的多少要根据试验目的、观测项目与试验桥梁的具体情况来确定,如为了准确测出钢筋混凝土结构的开裂荷载,应在计算开裂荷载前,减小荷载增量幅度,加密荷载等级。

2)正式加载前,要对试验桥梁进行预加载。预加载的目的在于起到演习作用,发现试验组织观测等方面的问题,以便在正式加载试验前予以解决,如检查试验仪器仪表的工作状态;检验实验设备的可靠性;检查现场组织工作与试验人员分工协作方面所存在的问题。此外,对于新建结构,通过预加载可以使结构进入正常工作状态,消除支点沉降、支座压缩等非弹性变形。预加载的荷载大小一般宜取为最大试验荷载的 $1/3\sim 1/2$,对钢筋混凝土结构还应小于其开裂荷载。

3)当所检测的桥梁状况较差或存在缺陷时,应尽可能增多加载等级,并在试验过程中密切监测结构的响应,以便在试验过程中根据实测数据对加载程序进行必要的调整或及时终止试验,从而确保试验桥梁、测量设备和人员的安全。

4)一般情况下,加载车辆全部到位,达到设计内力后方可进行卸载。卸载可采用 2~3 分级卸载,并尽量使卸载的部分工况与加载的部分工况相对应,以便进行校核。在顺桥向,加载车辆位置应尽可能靠近测试截面内力影响线的峰值处,以便用较少的车辆来产生较大的试验荷载效应,从而节省试验费用与测试时间。同时,加载车辆位置还应尽可能兼顾不同测试截面的试验荷载效应,以减少加载工况与测试工作量,如三跨连续梁,中跨跨中截面的加载与中支点截面的加载就可以互相兼顾。对于横桥向位置而言,直线桥跨每级荷载应尽可能对称,以便减少测试工作量,利用对称性校核测试数据。

在上述工作的基础上,根据所确定的加载设备、加载等级、加载顺序与加载位置几个方面,就可以形成一个比较严密的、操作性较强的加载程序,作为正式试验时加载实施的纲领。

(3)加载时间

为减少温度变化对测试结果的影响,加载时间宜选在温度较为稳定的晚 22 时至次日凌晨 6 时之间进行,尤其是对于加载工况较多、加载时间较长的试验。而对于夜间加载或测量存在困难,必须在白天进行时,一方面要采取严格良好的温度补偿措施,另一方面应采取加载-卸载-加载的对策,同时保证每一加、卸载周期不超过 20 min。

每次加载、卸载持续一定时间后方可进行观测,以使结构的响应能够充分地表现出来,如加载后持续的时间较短,则测得的应变、变形值可能偏小。通常要根据观测仪表所指示的变化来确定加载持续时间。当结构应力、变形基本稳定时方可进行各观测点读数。对于卸载后残余变形的观测,零载持续时间则应适当延长,这是因为结构的残余变形与其承载历史有关。对于新建结构在第一次荷载作用下,常有较大的残余变形,以后再受力,残余变形增加得很少。一般情况下,试验时每级荷载持续时间应不小于 15 min 方可进行观测;卸载后观测残余变形、残余应变的时间间隔应不小于 30 min。

3. 观测内容

桥梁结构在荷载作用下所产生的变形分为两大类:一类变形是反映结构整体工作性能的,

如梁的挠度、转角、索塔的水平变位等,称之为整体变形;另一类变形是反映结构局部工作状况的,如裂缝、纤维变形等,称之为局部变形。在确定桥梁静载检测的观测项目时,首先应考虑到结构的整体变形,以概括结构受力的宏观行为;其次要针对结构的特点及存在的主要问题,抓住重点,有的放矢,不宜过分庞杂,以便能够全面地反映加载后结构的工作状态、解决桥梁的主要技术问题为宜。一般说来,桥梁静载检测至少应观测以下内容。

1) 桥梁结构控制截面最大应力(应变)的数值及其随荷载的变化规律,包括混凝土表面应变及外缘受力主筋的应力。通常,应力测试以混凝土表面正应力测试为主,一方面测试应变沿截面高度的分布,借以推断结构的极限强度;另一方面测试应变随试验荷载的变化规律,由此判断结构是否处于弹性工作状态。对于受力较为复杂的情况,还要测试最大主应力大小、方向及其随荷载的变化规律;此外,为了能够全面反映结构应力分布,常常在结构内部布设应力测点,如钢筋应力测点、混凝土内部应力测点,这类测点须在施工阶段就预埋相应的测试元件。

2) 梁结构在各级试验荷载作用下的最大竖向挠度以及挠度沿桥轴线分布曲线。对于一些桥梁结构形式,如拱桥、斜拉桥和悬索桥,还要观测拱肋或索塔控制点在试验荷载作用下顺桥向或横桥向的水平位移;对于采用偏载加载方式或对于曲线桥梁,还要观测试验结构变形控制点的水平位移和扭转变位。

3) 裂缝的出现和扩展,包括初始裂缝所处的位置,裂缝的长度、宽度、间距与方向的变化,以及卸载后裂缝的闭合情况。

4) 在试验荷载作用下,支座的压缩或支点的沉降、墩台的位移与转角。

5) 一些桥梁结构如斜拉桥、悬索桥、系杆拱的吊索(拉索)的索力,以及主缆(拉索)的表面温度。

4. 测点布置

测点布置应遵循必要、适量和方便观测的基本原则,并使观测数据尽可能地准确、可靠。测点布置可按照以下几点进行。

1) 测点的位置应具有较强的代表性,以便进行测试数据分析。桥梁结构的最大挠度与最大应变,通常是试验者最感兴趣的,掌握了这些数据就可以比较宏观地了解结构的工作性能及强度储备。例如简支梁桥跨中截面的挠度最大,该截面上、下缘混凝土的应力也最大,这种很有代表性的测点必须设法予以测量。

2) 测点的设置一定要有目的,避免盲目。在满足试验要求的前提下,测点不宜设置过多,以便使试验工作重点突出,提高效率,保证质量。

3) 测点的布置也要有利于仪表的安装与观测读数,并对试验操作是安全的。为了便于测试读数,测点布置宜适当集中;对于测试读数比较困难危险的部位,应有妥善的安全措施。

4) 为了保证测试数据的可靠性,应布置一定数量的校核性测点。在现场检测过程中,由于偶然因素或外界干扰,会有部分测试元件、测试仪器不能处于正常工作状态或发生故障,影响测量数据的可靠性。因此,在测量部位应布置一定数量的校核性测点,如截面具有一个对称轴,在同一截面的同一高度应变测点不应少于2个,同一截面应变测点不应少于6个,以便判别测量数据的可靠程度,舍去可疑数据。

5）在试验时,有时可以利用结构对称互等原理来进行数据分析校核,适当减少测点数量。例如简支梁在对称荷载作用下,L/4、3L/4 截面的挠度相等,两截面对应位置的应变也相等,利用这些特性可少布置一些测点,进行测试数据校核。

5. 测试仪器选择

根据测试项目的需要,在选择仪器仪表时,要注意以下几点。

1）选择仪器仪表必须从试验的实际情况出发,选用的仪器仪表应满足测试精度的要求,通常要求测量结果的极限相对误差不超过 5%。

2）在选用仪器仪表时,既要注意环境条件,又要避免盲目追求精度。

3）为了简化测试工作,避免出现差错,测量仪器仪表的型号、规格,在同一次试验中种类愈少愈好,尽可能选用同一类型或规格的仪器仪表。

4）仪器仪表应当有足够的量程,以满足测试的要求,试验中途的调试,会增加试验的误差。

5）由于现场检测的测试条件较差,环境因素的影响较大,一般说来,电测仪器的适应性不如机械式仪器,而机械式仪器仪表的适应性不如光学仪器,因此,应根据实际情况,采用既简便易行又符合要求的仪器。例如,当桥下净空较大、测点较多、挠度较大时,桥梁挠度观测宜选用光学仪器如精密水准仪,而单片梁静载检测挠度的测量宜用百分表。

16.1.4 桥梁桩基础静载检测

下部结构如桥墩、桥台、基础是桥梁结构的重要组成部分。它们承担着上部结构的自重和汽车、人群等活荷载,并将这些荷载传递给地基。因此,下部结构的工作状态对桥梁结构的安全正常使用有决定性的影响。下部结构的静载检测是确定其承载能力的主要途径之一,也是将设计理论与工程实践统一起来的重要方法。下部结构的荷载试验包括墩台荷载试验和桩基础荷载试验。下面重点介绍桩基础静荷载试验。

1. 桩基础静载荷试验

桩基础静载检测分为竖向荷载试验与水平荷载试验。竖向荷载试验是对试验桩逐级施加竖向荷载,测量试验桩在各级荷载作用下的稳定沉降量,得出桩基础载荷与变位之间的关系,从而判定桩基础的竖向承载能力,简称"试桩"。水平荷载试验是对试验桩逐级施加水平荷载,测量试验桩在各级荷载作用下的水平变位,得出桩基础荷载与水平变位之间的关系,并由此判断试验桩的水平承载能力。为了能够准确地推断桩基础的承载力,试桩的数量应不少于桩基总数的 2%,且不少于 2 根。试桩的施工方法、施工工艺、材料、尺寸及入土深度均应与设计桩基相同;同时,一些规范、规程对加载等级的划分、试桩的时间、变形稳定的标准、破坏的特征、资料的分析与评价等方面均有详细的规定。一般说来,试桩试验内容主要是测定荷载-变位(位移)关系,必要时还可增加一些应力、反力测试项目,大致内容如下。

(1) 荷载的测试

进行竖向荷载试验时,应测定竖向荷载的大小;进行水平荷载试验时,要测定水平载荷的大小。所有荷载都要分级施加在试桩上,直至达到规定的荷载或试桩出现破坏标志为止。由于载荷是试验的主要观测项目,所以应进行精确的测定。

(2) 变位的测试

变位是指桩在地面处和其它各截面的竖向位移、水平位移和转角。变位与荷载的关系说明了桩的工作性能,所以它是试桩必须测定的项目。此外,对于鉴定性试桩,还必须测定桩在地面处的变位以及试桩开裂情况。

(3) 应力的测试

通过测试桩中主要受力钢筋的应力、混凝土的应力,可以推算出测试截面的弯矩、轴力等,然后与理论计算结果比较,以便为修正计算参数或计算理论积累资料。

(4) 桩底反力测试

由于直接测定桩侧摩擦阻力有困难,通常多通过桩底反力和各截面轴向力的测定来推算桩侧摩擦阻力,以便通过试桩荷载试验修正单位摩擦阻力。测定桩底反力,还可以查明钻孔桩底部的工作状态,判断桩底沉淀土的厚度。

(5) 土中应力测试

主要测定试桩对土的水平压力(土抗力)的大小,此外,往往还钻取桩位处的原状土,以通过试验取得土的物理力学性能指标。

(6) 地面变形测试

地面变形是判断桩承载能力的重要因素,试验时应尽可能观测地面变形和开裂的情况。

2. 单桩竖向荷载试验

(1) 试验基本原理

桩的承载能力由桩周围土的摩擦力和桩端岩土的抵抗力所组成。当这两个组成部分没有充分发挥作用之前,桩的下沉量随着荷载成正比地增加;当桩身产生突然增大的下沉或不稳定的下沉,说明桩身摩擦力和桩端阻力都已充分发挥,此时作用在桩头上的荷载就是破坏荷载,而它的前一级荷载就定义为桩的极限荷载。将桩的极限荷载除以安全系数,就得到桩的承载力。

通常,对于桥梁桩基础,安全系数采用 2.0。试验时对试桩分级施加竖向荷载,测量试桩在各级试验荷载作用下的稳定沉降量,根据沉降与荷载及时间的关系,即可分析确定试桩的容许承载力。此外,还可以根据实际情况的要求,在加载过程中进行桩身应力、钢筋应力的测试,或通过预埋的压力传感器测试桩底反力。

(2) 加载设备

试桩的加载方式主要有锚桩法和压重法两种。锚桩法是一种常用的加载装置,主要设备由锚桩、横梁和液压千斤顶等组成,如图 16.1.2 所示。采用千斤顶逐级施加荷载,反力通过横梁、锚桩传递给已经施工完毕的桩基,用油压表或力传感器测量荷载的大小,用百分表或位移计测量试桩的下沉量,以便进一步分析。一般说来,采用锚桩法进行试验应注意以下几个方面。

1) 锚桩设计。锚桩可根据需要布置 4~6 根,锚桩的入土深度应等于或大于试桩的入土深度,锚桩与试桩的距离应大于试校直径的 3 倍,以减小锚桩对试桩的影响。同时,考虑到锚桩与试桩在受力性质上有所不同,试桩受轴向压力,由于桩身材料受力后其截面在横向有扩大的趋势,这有利于增强桩壁的摩阻力,地基土受力后的塑性区是在桩的下段发展;而作为反力

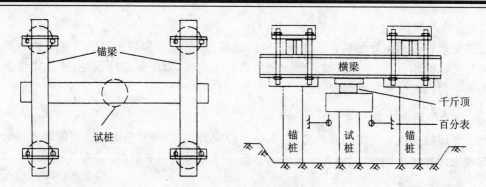

图 16.1.2 锚桩法加载装置

装置的抗拔锚桩,受力后横向有缩小的趋势,相对地降低了桩壁摩阻力,塑性区在桩的上段发展,因此入土长度相等时,同一地点的锚桩的上拔力低于试桩的抗力。有关试验资料表明:上拔时桩壁的摩阻力极限值约为受压时的 1/5~1/3。此外,对于锚桩,应根据要求的锚固荷载,进行抗裂计算。

2) 加载装置设计。对于横梁、锚桩等加载装置,要进行强度、稳定性、变形验算,做出周密的设计,确保加载装置的加载能力不低于试桩破坏荷载或最大加载量的 1.5~2.0 倍,而且有足够的刚度。

3) 观测装置的布置。试桩受力后,会引起其周围的土体变形,为了能够准确地测量试桩的下沉量,观测装置的固定点,如基准桩应与试桩、锚桩保持适当的距离,如表 3.1.1 所列。

表 3.1.1 观测装置的固定点与试桩、锚桩间的距离

锚桩数目	观测装置的固定点与试桩、锚桩间的最小距离/m	
	与试桩	与锚桩
4	1.7	1.6
6	1.7	1.0

压重法也称为堆载法,是在试桩的两侧设置枕木垛,上面放置型钢或钢轨,将足够重量的钢锭或铅块堆放其上作为压重;在型钢下面安放主梁,千斤顶则放在主梁与桩顶之间,通过千斤顶对试桩逐级施加荷载,同时用百分表或位移计测量试桩的下沉量,如图 16.1.3 所示。由于这种加载方法临时工程量较大,多用于承载力较小的桩基静载检测。

3. 单桩水平荷载试验

通常,桩的水平荷载试验的加载方式如图 16.1.4 所示。主要设备由垫板、导木、滚轴(圆钢)和卧式液压千斤顶等组成,采用千斤顶逐级施加荷载,反力直接传递给已经施工完毕的桩基,用油压表或力传感器测量荷载的大小,用百分表或位移计测量试桩的水平位移。观测装置、加载装置的要求原则上与竖向静载检测相同,但应注意以下两个方面。其一,反力装置的承载能力及其抗推刚度不应小于试桩。当采用顶推法加载时,反力装置与试桩之间的净间距不小于试桩直径的 5 倍;采用牵引法加载时,净间距不小于试校直径的 10 倍,并不小于 6 m。其二,基准点应设置在受试桩及反力装置影响的范围以外,其与试桩的净距一般不小于试桩直径的 5 倍。当设置在与加载轴线垂直方向或与试桩位移相反方向时,间距可适当减小,但不宜小于 2 m。

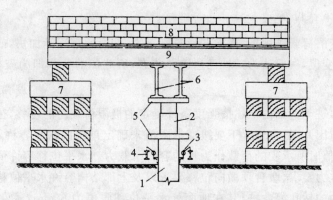

1—试桩；2—千斤顶；3—百分表；4—基准梁；5—钢板；6—主梁；7—枕木；8—堆放的荷载；9—次梁

图 16.1.3 堆载法加载装置

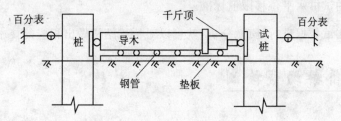

图 16.1.4 单桩水平静载检测装置

单桩水平荷载试验的基本要求可归纳如下。

1) 试桩基本要求。试桩的位置应根据地质、地形、设计要求和该地区的相关经验综合考虑，选择有代表性的地点。对于打入预制桩，桩顶中心偏差不大于直径的 1/8，且不大于 10 cm，轴线的倾斜度不大于 1/100；对于钻孔灌注桩，要保证桩的成孔情况、倾斜度、孔效果等方面满足规范和设计要求。

2) 试桩试验时间。对于沙性土地基的打入预制桩，沉桩后距静载检测的时间间隔不得少于 3 d；对于粘性土地基的打入式预制桩，沉桩后距静载检测的时间间隔不得少于 14 d；对于钻孔灌注桩不少于 28 d。

3) 试桩的加载、卸载方法。加载方法一般采用单循环恒速水平加载方法，取试桩的估计最大试验荷载的 1/10 作为加载级差。试桩在施加某级荷载后，保持 10 min，记录其水平位移读数，然后卸载至零，再经过 10 min 后测读其回弹位移，而后再加上原级载荷，如此即为一个循环。每级荷载均按以上过程反复 5,6 次后，方可施加下一级载荷，循此逐级加载，直至试桩达到极限荷载为止。此外，试验也可以采用逐级等量连续加载方法，这种方法与竖向静载检测相同，即分级施加水平荷载，测读水平位移，直至桩周土出现明显的裂缝并隆起，或水平位移突然增大或水平位移经长时间后仍不能趋于稳定，即认为该试桩达到破坏状态。卸载时，每级卸载量为对应的两级加载量，总体上分为 5 级左右，逐级等量卸载。

4) 沉降测读时间。逐级连续加载时，在每级加载持载 20 min，按照 0,5,15,20 min 测读；卸载时，每级荷载持载 10 min，按照 0,15,10 min 测读 3 次，卸载至 0 荷载时持载 30 min，按照 0,10,20,30 min 测读 4 次。循环加载时，根据循环加载持载时间，一般在每循环的 0,5,15,

20,25,30 min 测读 6 次位移。

5) 在恒定不变的荷载作用下,横向变形急剧增大,变形速率逐渐加快,或已达到试验要求的最大荷载或最大变位,一般认为试桩已达破坏状态,所施加的荷载即为破坏荷载,试桩即可终止加载。

在实际工程中,桩基达到由上述按强度条件确定的极限荷载时的位移,往往已超过上部结构的容许水平位移,因此,很多情况下要按变形限值来确定单桩的水平容许承载力,即以桩的水平位移达到容许值时所承受的荷载作为桩的容许承载力。水平位移容许值可根据桩身材料强度、桩周土横向抗力要求、墩台顶横向位移要求以及上部结构容许水平位移限值来确定。目前,对于桥梁工程中的钻孔灌注桩,其在地面处水平位移限值为 6 mm,通常以此作为单桩横向容许承载力的判断标准,以满足上部结构、桩基、桩周土变形条件安全度的要求。可以说,这是一种较为概略的试桩水平位移限值标准。

对所获得的测试数据进行处理、分析,就可以对桥梁结构做出相应的技术评价。

16.2　桥梁动载检测

16.2.1　动载试验的方法与程序

桥梁结构是承受恒载、车辆荷载、人群荷载等主要载荷的结构物。当车辆以一定速度在桥上通过时,由于发动机的抖动、桥面的不平整等原因会导致桥梁结构产生振动。此外,人群荷载、风动力、地震力的作用也会引起桥梁振动。随着交通运输事业的不断发展,一方面,车辆的数量、载重量有了迅速的增长,车辆的行驶速度也有了很大的提高;另一方面,随着新结构、新材料、新工艺的推广应用,桥梁结构逐渐趋向轻型化,而对于大跨度、超大跨度桥梁结构,地震、风振就是设计、施工的控制因素。因此,车辆载荷或其它动力载荷对桥梁结构的冲击和振动影响,已成为桥梁结构设计、计算、施工、运营、维修养护过程中的重要问题之一。

桥梁结构的振动问题,影响因素比较多,仅靠理论分析是不能达到实用的结果,一般多采用理论分析与现场实测相结合的研究方法。因此,振动测试是解决工程结构振动问题必不可少的手段。近 20 年来,随着电子计算机普及与自动化技术的发展,振动测试技术发展很快。一方面表现在风洞试验、模拟地震振动台试验、拟动力试验得到了广泛的应用,另一方面表现为工程结构在地震荷载、风荷载、车辆荷载作用下动力响应的现场测试手段也得到了很大的改进。

桥梁结构的动载试验是利用某种激振方法激起桥梁结构的振动,测定桥梁结构的固有频率、阻尼比系数、振型、动力冲击系数、动力响应(加速度、动挠度)等参量的试验项目,从而宏观判断桥梁结构的整体刚度、运营性能。桥梁结构的动载试验与静载检测虽然在试验目的、测试内容等方面有所不同,但对于全面分析掌握桥梁结构的工作性能是同等重要的。就试验步骤而言,基本上与静载检测相同,动载试验也要经过准备、试验和分析总结三个阶段。就试验性质而言,动载试验也可分为生产鉴定性和科学研究性试验。一般情况下,动载试验多在现场实际结构上进行测试,也可根据桥梁结构的特点和实际需要在室内进行结构模型的动载试验,如在风洞内进行大跨度桥梁的风致振动试验、在模拟地震振动台上进行桥梁结构的地震响应试验研究等。桥梁结构的动载试验的基本任务大体可归纳为以下几个方面。

1) 测定结构的动力特性,如自振频率、阻尼特性、振型等。
2) 测定结构在动荷载作用下的强迫振动响应,如在车辆载荷、风载荷作用下的振幅、动应力、加速度等。
3) 测定动荷载的动力特性,如振动作用力的大小、方向、频率与作用规律等。

桥梁结构的动载试验中,常有大量的物理量,如位移、应变、振幅和加速度等,需要进行测量、记录和分析。这些动载试验数据比较复杂,具体表现在以下三个方面。

1) 引起结构产生振动的振源(如车辆、人群、阵风或地震力等)和结构的振动响应都是随时间而变化的,是随机的、不确定的。例如汽车在不平整的桥面上行驶所引起的桥梁振动就是随机的,两次条件完全相同的试验不会测量到相同的动力响应。这种信号虽然可以检测,并得到时间历程曲线,但却不能预测。这类信号服从统计规律,可以从概率统计的观点去研究它。

2) 桥梁结构在动荷载作用下的响应不仅与激振源的特性相关,也与结构本身的动力特性密切相关。对于桥梁结构而言,本身就具有无限多个自由度,加上车辆与桥梁结构之间的耦合,其动力特性就更为复杂。

(3) 在动载试验所记录的信号和数据中,常常会夹杂一些无用的干扰因素。干扰信号不同于测量误差,没有一定的规律。因此,必须对动载试验所测得的信号和数据进行科学的分析与处理,从中提取尽可能多的反映桥梁结构振动内在规律的有用信息。

在动态测试中,信号的特征可用信号的幅值随时间而变化的数学表达式、图形或表格来表达。这类表达方式称之为信号的时域描述,如加速度随时间变化的曲线、位移随时间变化的曲线等。信号的时域描述比较简单、直观,通过多个测点随时间变化的曲线,可以分析出结构的振幅、振型、阻尼特性、动力冲击系数等参量,但不能明确揭示信号的频率成分和振动系统的传递特性。为此可以对信号进行频谱分析,研究其频率结构及其对应的幅值大小,即采用频域描述。这时,需要把时域信号通过傅立叶变换的数学处理变换为频域信号。时域信号的傅立叶变换就是把确定的,或随机的波形分解为一系列简谐波的叠加,以得到振动能量按频率的分布情况,从而确定结构的频率和频率分布特性。

桥梁动载试验是在桥梁处于振动状态下,利用振动测试仪器对振动系统各种振动量进行测定、记录,并加以分析的过程。因此,在进行动载试验时,首先应通过激振方法使桥梁处于一种特定的振动状态中,以便进行相应项目的测试。其次,要合理选取测试仪器仪表组成振动测试系统。振动测试系统一般由拾振部分、放大部分和分析部分组成,其原理框图如图16.2.1所示。这三部分可以由专门仪器配套使用,也可以配换使用。因此,要根据试验的环境条件和试验的要求,设计、选择组配合理的振动测试系统。仪器组配时除应考虑频带范围外,还要注意仪器间的阻抗匹配问题。再次,要根据测试桥梁的特点,制定测试内容、测点布置与测试方法,例如对于混凝土简支桥梁的动载试验,一般的观测项目有:跨中截面的动挠度、跨中截面钢筋或混凝土的动应力等。

又例如要测定某一固有频率的振型时,应将传感器设置在振幅较大的各部位,并注意各测点的相位关系。最后,利用相应的专业软件对采集的数据或信号进行分析,即可得出桥梁结构

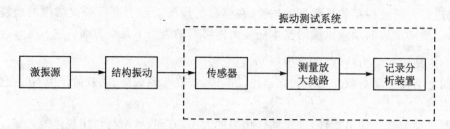

图 16.2.1　桥梁结构振动测试系统的原理框图

的频率、振型、阻尼比、冲击系数等振动参量。

16.2.2 桥梁结构动力响应的测试

1. 激振方法

桥梁动载试验的激振方法很多,如自振法、强迫振动法、脉动法等,选用时应根据桥梁的类型和刚度进行选择,以简单易行、便于测试为原则。通常,多将上述一种或两种方法结合起来,以便全面把握桥梁结构的动力特性。

(1) 自振法

自振法的特点是使桥梁产生有阻尼的自由衰减振动,记录到的振动图形为桥梁的衰减振动曲线。为使桥梁产生自由振动,一般常用突然加载和突然卸载两种方法。

突然加载法是在被测结构上快速施加一个冲击作用力。由于施加冲击作用的时间短促,因此,施加于结构的作用实际上是一个冲击脉冲作用。根据振动理论可知,冲击脉冲的动能传递到结构振动系统的时间,要小于振动系统的自振周期,且冲击脉冲一般都包含了零频以上所有频率的能量,它的频谱是连续的。只有被测结构的固有频率与之相同或很接近时,冲击脉冲的频率分量才对结构起作用,从而使结构以其固有频率作自由振动。采用突然加载法时,应注意冲击荷载的大小及其作用位置。如果要激起桥梁结构的整体振动,则必须在桥梁的主要受力构件上施加足够大的冲击力,冲击荷载的作用位置可按所需结构的振型来确定。如为了获得简支梁的第一阶振型,则冲击荷载应作用于跨中部位,测第二阶振型时冲击荷载应施加在跨度的 1/4 处。在现场测试中,当测试桥梁结构整体振动时,常常采用试验车辆的后轮从三角垫块上突然下落对桥梁产生冲击作用,激起桥梁的竖向振动,简称"跳车试验"。跳车装置及其产生的典型波形如图 16.2.2 所示;当测试某一构件(如拉索)的振动时,常常采用木棒敲击的方法产生冲击作用。

突然卸载法是在结构上预先施加一个荷载作用,使结构产生一个初位移,然后突然卸去荷载,利用结构的(回)弹性使其产生自由振动。卸落荷载,可通过自动脱钩装置或剪断绳索等方法,有时也专门设计断裂装置,即当预施加力达到一定数值时,在绳索中间的断裂装置便突然断裂的方法,由此激发结构的振动。一般说来,突然卸载法的荷载大小要根据振动测试系统所需的最小振幅计算求出。图 16.2.3 为突然卸载法的激振装置。

(2) 强迫振动法

强迫振动法是利用专门的激振装置,对桥梁结构施加激振力,使结构产生强迫振动。改变激振力的频率而使结构产生共振现象,借助共振现象来确定结构的动力特性。对于模型结构而言,常常采用激振设备来激发其固有振型的振动,常见的激振设备有机械式激振器、电动式激振器。使用时将激振器底座固定在模型上,由底座将激振器产生的交变激振力传递给模型结构。激振器在模型结构上的安装位置、激振频率和激振方向可以根据试验的要求和目的来确定。试验时,连续改变激振器的频率,进行"频率扫描",当激振器的频率与模型的固有频率一致时,模型就会出现第一次共振、第二次共振现象等,从而获得模型的第一阶频率,第二阶频率等。

对于原型桥梁结构,常常采用试验车辆以不同的行驶速度通过桥梁,使桥梁产生不同程度的强迫振动,简称"跳车试验"。由于桥面的平整度具有一定的随机性,所以由此引起的振动也是随机的。当试验车辆以某一速度通过时,所产生的激振力频率可能会与桥梁结构的某阶固有频率比较接近,桥梁结构便产生类共振现象,此时桥梁各部位的振动响应达到最大值。在车辆驶离桥跨后,桥梁作自由衰减振动。这样,就可从记录到的波形曲线中分析得出桥梁的动力特性。在试验时,根据桥梁结构的设计行车速度,常采用 1 辆 10 t 的试验车辆以 20 km/h,40 km/h,60 km/h,80 km/h 的速度进行跳车试验。图 16.2.4 即为 l 辆 10 t 的试验车辆以 40 km/h 的速度驶过某跨度为 30 m 混凝土连续梁桥时,跨中截面加速度随时间变化的曲线。

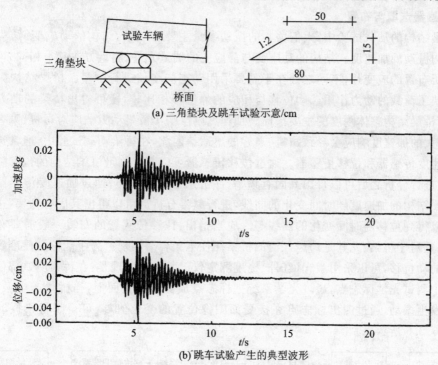

图 16.2.2 跳车试验及其产生的典型振动波形

图 16.2.3 突然卸载法的试验装置

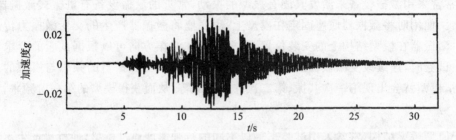

图 16.2.4　车速为 40 km/h 时某连续梁跨中截面加速度随时间变化的曲线

（3）脉动法

脉动法是利用被测桥梁结构所处环境的微小,而不规则的振动来确定桥梁结构的动力特性的方法。这种微振动通常称之为"地脉动"。它是由附近地壳的微小破裂和远处地震传来的脉动所产生的,或由附近的车辆、机器的振动所引发。结构的脉动具有一个重要特性,就是它能够明显地反映出结构的固有频率,因为结构的脉动是因外界不规则的干扰所引起的,具有各种频率成分,而结构的固有频率是脉动的主要成分,在脉动图上可以较为明显地反映出来。

2. 传感器选取与布置

在桥梁结构的动载试验中,人们关心的振动参量主要有三个:结构的动应变、结构振动的位移和结构振动的加速度。结构的动应变与静应变的测量元件、测量方法基本相同,可以利用静载检测所布置的应变片,不同之处在于需要采用动态应变仪进行测量。桥梁结构振动的位移宏观反映了荷载的动力作用。动位移与相应的静位移相比较,便可得出桥梁的动力冲击系数,是衡量桥梁结构整体刚度的主要指标。加速度则反映了桥梁动力响应对司机、乘客舒适性的影响,过大的加速度响应会导致司机、乘客的不适。因此,在桥梁动载试验中,通常选用的传感器是加速度传感器和位移传感器。通过位移传感器可以直接测量桥梁结构的位移随时间变化的曲线,进行分析之后可以得出其固有频率、冲击系数和阻尼比;通过加速度传感器可以直接测量桥梁结构的加速度随时间变化的曲线,进行频谱分析后可以得出其固有频率,进行数值积分后可以得到位移随时间变化的曲线等。应当指出:位移传感器的安装一般需要有固定不动的支架,这对于桥梁、尤其是跨越江河的桥梁往往不太容易实现。为了能够方便准确地测得桥梁结构的动位移,可以采用激光(红外)挠度测定仪。其基本原理是:在桥梁测试部位上安装一个或多个测试光学标志点,通过光学系统把标志点成像在接受面上,当桥梁产生振动时,标志点跟着发生振动,通过测出标志点在接受面图像位置的变化值,就可得到桥梁振动的位移值,如图 16.2.5 所示。

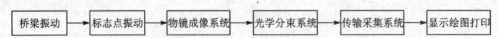

图 16.2.5　激光(红外)桥梁挠度测定仪基本原理框图

传感器的布置要根据结构型式而定。一般要根据动力特性的理论分析结果,按照理论计算得出的振型大致形状,在变位较大的部位布置传感器,以能够测得桥梁结构最大响应(如主跨跨中截面、边跨跨中截面振幅),并较好地绘出振型曲线为宜。桥梁结构动力特性的理论分析计算,目前多利用各种专用桥梁计算软件或通用分析软件,计算得出桥梁结构的固有频率与振型。

桥梁结构是一具有连续分布质量的体系,也是一个无限多自由度体系,因此其固有频率及相应的振型也有无限多个。但是,对于一般桥梁结构,第一固有频率即基频,对结构动力分析才是重要的;对于较复杂的动力分析问题,也仅需要前几阶固有频率,因而在实际测试中,一些低阶振型才有实际意义。图 16.2.6 为常见梁式桥的前三阶振型。振型的测试一般采用两种方法:一是在结构上同时布置许多传感器,传感器的位置可根据理论计算结果确定,这时须保证所有传感器的灵敏度相同,放大器的特性相同;另一种是只用两个传感器。其中一个传感器布置在支点或桥外,作为不动的参考点;另一个传感器不断改变位置,测出桥梁结构各控制点的振动曲线,然后比较各测点的振幅、相位便可绘制出振型曲线。

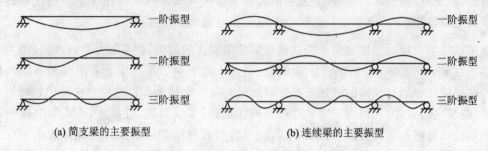

(a) 简支梁的主要振型　　　　　　(b) 连续梁的主要振型

图 16.2.6　常见梁式桥的前三阶振型

3. 振动测试系统组成

振动测试系统由以下三部分组成。

(1) 激励部分

激励部分的作用是实现对测试对象的激励,使结构发生振动,如在跳车试验、跑车试验中的汽车就是激励源。

(2) 拾振部分

该部分主要就是加速度、速度或位移传感器及其相关引线。振动测试系统中,传感器的选用十分重要,应根据测试对象的振动频率、需要检测的物理量来选用不同种类的传感器。

(3) 数据采集分析系统

大多数的数据采集分析系统都有模拟信号的放大、滤波及数字信号的放大滤波等功能。典型的数据采集分析系统由采样/保持、模拟量/数字量转换及数据采集记录三部分组成。

1) 采样/保持器

实现信号采样的电路称为采样器,由开关元件及其控制电路所组成。对时间连续的信号进行采样是通过周期脉冲序列的调制来完成的。实际的采样脉冲有一定宽度,但通常远小于采样周期。在采样时间内要完成幅值从连续的模拟量到数字量的转换,会对模拟量/数字量转换器提出过高要求,即要求模拟量/数字量转换器有非常高的转换速度。因此,在实际实现采样时,是将采样所得到的时间离散信号通过记忆装置即保持器保持起来,在信号处于保持期间,再进行模拟量/数字量的转换。

2) 数据采集记录

目前,大多数数据采集分析系统以单片机和微型计算机的合理组合为主,构成一套数据采集与分析系统。由于采集部分独立于计算机系统,因此各项性能指标和功能可以设计得很理想。

3) 测量噪声的抑制

在试验中,测量信号常常受到各种电噪声的干扰,会导致测试精度降低。电噪声可分为静电噪声、电感噪声、射频噪声、电流噪声和接地回路电流噪声等。电噪声的抑制是数据采集系统设计及使用过程中必须注意的问题,虽然不可能完全消除电噪声干扰,但可以尽可能地减少它的影响。一个好的测试系统在设计中已经考虑噪声的抑制问题。以下仅从现场测试的环节来简要介绍抑制电噪声的方法。

加接交流稳压电源,减少电源电压波动引起的噪声。同时,各测试仪器电源都要尽量直接从总电源(稳压电源)的输出端接出,且功率大的电源接入端口应安排在功率小的仪器的电源接入端口之后,以减少共电源仪器之间由于电流波动造成的相互影响。

测试系统单点接地。接地是一个很重要的抑制噪声的措施,但必须是单点接地,因为如果采用多点接地,将形成一个或多个大地回路,引入大地噪声。单点接地有串联和并联两种接法。并联接法是将所有仪器的接地线都并联地接到同一个接地点。这种方法是比较理想的接地方法(高频电路除外)。但由于需要连很多根接地线,布线复杂,且笨重,在实际测试中不常用。串联接法是将所有仪器的接地线串接在一起,然后再接到接地点。这种方法由于各接地线存在一定的阻抗而造成相互影响,因而不是一种合理的接地方法。但由于它布线简单,当各电路电平相差不大时仍常采用,此时应注意使低电平的电路接地线最靠近接地点接入。由于测试系统中各仪器电平大小基本一致,故一般均采用这种接法。实际操作时,某台关键仪器直接接地,而其它仪器的接地是由仪器间的输入、输出插头间信号线的屏蔽相连接才完成的。此外,由于被测物体一般为导体,如果传感器与其直接相接触,而被测物体与大地相连,那么传感器相当于一个接地点,它和测试系统的接地点、信号传输线以及两地点间的大地将形成回路,引入大地噪声。解决的办法是将传感器与被测物体绝缘。最后,还应注意测试系统接地点与其它接地点严格分开。

所有电源线和信号传输线应尽可能采用屏蔽线。同时,应注意不要让信号传输线与电源线平行,且应尽可能使它们相互远离隔开。

当测试系统工作时,应注意不要变动测试系统中任何仪器的任何开关,否则将产生高频噪声和出现瞬时过载现象,甚至损坏仪器。

应尽量使仪器间的阻抗相互匹配,并使振动测试仪器接地电阻不大于 4Ω。

16.2.3 动测数据分析与评价

桥梁结构的动力特性,如固有频率、阻尼系数和振型等,只与结构本身的固有性质有关,如结构的组成形式、刚度与质量分布情况、支承情况和材料性质等,而与载荷等其它条件无关。结构的动力特性是结构振动系统的基本特征,是进行结构动力分析所必需的参数。另一方面,桥梁结构在实际的动载荷作用下,结构各部位的动力响应,如振幅、应力、位移、加速度以及反映结构整体动力作用的冲击系数等,不仅反映了桥梁结构在动载荷作用下的受力状态,也反映了动力作用对司机、乘客舒适性的影响。桥梁结构的动载试验,就是要从大量的实测数据信号中,揭示桥梁结构振动的内在规律,综合评价桥梁结构的动力性能。

在动载试验中,可获取大量桥梁结构振动系统的各种振动量,如位移、应力、加速度等的时间历程曲线。由于实际桥梁结构的振动往往很复杂,一般都是随机的,直接根据这样的信号或数据来分析判断结构振动的性质和规律是困难的,一般需要对实测振动波形进行分析与处理,以便对结构的动态性能做进一步分析。常用的分析处理方法可以分为时域分析和频域分析两种。时域分析是直接对随时间变化的曲线进行分析,可以得出诸如振幅、阻尼比、振型、冲击系数等参数;频域分析是把时域信号通过傅里叶变换的数学处理变换为频域信号,揭示信号的频率成分和振动系统的传递特性,以得到振动能量按频率的分布情况,从而确定结构的频率和频率分布特性。得出这些振动参量后,就可以根据有关指标综合评价桥梁结构的动力性能。

在时域分析中,桥梁结构的一些动力参数可以直接在相应的随时间变化的曲线上得出,例如,可以在加速度随时间变化的曲线上得到各测点加速度振幅,在位移随时间变化的曲线上将最大动挠度减去最大静挠度即可得出位移振幅,通过比较各测点的振幅、相位就可得出振型。而另外一些参数,如结构阻尼特性、冲击系数则需要对随时间变化的曲线进行相应分析处理。

桥梁结构在风荷载、地震荷载、车辆荷载作用下所产生的振动,都是包含有多个频率成分的随机振动。它的规律不能用一个确定的函数来描述,因而就无法预知将要发生的振动规律。这种不确定性、不规则性是一切随机数据所共有的特点。这时可以通过数理统计的方法进行分析、研究。随机变量的单个试验称为样本,每次单个试验的时间历程曲线称为样本记录,同一试验的多个试验的集合称为样本集合或总体,它代表一个随机过程。随机数据的不确定性、不规则性是对单个观测样本而言的,而大量的同一随机振动试验的集合都存在一定的统计规律。对于桥梁结构的振动,一般都属于平稳的,各态历经的随机过程,即随机过程的统计特征与时间无关,且可以用单个样本来替代整个过程的研究。随机数据可以用统计函数来描述,如均值、均方值和均方差、概率密度函数、自相关函数、功率谱密度函数等。

16.3 桥梁施工控制与长期监测

16.3.1 桥梁施工监控的基本概念

好的桥梁设计必须要有高水平的桥梁施工技术来支持,同时桥梁施工技术的发展为桥梁设计意图的实现提供了灵活多样的手段,为新结构、新材料的推广应用提供了充分的技术保障。施工监控是施工技术的重要组成部分,并始终贯穿于桥梁施工中。

桥梁施工是一个复杂的系统工程。在整个施工过程中,将受到许多确定和不确定因素的影响,包括设计计算假定、材料性能参数、施工精度、施工荷载、大气温度等诸多方面的因素。这些因素总会使实际状态与理想目标状态之间存在一定的差异。因此,在施工过程中如何从受各种因素影响而失真的参数中找出相对真实之值,对施工状态进行实时监测、预测、调整,对设计目标的实现至关重要。目前,上述工作多以现代控制论为理论基础来进行,故称之为施工监控。

桥梁施工监控不仅是桥梁施工技术的重要组成部分,而且也是实施难度相对较大的部分。不同体系、不同施工方法、不同材料的桥梁,其施工监控技术要求也不一样。桥梁施工监控是确保桥梁施工宏观质量的关键。衡量一座桥梁的施工宏观质量标准就是其成桥状态的线型以及受力情况是否符合设计要求。对采用多工序、多阶段施工的桥梁上部结构,要求结构内力和标高的最终状态符合设计要求是很不容易的。例如混凝土斜拉桥,悬臂施工时主梁各节段要考虑预抬高以使其标高符合设计要求,同时还要求成桥状态下斜拉索的内力也达到设计要求。但由于斜拉桥是多次超静定结构,主梁标高的调整将影响到斜拉索的内力,某根斜拉索内力的调整又影响到主梁标高和邻近斜拉索的内力。因此,如不进行有效的监测控制,就可能导致内力或桥面线形难以达到设计目标值。

桥梁施工监控又是桥梁建设的安全保证。这一点对于大跨度桥梁更为突出。在施工过程中,由于每一阶段结构的内力和变形目标值可以预计,各施工阶段结构的实际内力和变形可以监测得到,这样就可以较全面地跟踪掌握施工进程和发展情况。当发现施工过程中监测的实际值与计算的预计值相差过大时,就要进行检查、分析原因,采取及时必要的措施,否则将可能出现事故。

16.3.2 桥梁施工监控的工作内容

桥梁施工监控的任务就是要确保在施工过程中桥梁结构的内力和变形始终处于容许的安全范围内,确保成桥状态符合设计要求。桥梁施工监控通常包括以下几个方面。

1. 几何(变形)监控

桥梁结构在施工过程中总要产生变形。结构的变形受到诸多因素的影响,会使桥梁结构在施工过程中的实际位置(立面标高、平面位置)偏离预期状态,甚至导致桥梁难以顺利合拢,或造成成桥线形与设计目标不符。桥梁施工监控中的几何监控就是使桥梁结构在施工中的实际状态与预期状态之间的偏差控制在容许范围内。

为保证几何监控总目标的实现,通常,每道工序的几何控制偏差的允许范围需事先定出来,并进行有效地监控。

2. 应力监控

桥梁结构在施工过程中以及在成桥状态的受力情况是否与设计相符合,是施工监控要解决的重要问题。通常通过结构应力的监测来了解实际应力状态。若发现实际应力状态与理论计算应力状态的差别超限就要进行原因查找和调控,使之控制在允许范围之内。一旦结构应力超出允许范围,就会对结构造成危害,甚至破坏。所以,它比变形监控显得更加重要,因此必须对结构应力实施严格监控。应力监控的项目和限值通常包括以下几个方面。

1) 结构在自重下的应力;
2) 结构在施工载荷下的应力;
3) 结构预加应力;
4) 斜拉桥拉索张力;
5) 悬索桥主缆、吊杆拉力、中下承力拱桥吊杆拉力;
6) 温度应力,特别是大体积基础、墩柱的温度应力;
7) 其它应力,如基础变位、风荷载、雪荷载等引起的结构应力。
8) 施工设备,如支架、挂篮、缆索吊装系统等的应力。

3. 稳定监控

桥梁结构的稳定性关系到桥梁结构的安全。桥梁施工过程中一定要严格监控施工各阶段结构构件的局部和整体稳定。桥梁的稳定安全系数是衡量结构安全的重要指标。目前主要通过稳定分析计算,并结合结构应力、变形情况来综合评定,控制其稳定性。此外,除桥梁结构本身的稳定性必须得到控制外,施工过程中所用的支架、挂篮、缆索吊装系统等施工设备的稳定性也应满足要求。

4. 安全监控

桥梁施工过程中安全监控是桥梁施工监控的重要内容。桥梁施工安全监控是上述变形监控、应力监控和稳定监控的综合体现。变形监控、应力监控和稳定监控取得了成效,安全监控也就得到了保障。

16.3.3 桥梁施工监控方法

桥梁施工是一个复杂的系统工程,施工过程中结构的受力状态、安全性能和成桥状态是桥梁施工监控的目标。由于施工过程受许多确定和不确定因素的影响,会使实际状态与理想目标状态之间存在一定的差异,因此,对施工状态进行实时监测、预测、调整,实现设计目标就成为桥梁施工监控的中心任务。通常,桥梁施工监控将结构内力、线形作为状态向量,将拉索或预应力钢筋张拉力等作为控制向量,监控流程大致可归纳如下。

1) 对每一施工阶段的结构内力、变形进行监控测量,包括结构高程及线形的变化;结构主要截面的应力状态。主要材料试验结果,如混凝土的弹性模量、容重等;主要施工设备的重量、位置等,对于斜拉桥、系杆拱还包括拉索索力。

2) 计算参数及结构状态的估计,包括混凝土的弹性模量的变化规律、应力损失、收缩徐变系数、构件日照温差的变化范围等。这些参数的估计可以采用基于结构静力分析的参数辨识方法。结构状态的估计是指从包含有测量误差的监控测量结果中进行状态向量的最优估计。

3) 结构模拟分析。通过结构倒推分析,基于计算参数的最优估计结果,计算出各施工阶段结构的理想目标状态。通过结构前向分析,计算出下一施工阶段结构内力、标高的预测值。结构模拟分析一般采用专用的桥梁施工监控分析软件进行。

4) 比较各施工阶段的目标状态与实际状态。如果二者的偏差超过事先确定的范围,根据前述控制论的基本理论和实际状态监控测量的结果,通过结构模拟分析计算,确定拉索或预应力钢筋张拉力、预抬高量等控制量调整方法和调整量值,以使实际状态与目标状态尽可能接近。

5) 对每一施工阶段,按照上述流程进行监控测量、状态估计、模拟分析、控制量调整,直至桥梁施工完成,使每一施工过程状态及成桥状态均接近目标状态。

随着桥梁结构形式、施工特点和具体监控内容的不同,其施工监控方法也不相同。通常,可分为事后监控法、预测监控法、自适应监控法与最大宽容度法等。

事后调整监控法是指在施工过程中,对已经施工完成的结构部分进行检查。当状态与设计要求不符时,即可通过一定手段对其进行调整,使之达到要求。这种方法仅适用于那些结构内力与线形能够调整的情况,如斜拉桥。通常,事后调整实施难度大、效果一般,不是一个好的监控方法,只能算是一个补救措施。

预测监控法是指在全面考虑影响桥梁结构状态的各种因素和施工所要达到的目标后,对结构的每一个施工阶段形成前后的状态进行预测,使施工沿着预定状态进行。由于预测状态与实际状态间存在着偏差,有些偏差对施工目标的影响则在后续施工状态的预测时予以考虑,以此循环,直到施工完成和获得与设计相符合的结构状态。预测监控法是桥梁施工监控的主要方法,以现代控制理论为基础,常见的预测方法有卡尔曼滤波法、灰色理论法等,图16.3.1为基本原理框图。

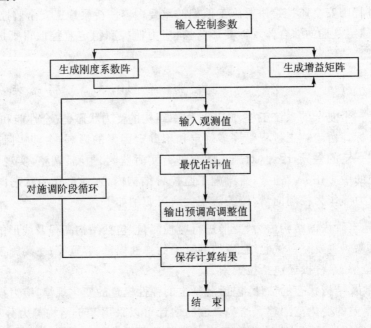

图 16.3.1　随机最优施工监控过程框图

自适应监控法也称为参数识别修正法。它是指在施工过程中,结构的某些设计参数如容重、弹性模量、混凝土的收缩徐变系数、摩阻系数等与实际情况不完全相符,系统不能按设计要求得到符合目标的输出结果。因此,可以通过系统辨识或参数估计,根据桥梁结构变形、应力等方面的实测结果与按照参数的初步估计值的理论计算结果的反复比较,来逐步逼近结构设计计算参数的真实值,不断地修正参数,使实际输出与目标值逼近,从而实现监控意图。图16.3.2为自适应施工监控流程。

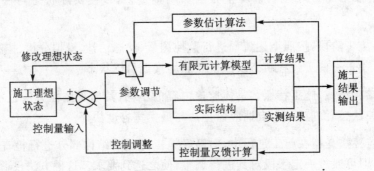

图 16.3.2　自适应施工监控实施框图

还有一种方法是在设计时给予主梁标高和内力最大的宽容度,即偏差的容许值。如某斜拉桥悬臂长为215 m,主梁线形设计的宽容度达±0.15 m,同时对每一节段的偏差也规定了限值范围,这种做法减小了监控难度。此外,当采用支架法施工时,支架安全监控则主要通过对支架应力、变形进行跟踪监测,并将其监测值与相应计算值比较,判断是否在安全范围内,若出现异常情况,则暂停施工,查找原因,确保施工安全。

16.3.4 影响桥梁施工监控的因素

影响桥梁施工监控的因素主要有以下几方面。

1. 结构参数

不论何种桥梁的施工监控,结构参数都是必须考虑的重要因素。结构参数是施工监控中结构施工模拟分析的基本资料,其准确性直接影响分析结果的准确性。事实上,实际桥梁结构参数一般是很难与设计所采用的结构参数完全吻合的,总存在一定偏差,施工监控中如何恰当地计入这些偏差,使结构参数尽量接近桥梁的真实结构参数,是首先需要解决的问题。结构主要参数如下。

1) 结构构件截面尺寸。截面特性误差直接影响结构内力、变形等分析结果。因此,监控过程中要对结构尺寸进行动态取值和误差分析。

2) 材料弹性模量。结构材料的弹性模量和结构变形有直接关系,在施工过程中要根据施工进度经常性地进行现场抽样试验,特别是在混凝土强度波动较大的情况下,应随时对材料弹性模量的取值进行修正。

3) 材料容重。材料容重是引起结构内力与变形主要因素之一,施工监控中必须要计入实际容重与设计取值间可能存在的偏差,特别是混凝土材料,不同的集料与不同的钢筋含量都会对容重产生影响。

4) 材料热膨胀系数。热膨胀系数的准确与否对施工监控影响较大,特别是钢结构要特别注意。

5) 施工荷载。施工载荷对受力与变形的影响在监控分析中是不能忽略的,一定要根据实际取值。

6) 预加应力。预加应力是预应力混凝土结构内力与变形监控时要考虑的重要结构参数。预加应力值的大小受很多因素的影响,包括张拉设备、管道摩阻、预应力钢筋断面尺寸、弹性模量等,施工监控中要对其取值偏差做出合理估计。

2. 施工工艺

施工监控是为施工服务的,反过来,施工工艺的好坏又直接影响监控目标的实现,除要求施工工艺必须符合施工规范要求外,在施工监控中还应考虑构件制作、安装等方面的误差。

3. 施工监测

监测包括结构温度监测、应力监测与变形监测等,是桥梁施工监控最基本的手段之一。由于测量仪器仪表、测量方法、数据采集与环境条件等因素的影响,施工监控测量结果会存在误差。该误差一方面可能造成结构实际参数、状态与目标值吻合较好的假象,也可能造成将本来较好的状态调整得更差的情况,所以,保证测量的可靠性对施工监控极为重要。在监控过程中,除要从测量仪器设备、方法上尽量设法减小测量误差外,在进行监控分析时还应进行结构状态监控测量结果的最优估计。

4. 结构分析计算模型

无论采用什么分析方法和手段,总是要对实际桥梁结构进行一定的简化,建立计算模型。

这种简化使分析计算模型与实际结构受力情况之间存在误差,包括各种假定、边界条件处理、模型化的本身精度等。施工监控时需要在这方面做大量工作,必要时还要进行专门的试验研究,以使计算模型误差所产生的影响减到最低限度。

5. 温度变化

温度变化对桥梁结构的受力与变形影响很大。温度变化相当复杂,反映在不同季节、日照情况和骤变温差等方面。

6. 混凝土的收缩徐变

对混凝土桥梁结构而言,材料收缩、徐变对结构内力、变形有较大的影响,特别是当采用悬臂浇筑施工方法时,尤为突出。在施工监控时可采用参数辨识或模型试验方法来确定收缩徐变参数,以期采用较为合理的、符合实际的收缩、徐变计算模型。

7. 施工管理

施工管理好坏不仅直接影响桥梁施工质量、进度,也会影响施工监控的顺利进行。以悬臂浇筑施工的混凝土连续梁、连续钢构桥为例,如果两相对悬臂施工进度存在差别,就必然会使两悬臂在合拢前等待不同的时间,从而产生不同的徐变变形,由于徐变变形较难准确估计,所以容易造成合拢困难。

16.3.5 桥梁施工监控系统

影响桥梁施工监控的因素很多,涉及到方方面面,要使桥梁施工安全、顺利,达到预期的控制目标,就必须建立完善、有效的监控系统。

桥梁施工监控系统应具备管理与控制的功能,即施工监控系统一般应由施工管理系统与现场监控系统两个分系统组成,而各分系统又由多个子系统组成。图16.3.3为桥梁施工监控系统框图。其中,施工现场监控分系统是整个施工管理、监控系统的核心,具有数据比较、结构当前状态估计、误差分析、参数识别、前进或倒推结构分析、未来状态预测等功能。施工现场监控分系统的流程框图如图16.3.4所示。

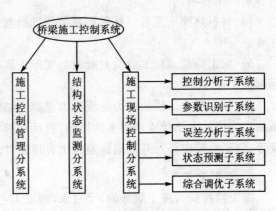

图16.3.3 桥梁施工监控系统框图

施工现场监控分系统通常由施工监控分析子系统、参数识别子系统、误差分析子系统、状态预测调整子系统和桥梁结构施工状态监测子系统等几个子系统组成。

总之,桥梁施工监控是一个系统工程,牵涉的面很广,要有效地实施施工监控,就必须注重施工管理,注重监控实现的准确性与及时性,建立完善的监控系统和制订实施细则,并在实施中根据实际情况进行调整,否则施工监控很难取得预期的成效。

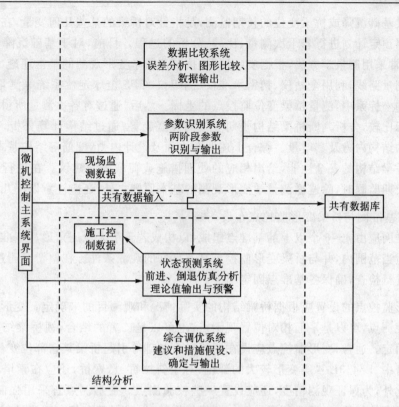

图 16.3.4 施工现场监控分系统的流程框图

16.3.6 桥梁结构长期监测与健康诊断技术

自从 20 世纪 50 年代以来，人们就意识到桥梁安全监测的重要性。早期的监测主要针对桥梁结构的长期内力变形、基础的沉降等问题，涉及的内容比较单一，技术手段也以测量学方法为主，所以应用范围受到了一定的限制。近年来随着大跨桥梁的建设，桥梁结构性能的长期监测与健康诊断技术受到了国内外学术界、工程界的广泛重视，也在一些大跨度桥梁建设和运营过程中进行了有益的尝试。下面对桥梁结构内力变位的长期监测与健康诊断系统做一简要介绍。

1. 桥梁内力（应力）变位的长期监测

在桥梁结构的使用过程中，由于受地质情况复杂、地下水位变化、混凝土收缩、徐变、温度变化、桥梁周边施工、使用载荷增大等种种因素的影响，桥梁结构的内力（应力）会发生变化，基础会产生沉降或变位，桥梁结构的线形或平面位置会产生变化。对于静定结构，这些变化往往引起桥面线形不顺畅，影响行车的舒适性；对于超静定结构，这些变化不仅会引起桥面线形不顺畅，而且会导致桥梁结构实际受力状况恶化，导致附属设施的破坏。就长期监测内容而言，其范围比较广，如超静定结构由于徐变而产生的内力、变形的变化，混凝土结构的裂缝开展情况，桥梁基础的沉降变位等；就重要性而言，上述因素对桥梁结构的影响是长期的、严重的，甚至会危及桥梁结构的安全使用，因此必须通过相应的监测方法、监测手段，掌握上述因素的变化规律、发展趋势以及其对桥梁结构受力状态、使用性能的影响程度。以较为常见的桥梁基础沉降或桥梁变位为例，以下对桥梁内力（应力）变位的长期监测的方法作一个简要介绍。

所谓桥梁基础沉降或桥梁变位的长期监测,是指针对桥梁的某些几何变量,在一个较长的时间段内按照预定计划进行若干次测量、比较、分析的过程。目前,对于基础沉降和桥面线形的监测,一般常采用测量学方法,根据实际情况,按照测量学变形观测的基本理论,建立相应的观测网点和测量路线,利用全站仪、精密水准仪、测距仪、GPS全球定位系统等测量仪器设备,在独立假定的坐标系中,测量桥梁变位监控点的坐标。然后,通过对各次测量所得出的桥梁变位监控点坐标比较,分析判断桥梁结构长期变位的发展趋势;通过结构计算分析,得出由长期变位所产生的结构内力及其增量。综合上述两个方面及设计内力、配筋等结构基本情况,就可以宏观判断桥梁结构的安全性能,给出相应的处理措施或荷载限制建议。在进行基础沉降和桥梁变位的长期监测时,除遵循测量学变形观测的基本原则之外,还应注意以下几个问题。

(1) 监控基准网与桥梁变形监控点布设

监控基准网应由4~6个以上的基准点组成,以构成若干个大地三角形。基准点应布置在桥梁以外的适当范围内,并与桥梁变形监控点具有良好的观测条件。在整个监测过程中,应定期对基准网进行检查,确保各基准点固定不变。

桥梁变形监控点的设置应根据桥梁结构的实际情况和观测目的来确定。变形监控点可以是相对高程观测点,可以是平面相对位置观测点,也可以是二者的结合,视桥梁结构具体情况和观测目的而定。通常,变形监控点应设在桥梁墩台基础等引起桥梁其它部位变位的部位;或设置在桥跨跨中、L/4、3L/4等变形较大的部位;对于斜拉桥、悬索桥,还应在索塔塔顶设置变形观测点。此外,为保证观测精度,还应设置一些校验测点。变形测点宜采用强制归心标志,固定在易于保存的部位,必要时还要采取一些保护措施,以确保其在整个观测过程中相对于桥梁稳定不变。

(2) 监测期限与监测安排

桥梁基础沉降和桥面变位长期监测的时间长度、观测时间间隔与观测安排等方面应根据所监测对象的特点及外部条件来确定。对于由地质情况、地下水位变化、混凝土收缩徐变、温度变化等因素引起的桥梁变位的监测,时间长度应在1年以上,以便能够较为准确地分析各影响因素的影响程度,排除一些次要因素,采取相应的对策。同时,只有确认由上述因素引起的变位已经基本稳定不变时,监测工作方可终止。对于由桥梁周边施工、使用载荷增大等因素引起的桥梁变位的监测,时间长度可根据具体情况来确定。对于一些危桥、病桥的长期监测,时间长度宜适当延长。至于观测时间间隔、观测安排,应根据桥梁结构的实际情况、外部条件和监测费用等方面来统筹考虑。由变化时限长的影响因素,如年温差所引起的变位观测宜安排得稀疏一些,观测时间间隔宜长一些;而那些变化时限较短的影响因素所引起的变位观测宜安排得密一些,观测时间间隔短一些。

(3) 测量制度

1) 在观测过程中,所采用的仪器设备均应定时进行检查校验。

2) 在观测过程中,每次观测均采用相同观测线路,采用同一仪器设备,测量人员应固定不变。

3) 对于监测期限在1年以上的情况,测量时间安排应包括季节温度与湿度的变化、水文的变化等各种极端情况。

4) 对于监测期限在2年以上的情况,每年相同季度、月份的观测条件应基本相同,以便观测结果的比较分析。

5) 每次测量应在夜间进行，以消除温度的影响。

6) 在观测过程中，如通过前一阶段的观测，发现监测桥梁的变位有突然变化时，应加密测量次数，增加测点布置。

2. 桥梁结构健康诊断简介

随着大跨桥梁的建设，桥梁结构性能的健康诊断技术得到了迅速地发展。所谓健康诊断系统，是指利用一些设置在桥梁关键部位的传感器、测试元件、测试仪器，实时在线地测量桥梁结构在运营过程中的各种响应，并将这些数据传输给中心监控系统，按照事先确定的评价方法与响应限值，实时地评价诊断桥梁结构的健康状况，必要时提出相应的处理措施，并在极端情况下（如台风、地震）给出警示信号或关闭交通。目前，桥梁结构健康诊断技术主要用于大跨度重要桥梁，是传统长期监测技术的发展和延伸。它的特点表现在：监测内容广泛全面，测试、诊断、评估实现了自动化，能够实时发现桥梁病害或不良反应，并及时进行处理。桥梁结构性能的健康诊断技术不仅是保证大跨度桥梁的安全运营的重要手段，而且可以修改、完善大跨度桥梁的设计理论与设计规范，降低大跨度桥梁的维修费用，因此具有重大理论意义。

一般说来，桥梁健康诊断技术的内容包括以下几个方面。

1) 桥梁荷载实时在线监控。监控内容包括风荷载、地震、温度和交通荷载。所使用的传感器大致有：风速仪，记录风向、风速，连接数据处理系统后可得风功率谱；温度计，记录温度、温度差随时间变化的规律；动态地秤，记录交通荷载流随时间变化的规律，连接数据处理系统后可得交通荷载谱；强震仪，记录地震作用；摄像机，记录车流情况和交通事故。

2) 几何变位监测。采用位移计、倾角仪、GPS、电子测距器、数字像机等工具，监测桥梁各部位的静态位置和静位移，如索塔的水平变位和倾斜度、主缆和加劲梁的线形变化、支座和伸缩缝的相对位移等。

3) 结构响应监测。如采用应变仪记录桥梁主要受力构件的应变历程，以得到构件疲劳应力循环谱；采用测力计记录拉索、吊杆的张力历史；用拾振仪记录桥梁结构各部位的动态响应，如加速度、振幅，分析监测结构的动力特性。

4) 建立桥梁结构状态的数据库。根据大量的、全面的监测数据结果，建立、更新桥梁结构性能、结构状态的数据库，利用模态分析技术，实时评估结构的损伤位置、程度、性质。

目前，桥梁健康诊断系统尚在进一步发展中，也仅用于大跨度重要桥梁。可以相信，随着技术的进步和人们对桥梁使用状况的重视，桥梁健康诊断技术必将会得到快速发展和广泛应用。

16.1 桥梁检测前需要做哪些准备工作？每一项准备工作的目的是什么？

16.2 桥梁检测过程中，为什么说加载非常重要？

16.3 桥梁静载检测过程中，主要的加载方法有哪些？各自的特点是什么？

16.4 桥梁静载检测过程中，有哪些重要的观测内容？

16.5 桥梁静载检测过程中,简要说明测点布置的原则。

16.6 桥梁结构的动载试验的基本任务主要有哪几个方面?

16.7 相当于桥梁静载检测,桥梁的动载检测的特殊性主要体现在哪些方面?

16.8 在桥梁结构动力响应测试中,有哪些主要的激振方法?各自的应用特点是什么?

16.9 为什么说桥梁结构的动载试验过程中传感器的选取与布置非常重要?

16.10 简要说明桥梁振动测试系统的组成及各部分的作用。

16.11 为什么要对桥梁施工过程进行监控?简要说明它与长期监测的关系。

16.12 桥梁施工监控过程中有哪些主要工作内容?每一项工作的目的是什么?

16.13 影响桥梁施工监控的主要因素有哪些?这些因素如何进行检测?

16.14 本书介绍的桥梁健康诊断技术的内容主要包括哪些方面?随着科学技术的进步,你认为还有哪些检测技术将会应用于桥梁健康诊断中?

第 17 章 钢材轧制在线检测技术

本章以线材和圆钢直径、板带材厚度、宽度与长度等介绍几种典型的钢材轧制在线检测技术。

17.1 线材和圆钢直径的在线测量

17.1.1 在线测径仪的工作原理

图 17.1.1 为测径仪的基本原理图。由一个置于透镜焦点处的点光源发出一定强度的光，经透镜后成为一束平行的光，把通过其中的物件(线材或圆钢)成像于固态摄像器件上。该器件由 2 048 个成一直线排列的光敏元件和移位寄存器构成，称为 CCD 摄像器件。光敏元件将所接受的光照强弱转变为电荷的多少，并将电荷送至移位寄存器输出，完成光电转换。

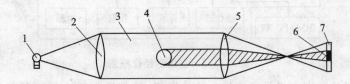

1—光源；2—透镜；3—检测光；4—被测物体；5—透镜；6—物像；7—摄像器件

图 17.1.1 测径仪原理图

由于被线材和圆钢遮挡所造成的物像(阴影部分)和未被遮挡部分的光照强度有显著区别，故对光-电转换所获得的电信号加以适当地处理就可以识别出该物体的几何尺寸，如图 17.1.2 所示。

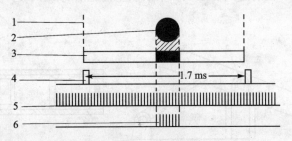

1—投射光束；2—被测物体；3—摄像器件；4—定时脉冲；5—时钟脉冲；6—计数结果

图 17.1.2 光-电转换检测物体尺寸图

以 1.7 ms 为一周期扫全视场，受光照部分使时钟脉冲封锁；未受光照部分(阴影)有脉冲输出。通过对这些脉冲计数便可计算出实际物体的几何尺寸。用特殊制作的滤光镜，滤去由高温发出的红外成分为主的多种谱线光，使成像清楚。用 1.7 ms 能获取全视场 1 000 个数据的速度实现了高速数据采集,并存入计算机中,从而得到了清晰的数字化摄像。为了获得多方位的尺寸;采用一个旋转机构使检测装置可按人工或自动方式连续测试 90°范围内各个方向的直径。

17.1.2 在线测径仪结构

1. 结构框图

图 17.1.3 为在线测径仪结构的结构示意图。它包括三大部分:检测装置、控制和数据处理装置及一台上位计算机。

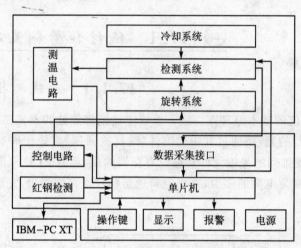

图 17.1.3 在线测径仪框图

高低两档配置的区别在于是否连接上位计算机、处理数据能力的强弱以及输出结果的完备程度,但二者均同样完成在线测径,可根据应用场合和需要灵活配置。

2. 检测装置

如图 17.1.4 所示,线材由导管导入不锈钢筒,位置恰好装在钢筒中光源和摄像器件中间,以便进行检测。从钢筒上的水管通入冷却水,因此连续过钢时也不热。另外将压缩空气引入钢筒,尽可能阻止尘埃和铁屑进入和堆积。采取以上措施后,保证了这一精密的光电装置得以可靠的工作。

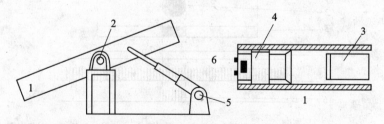

1—钢筒;2—导管;3—光源;4—摄像器件;5—电动执行机构;6—测温电路
图 17.1.4 在线测径仪检测装置

电动执行机构带动整个检测装置在 90°范围内转动,从而实现多角度测径。为了防止水源和气源中断,导致钢筒内温度上升过高,损坏传感元件,在钢筒内安装了温度传感器,当温度大于一定温度时发出报警信号。

3. 控制和数据处理装置

该装置的核心是一台作了扩充的单片机。高速接口对检测装置中传感元件输出的影像信号进行采集，以 1.7 ms 获取 1 024 个数据的速度将它送入存储器中，经数据处理，测试结果以毫米为单位显示在控制面板和大尺寸显示屏上，以便观察。尽管采样速度很高，但显示结果的持续时间可以方便地在面板上选择，在 0.3～2 s 范围内，可有 100 种选择。红钢检测部分的作用是在钢材到来时自动开启检测装置的光源和启动旋转机构；而在检测相邻两根钢筒之间的间隙时间里自动使二者断电，从而使整个工作过程完全自控。在手动方式下，光源的开启和旋转机构的动作均由操作人员控制。

在面板上有一通信接口，操作人员可以选择是否需要由同一台 IBM-PC 机担当的上位计算机进行通信，对数据加以进一步处理。

4. 上位计算机

操作人员如要求同上位机进行通信，装置内设计了单片机同 IBM-PC 机进行通信的软、硬件，单片机除将测试结果按一定速度在数码上显示出来之外，在工作流程中查访到需要进行通信的请求信号时，还要将结果送到控制室中的 IBM-PC 机中去。处理的内容包括在屏幕上显示出这根钢的直径的瞬时值、最大值和最小值，并连同编号一起打印出来。还可以由操作人员随时决定是否打印出迄今为止所有数据的分类统计，即在每一尺寸区间里的数据分布状况，分析轧制状况。

总之，由于上述介绍的在线测径系统以固态摄像器件和相应的光学系统为核心，采用高速数据采集器和计算机进行处理，从而实现了测试精度高、功能完备和实用的设计目的。其主要特点为：

1) 可实现冷、热状态下的线材及圆钢进行动态、多方位测径；
2) 可在 90° 范围内连续测量多方位尺寸；
3) 分辨率高，可达 1/1 024；
4) 测径误差小，如对 17 mm 圆钢测量的误差小于 0.05 mm；
5) 具有消除粉尘等污物对测试精度影响的能力。

17.2 板带材厚度的在线测量

板带材厚度在线测量多采用非接触方式，例如射线式、激光式、电感式、超声波式和微波式等；也可以采用接触式，典型的如差动变压器式。

17.2.1 放射性测厚仪

1. 放射性测厚的原理

（1）放射性元素

放射性元素是由原子核不稳定，能自发地放出 α 射线、β 射线或 γ 射线；而且具有不受外界作用能连续放射射线的能力。这些射线能穿透物质使其电离。放射性元素有天然放射性元素和人工放射性元素两种。一切铀化合物、钍、钋、镭元素都具有天然放射性，这些元素也称为天然放射性元素。由原子反应堆生产出的放射性元素,称为人工放射性元素。

(2) 放射性及其性质

α射线是由原子核放射出来的带有正电的粒子流,动能可达几兆电子伏。但由于α粒子质量比电子大得多,通过物质时极易使其中原子电离而损失能量,所以它穿透物质的本领比β射线弱得多,厚度为 0.1 mm 的纸就能把 α 粒子全部吸收。β射线是由原子核所发出的电子流。电子的动能可达几兆电子伏特以上,由于电子质量小,速度快,通过物质时不易使其中原子电离,所以它的能量损失较慢,可以穿透 1.2~1.5 mm 的钢板。γ射线是从原子核内部放出的不带电的光子流,速度为 3×10^5 km/s,能量可达几十万电子伏,穿透物质的能力最强,可以穿透几百毫米的钢板。

(3) 测厚原理

如果放射源的半衰期足够长,那么在单位时间内放射出来的物质数量是一定的。当β或γ射线穿透物质时,它的强度逐渐减弱,这是由于钢板吸收了射线的能量,被吸收的数量取决于被测物的厚度,因此如果能测得被吸收后射线的强度,就可以知道被测物质的厚度。射线穿透物质能量衰减的规律以下式表示,即

$$I = I_0 e^{-\mu \delta} \quad (17.2.1)$$

式中　I, I_0——分别为射线通过物质前后的强度(eV);

δ——通过物质的厚度(m);

μ——吸收系数(m^{-1})。

引入质量吸收系数 $\mu_m = \dfrac{\mu}{\rho}$,则由式(17.2.1)可得:

$$I = I_0 e^{-\mu_m \rho \delta} \quad (17.2.2)$$

式中　ρ——物质密度(kg/m^3)。

考虑到粒子在物质中的射程与物质的密度有关,同一能量的粒子穿透不同密度物质时的最大射程不同。为此,引入质量厚度 δ_1 来表示粒子在物质中的射程,可以描述如下:

$$\delta_1 = \delta \cdot \rho \quad (17.2.3)$$

同一能量的射线,穿透密度大的物质射程短;穿透密度小的物质射程长。

将式(17.2.3)代入式(17.2.2)得

$$I = I_0 e^{-\mu_m \delta_1} \quad (17.2.4)$$

此式是利用β,γ射线测量物质厚度的理论根据。被测物质的质量吸收系数 μ_m 是确定的,因此只要测出对应不同的厚度(或质量厚度)的相对粒子数(或相对强度),就可以测出被穿透物质的厚度。

2. 射线法测厚仪

按照射线被测物体吸收情况,射线测厚仪可分为穿透式测厚仪和反射式测厚仪。

(1) 穿透式测厚仪表原理

穿透式测厚仪表的放射源和检测器分别置于被测板带材上、下方。其工作原理如图 17.2.1 所示。当射线穿过被测材料时,一部分射线被材料吸收;另一部分则透过材料进入检测器,为检测器所接收。对于窄束入射线,在其穿透被测材料后,射线强度的衰减规律如公式(17.2.4)所示。

当 I_0 和 μ_m 一定时,则 I 只是 δ_1 的函数。因此测出 I 就可以知道材料厚度 δ 值。

(2) 反射式测厚仪表原理

反射式测厚仪的放射源和检测器置于被测材料的同一方。其工作原理如图17.2.2所示。当射线与被测材料相互作用时,使得其中的一部分射线被反向散射而折回,并进入检测器。射入检测器的反向散射射线强度,除与被测物质的厚度有关外,还与放射源及其能量强度、放射源与被测材料之间的距离、被测物质的成分、密度以及表面状态等因素有关。因此,当这些量确定不变时,检测到的反射线强度就仅与厚度有关。

这种检测方法适用于不便于采用穿透式测厚仪的场合,用来进行单面检测材料厚度、覆盖层和涂层厚度,如管材管壁厚度测量、镀锌线和镀锡线上镀层厚度检测等,都广泛采用反射式测厚仪。

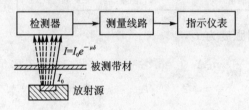

图17.2.1 穿透式测厚仪工作原理图

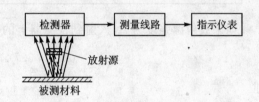

图17.2.2 反射式测厚仪工作原理图

3. 放射源

放射源的选择主要是根据其特性、射线种类、射线能量和半衰期,按待测物的厚度来选择合适的射线种类和能量。

由于α射线通过物质时极易使其中原子电离而损失能量,几乎穿不透一张纸,所以在轧制生产上不能做为放射源。β射线可以穿透1.2~1.5 mm厚的钢板,故β射线常用于薄带金属厚度的测量,如钷^{147}(Pm^{147})发射的β射线,可以测量0.08~0.8 mm厚的金属箔材;而γ射线的能量较强,可测的厚度范围较大,如镅^{243}(Am^{243})发射的γ射线能量为60 keV,可以测量0.1~3 mm厚的钢板;铯^{132}(Cs^{132})发射的γ射线能量为0.661 MeV,可以测量几毫米至几百毫米厚的钢板,适用中厚板的在线连续测量。

X射线和γ射线一样,均显电磁波。从产生机构上来说,γ射线是从原子核内部放出的射线,而X射线则是由原子核外产生的。X射线强度的大小可以靠改变加在X射线管上的高电压来选择。所以X射线和γ射线一样,可以测量厚度较厚的钢板及带钢,而且X射线的防护问题比γ射线也简单得多。

各种穿透式射线测厚仪的特征及使用范围如表17.2.1所列。

放射源强度是指放射源单位时间内核衰变的数目,用居里(Ci)来表示其单位。1 Ci 的强度表示每秒钟有 3.7×10^{10} 次核衰变。Ci 的单位太大,也可以用 mCi 或 μCi,有如下关系

$$1 \text{ Ci} = 10^3 \text{ mCi} = 10^6 \text{ μCi}$$

$$1 \text{ mCi} = 3.7 \times 10^7 \text{ 核衰变}/s$$

$$1 \text{ μCi} = 3.7 \times 10^4 \text{ 核衰变}/s$$

表 17.2.1 各种穿透式射线测厚仪表的特征及使用范围表

射线种类 项目	β射线测厚仪	γ射线测厚仪	X射线测厚仪
辐射射线	β射线	γ射线	X射线
射线产生的方法	核衰变	核衰变	X射线管施加高电压
能谱形式	连续谱	线状谱	连续谱
对钢板的测量范围	0~1.2 mm	5~1 000 mm	0.5~12 mm
应用举例	中低速薄板的连续测量	冷轧薄板、热轧中厚板的连续测量	冷热轧薄、中厚板的连续测量

如果放射源强度为 A，入射到检测器上的辐射强度为 I_0，

$$I_0 = 3.7 \times 10^7 \frac{S}{4\pi l^2} n_K A \tag{17.2.5}$$

即

$$A = 3.4 \times 10^{-7} \frac{I_0 l^2}{n_K S} \tag{17.2.6}$$

式中 n_K——一次衰减所产生的粒子数；

S——检测器的工作面积(m^2)；

l——放射源与检测器的距离(m)。

射线能量是反映放射性特征的另一个重要物理量。放射性粒子以很快的速度运动。射线的这种高速运动状态不是用速度来表征，而是用能量来表征。能量越大，运动速度越快，对物体的穿透本领越强。不同的放射性元素放出的射线能量不同。

4. 检测器

射线测厚仪中使用的检测器，主要有电离室、闪烁计数器和盖格计数管。

(1) 电离室

电离室的工作原理如图 17.2.3 所示。它是由一个平板组成的气体电容器，其中充满氢、氮、空气等气体。对电容两个极板加上几百伏的电压，因此，在电容极板间产生电场。这时，如果有某种射线照射两极板间的空气，将使空气分子电离，产生正离子和电子。

它们在极板间电场作用下，正离子趋向负极，与负极上的负电荷中和；而电子趋向正极，与正极上的正电荷中和。由于正负极上的正负电荷被中和，因而正负电荷减少，这时电源上的正负电荷就跑去补充，于是在电阻 R 上出现电流，这个电流叫做电离电流。电离电流在 R 上形成电压降。射线的辐射强度越大，产生正离子和电子越多，电离电流越大，在 R 上的电压降也越大。因此，通过测量电离电流或测出电阻 R 上的电压降，就可以检测出射线辐射强度。一般说来，电离电流很小，在 R 上产生的电压降也只有几毫伏或更小，因此，必须采用专门的电子线路加以放大，才能推动显示仪表和输出控制信号。

电离室主要用来探测能使气体电离的带电粒子，如 γ 粒子和 β 粒子，γ 光子是不带电的中性粒子，不能使气体电离，因此，电离室不能探测 γ 光子。目前工业上采用的放射源只有两种，即 β 射线和 γ 射线放射源。电离室主要用于探测 β 粒子。

当射线强度不变时,电离电流 I 的大小与极板间外加电压 U 的关系如图 17.2.4 所示。它称为伏安特性曲线。在外加电压不大时,电离电流将随外加电压 U 的增加而增大(图中 OA 段)。这是由于电离作用所产生的正负离子对有可能结合成中性气体分子,叫做离子的复合。当 U 不大时,两极板之间的电场还不很强时,离子复合的机会相当大,因此到达极板的离子数只占原来产生离子的一部分。当 U 增大时,离子受电场作用而引起流向两极的速度增大,因而复合机会减少,结果 I 随着 U 的增大而增大。当电压 U 足够大时,所有离子没有复合机会,即都被吸引到阴极。由于气体全部电离,所以增加外加电压 U,I 值也不再增加,这时 $I=N\cdot e$ 称为饱和电离电流(图中 AB 段)。这里 e 为电子电荷,N 为单位时间内辐射在电离空气体中产生离子对的数目。当外力口电压再增大时,离子定向极板的速度增大,因而碰撞别的分子产生新的离子对,于是电离电流又开始随着外加电压的增加而急剧增大,这时即使移出辐射源,电流仍能维持,这个现象叫气体的自激放电。电离室选择在饱和电压下工作,电离电流的大小就与射线强度成正比。

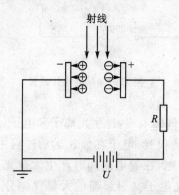

图 17.2.3　电离室工作原理图

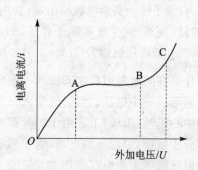

图 17.2.4　伏安特性曲线

电离室除了空气式外,还有密封充气的,一般充氩气等惰性气体。气压一般稍大于大气压,这有助于增大电离电流。同时密封可以维护内部气压的恒定,减少受外界气压波动而影响电离室的输出。

(2) 闪烁计数器

闪烁计数器由闪烁体(荧光体)、光电倍增管和电子线路组成。其工作原理如图 17.2.5 所示。当射线射到闪烁体时,闪烁体的原子受激发发出闪光,透过闪烁体射到光电倍增管的阴极上,使阴极发出电子。光电倍增管把这光电子放大几十万倍,最后在阳极上形成光电流。它通过电阻 R 后,就在 R 上产生电压降,经过放大器放大后作为信号输出,再通过甄别器、计数器记录下来。每射进一颗粒子,闪烁体就发出一次闪光,R 上就出现一次电压脉冲。因闪烁体发出闪光时间很短(约为 10^{-3} s),而光电倍增管的分辨时间(分辨两个脉冲最短时间)也很短(约为 10^{-9} s),所以光电倍增管能把每个闪光分辨出来。在单位时间里,光电倍增管输出的脉冲数与闪烁体的闪光数相对应,因此测出这些脉冲数就可测出射线的强度。

闪烁计数器不仅能探测 γ 射线,而且也能探测各种带电和不带电的粒子。它不仅能探测它们的存在,而且能鉴别其能量大小。闪烁计数器与电离室比较,其特点是效率高和分辨时间短,因此它作为射线检测器广泛地用于各种检测仪表中。

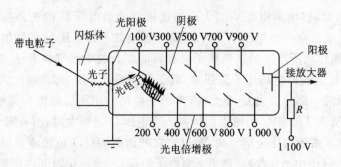

图 17.2.5　闪烁计数器原理图

(3) 盖格计数管(G-M计数管)

盖格计数管又叫盖格-弥勒计数管。它的构造如图17.2.6所示。它有一个圆柱形铜管作为阴极，中间有一根细钨丝作为阳极，阴极和阳极被封闭在玻璃管内，管子的两头为电极引出端，管内充以惰性气体(如氩、氖等)和少量多原子分子(如乙醚、乙醇等)的蒸气。管内压强约为$(1.3 \sim 2.6) \times 10^4$ Pa。

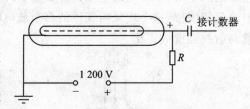

图 17.2.6　盖格计数管

工作时在阴极和阳极之间加入一定电压，则在两者之间形成一个电场。当射线穿入计数管中引起惰性气体电离，产生正离子和电子，电子被吸引到中心钨丝(阳极)上。由于钨丝很细，它附近的电场很强，电子在加速运动过程中，不断与气体分子碰撞，引起新的电离，管中形成所谓"雪崩"放电，在放电的同时产生大量光子。这些光子射在阴极上会引起光电效应产生光电子。这些光电子又引起新的大量气体分子的电离，最后在计数器整个阴极周围形成放电。在计数管中，靠近中心钨丝的电子很快地到达阳极。由于正离子质量大，运动速度小，因此有一层正离子包围着中心钨丝，形成所谓正离子鞘。由于正离子鞘的存在，使钨丝附近的电场减弱，新的电离过程停止。惰性气体的正离子在向阳极运动的过程中，从多原子分子那里取得电子中和，最后到达阴极的是多原子分子的正离子。它们从阴极取得电子而中和。中和时放出的能量使多原子分子分解而不产生光子，这就避免了当正离子中和时产生光子所引起的新的放电。在正离子到达阴极时，计数管外电阻R上瞬时间有电流通过，形成一个电压脉冲，此信号通过电容C被记录装置作为电压脉冲而记录下来。这样每射进一个粒子就出现一个脉冲，根据记录到的脉冲数，即可计算出放射物质的射线强度。

5. γ射线测厚仪

当测量厚度较厚时，不能采用β射线测厚仪，而要用穿透能力较强的χ射线和γ射线。在热轧带钢厂在线测量厚度时多用γ射线测厚仪。

现以HHF-212型γ射线测厚仪为例，简要介绍其工作原理。图17.2.7为HHF-212型γ射线测厚仪的方块图。整个仪表大致分成四个部分，即放射源、闪烁计数器、电子转换部分和数字显示部分。

由放射源放出来的γ射线，其强度为I_0，在经过被测物体后，一部分γ射线被物质接收，余下来的到达闪烁体。到达闪烁体的强度I按公式(17.2.1)衰减。强度为I的γ射线作用在闪烁体上，使闪烁体在单位时间里作n次闪光，I越大，n也越大，即I与n成正比关系。光电

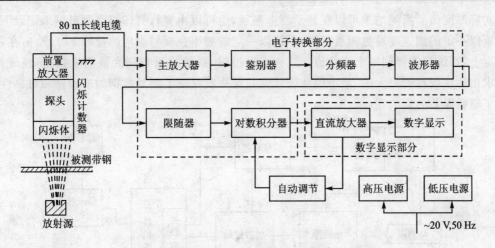

图 17.2.7　HHF-212 型热轧 γ 射线测厚仪方框图

倍增管把闪光次数放大变成电压脉冲数。这脉冲电压经过前置放大器放大后,作为闪烁计数器的脉冲信号输出。因此闪烁计数器把射线强度 I 按比例转换成一定大小的脉冲数,即输出脉冲频率 f 与强度 I 成正比。

电子转换部分包括主放大器、鉴别器、分频器、成形器、跟随器和对数积分器。主放大器把脉冲电压放大;鉴别器只让幅值超过一定数值的脉冲通过,而把高度低于这个数值的脉冲截住;分频器只让一定范围频率的脉冲通过,其它的干扰信号通不过;成形器是把形状不规则的脉冲信号整形成较规则的脉冲信号;跟随器的特点是输出能够跟随输入波形,而且有功率放大的作用,有高的输入阻抗和低的输出阻抗,对前后级起缓冲作用;对数积分器的作用是使输出信号与输入信号的对数成正比。由式(17.2.1)可得

$$\ln I = \ln I_0 - \mu\delta \tag{17.2.7}$$

因辐射强度 I 与脉冲频率 f 成正比,$I = Kf$

则

$$\ln I = \ln K + \ln f \tag{17.2.8}$$

由式(17.2.7)和式(17.2.8)可得

$$\ln f = \ln I_0 - \ln K - \mu\delta \tag{17.2.9}$$

令对数积分器输入脉冲频率 f 对数积分器输出电压 U,则

$$U = \ln f \tag{17.2.10}$$

引入 $a = \ln I_0 - \ln K$,由于 I_0 和 K 都是常数,因此 a 也是常数。由式(17.2.9)和式(17.2.10)可得:

$$U = a - \mu\delta \tag{17.2.11}$$

即对数积分器的输出电压与被测材料的几何厚度 δ 成线性关系。

17.2.2　激光测厚仪

1. 工作原理

图 17.2.8 为 JGC 激光测厚仪工作原理框图。该设备采用上、下两套基本相似的光学识别系统提取待测板材的厚度信号,经光/电变换、信号处理后送入计算机进行综合处理,得出板

材的实际厚度值。所测结果可以在显示器上显示,也可以由宽行打印机将测量结果记录下来。在钢板以一定的线速度通过测量区时,系统以一定的频率在板材纵向测量约 130 点/s,在每一采样点上,系统都能得到一个测量值。当钢板通过时,系统将采集到大量测量数据,经统计处理后求出每块板材的最大值、最小值和统计值。这样就保证了测量数据的准确性和可靠性,也降低了随机误差的影响。

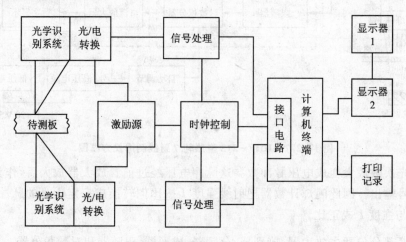

图 17.2.8　激光测厚仪工作原理框图

2. 测量车各部分的功能

图 17.2.9 为测量车整体结构示意。从外形上看测量车是一个"C"型架子,所以又称 C 形架车。它直接安装在生产线上,是厚度信号提取和处理部分。它包括激光发射、信号接收、光/电转换及信号处理系统。测量车还有运行定位装置和通风散热设施等。其结构和功能简介如下。

(1) 激光发射的结构和功能

图 17.2.10 为发射光机结构示意图。它主要包括固定在上、下光机板上的上、下两套激光器;上、下固定座反射镜。压缩器及其调节器完成发射和形成测量所用的激光束。激光器发出的激光束由反射镜折转 90°。通过光束压缩器,形成垂直于水平面,并且互相重合的上、下两束测量光束,并分别投射在被测物体的上、下两表面上,形成激光照射点。为提高测量准确度,上、下两束激光束应基本保持共线重合,以保证对钢板进行共点测量。

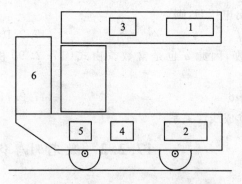

1—上光机板;2—下光机板;3—上信号处理器;
4—下信号处理器;5—驱动电机;6—尾部箱体

图 17.2.9　测量车整体结构示意图

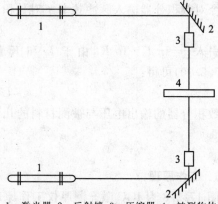

1—激光器;2—反射镜;3—压缩器;4—被测物体

图 17.2.10　激光测厚仪发射光机示意图

(2) 信号接收系统

在测量车上、下两臂的两个光机板上，分别装有两套信号接收系统，完成钢板厚度信号光学识别和杂波滤除。激光束在被测物体表面形成反映钢板厚度的光信号，经接收系统传送到内部光/电转换部件。图17.2.11为信号接收系统结构示意图。它包括底座、底盘、接收镜头、CCD调节锁定机构及滤光片和保护片构成。接收系统的底座与光机板之间可以通过键槽进行调节，在x方向的调节行程为40 mm，以保证零平面上、下在40 mm内调节；接收镜和CCD调节系统是固定在同一底盘上，底盘可绕中心处的z轴旋转，转角小于15°，可用来实现CCD的尽限利用。即当光点从零平面到最大量程时，像点从CCD的一端转移到另一端，然后由底盘和底座螺钉锁定。CCD座能够实现两维调节：在y方向的调节保证光点在整个量程上都落在光敏面上，调节可在左右两边进行，由两侧和四角共八个螺钉锁定；在x方向的调节，实现对散焦的补偿。CCD在安装时一定要注意方向正确，以免烧坏器件。上、下两套光路的安装和调整是相同的，从外面可以看到上、下两臂上的接收窗口。窗口上都安装有滤光片和保护片。滤光片的旋转可调节接收信号的强弱。

(3) 光/电转换及信号处理

光/电转换是由CCD器件及外围电子线路完成的。CCD是一种能够将光信号转换成电信号的光敏元件。图17.2.12所示是光/电转换部分的信号流程框图。

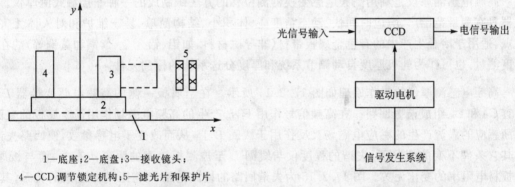

1—底座；2—底盘；3—接收镜头；
4—CCD调节锁定机构；5—滤光片和保护片

图17.2.11 信号接收系统示意图　　　　图17.2.12 光电转换信号流程图

信号发生系统和驱动电机是CCD的外围工作电路。CCD将输入的光信号转换成电信号。驱动电路是在一个叫"驱动电路"盒中。信号处理系统是将CCD的输出信号OS处理成可供计算机处理的信号。信号处理系统的电路框图如图17.2.13所示。信号处理系统装在一个叫"视放电路"中。

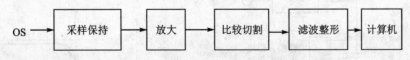

图17.2.13 视放电路信号流程框图

3. 控制终端

控制终端是激光测厚仪的数据处理终端。测厚仪提取的厚度信号被传送到控制终端，由控制终端内部的计算机完成进一步的数据处理，并通过显示器和打印机等输出处理结果。控制终端主要包括：控制操作板、数据处理单片机、显示器和打印机等。

钢板的合格与不合格所进行的标示仅供参考,其判断依据是预先设置的钢板厚度下限值。当实测钢板平均厚度低于这一设定值时,认为钢板不合格;而当钢板超厚时,由于使用测厚仪后可以倒回再轧,因而不判为不合格。这一判断功能可以用来指导轧钢。即在轧钢前按标准规定最厚值为设定数,当测量值超过此设定数,即返回再轧,直到轧到标准规定的设定值范围内,钢板即可通过。

4. 主要技术性能

JGC-1型激光测厚仪是我国研制的,已用于我国某些钢厂的中厚板和薄板轧机上。该设备为用于轧制生产线上在线连续测量板材厚度的非接触式测厚仪。它克服了常规测量方式的缺陷,具有安全可靠、测量准确和实用性强,为厚度控制提供准确信息。它还可以提高生产效率和产品质量。主要技术性能为:

1) 测量范围:1～100 mm;
2) 测量分辨率:0.02 mm;
3) 测量误差:±0.10 mm;
4) 被测物运动速度:≤10 m/s。

17.2.3 高频电感测厚仪

高频电感测厚仪是利用高频电感变换器测位移的方法研制成的一种非接触式测厚仪。该仪器具有测量范围广、响应时间快、动态精度高、体积小、结构简单、易于维护和对人体无害等优点,适用于冶金生产中的有色金属板带材(非导磁材料,如铝、铝合金、紫铜和黄铜等)的在线厚度测量,也可作为轧机厚度自动调节系统和厚度分选系统的检测元件。

高频电感测厚仪的工作原理如图 17.2.14 所示。在金属板一侧的高频电感变换器 L 与电容 $C_并$ 和 $C_串$ 组成谐振回路。在高频信号作用下,L 产生的高频电磁场作用于金属板的表面,表面感应的涡流产生的感应电磁场又反作用于线圈 L 上,从而改变了电感参数,使回路失谐。在其它条件不变的情况下,失谐的程度仅与线圈 L 至被测板表面的距离 d 有关,而与板厚 δ 及板材电阻率的变化无关。图 17.2.15 为失谐回路的检波电压 V 与距离 d 之间的关系,其中有线性关系的区间($d_0 \pm 3$ mm)即为所利用的偏差测量范围。d_0 为线性区的中点,板厚的变化可视作 d 的变化,因而根据 V 的变化即可知板厚 h 的变化。在实际使用中,为了克服被测板上、下波动的影响,在板的上、下两侧对称地放置了两个特性相同的高频电感变换器 L_{up} 和 L_{down}(见图17.2.16)。L_{up} 和 L_{down} 与被测板上、下表面之间的距离分别为 d_{up} 和 d_{down}。若被测

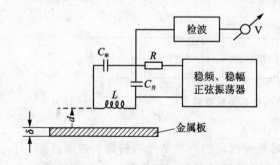

图 17.2.14 高频电感测厚仪原理线路图

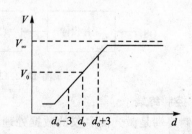

图 17.2.15 电压 V 与距离 d 的关系曲线

板厚度不变,则当被测板上、下移动时总有 d_{up} 和 d_{down} 为一常数的关系,在图 17.2.15 的 V-d 曲线的线性区内,两变换器的输出电压之和也是等于常数 $2V_0$。如被测板厚改变了一个 $\triangle\delta$:即 $d_{up}+d_{down}=2d_0+\triangle\delta$。因而 $V_{up}+V_{down}=2V_0+\triangle V$,即表征了板厚的增量,经过电子线路的放大运算后,即可通过偏差表头指示出板厚的变化。当偏差表头指示为"0",并且给定厚度与实际板厚相同时,$d_{up}+d_{down}=d_0$。

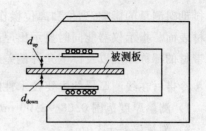

图 17.2.16　测量架安装位置

在设计中选定表头的最大偏差范围为 $\pm100~\mu m$。板厚的给定是通过厚度自动给定系统来移动变换器 L 上的水平位置的。对应不同厚度的被测板,当偏差指示为"0"时,总有 $d_{up}+d_{down}=d_0$ 的关系。在实际测量的过程中,板厚数字给定与偏差指示值的代数和就是被测板的实际厚度。

该高频电感测厚仪具有较好的技术性能。测量板带材厚度范围为 0.15~4.99 mm;误差小于 15 μm;板带材位置变化影响小于 0.2 %。

17.2.4　超声波测厚仪

用超声波在线测量板带材厚度,通常用脉冲反射法。其工作原理方框图如图 17.2.17 所示。它用一个换能器与被测体的一表面接触。主控制器发射电路以一定的频率发出脉冲信号,当换能器被激发时发出超声波到被测金属板,传至金属板的另一个表面时就反射回来,由同一个换能器接收。接收到的脉冲信号经放大加至示波器的垂直偏转板上。标记发生器输出一定时间间隔的标记脉冲信号,也加在示波器的垂直偏转板上,而扫描电压则加在水平偏转板上。这样,在示波器荧光屏上可以直接观察到发射脉冲和接收脉冲信号,根据横轴上的标记信号可以测出从发

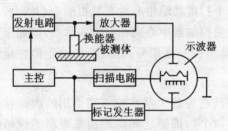

图 17.2.17　超声波测厚原理图

射到接收间的时间间隔 t,而被测件的厚度 δ 可计算为

$$\delta = \frac{ct}{2} \tag{17.2.12}$$

式中　c——被测介质中的声速。

标记信号一般是可调的。如果事先用标记试块进行校准,也可以根据示波器荧光屏上发射标准脉冲与接收标准脉冲间的脉冲数值来直接读出厚度值。

17.2.5　差动变压器接触式冷轧薄带材厚度测量仪

冷轧带材在线测量装置采用差动变压器接触式测量原理,适用于冷轧车间生产线上的带材厚度连续测量,并可和轧机厚度自动控制系统相连,进行带材生产过程中的质量控制。它具有不伤害人体,而且带材表面的冷却液、油雾、气雾不影响测量精度的优点。

该测量装置由测量支架和指示仪器两部分组成。测量支架采用两级浮动机构;能消除带

材抖动对测量的影响;到位和离位操作灵活自如;测量触头采用球形红宝石,光滑耐磨,不划伤带材表面。指示仪器能同时显示出厚度和厚度偏差两种值,可根据所轧制规格的需要随时设定带材的标称厚度以及厚度允许偏差极限值,当带材厚度超差时能自动发出声、光报警。

冷带材在线测厚仪的主要技术性能为:
1) 测量厚度范围 0.08~2.00 mm;
2) 测量误差±3 μm;
3) 可视轧制速度范围 2~10 m/s。

17.3 板带材宽度的在线测量

为了测量轧件宽度,通常是在带材连轧机的粗轧机组和精轧机组的末架轧机出口侧安装光电测宽仪。

光电测宽仪有两种:一种用于带材温度较高(≥900 ℃)的情况,如粗轧时,使用在长波区域具有光谱灵敏度的光电倍增管,直接利用从被测物体发射出来的红外线进行宽度测量;另一种用于带材温度较低的情况,如精轧时,因带材薄,轧件边缘附近温度显著下降,则要放置光源,由带钢的影子来测量。

图 17.3.1 为基于计算机控制的光电测宽仪的原理示意图。在检测部分有用来扫描带材边缘部分的像,以及测定宽度变化的两个扫描器。两个扫描器的中心放在轧机的中心线上,用电动机的正、反转动来带动精密的正、反转螺旋丝杠,使扫描器中心向相反方向移动,以此来调整两个扫描器之间的距离。扫描器之间的距离用自整角机发出信号,其宽度的给定值在指示仪上可表示出来。

在扫描器中装有透镜、转动窄缝机构、光电倍增管、前置放大器和校正零点用的内部校正器。扫描器工作原理如图 17.3.2 所示。测量时先把两个扫描器之间的距离按带材的规格给定,把带材边缘部分的像,用透镜聚焦在窄缝机构的窄缝通过面上。在精轧机架后的测光仪大多用下部光源,从带材的下面照射上来,在成像面上得到一个在光亮背景上被测物的像呈暗的影子。由于带材的宽度变化,使成像面有明暗的边界移动。而圆筒形的窄缝面开有很多很细的窄缝,此圆筒作恒速转动(称为转动窄缝机构)。当窄缝落在带材像的明区时,将有光线通过窄缝到达光电倍增管,使其有一个大的光电流 I_1 产生;反之,当窄缝落在带材像的暗区时,则没有光线通过窄缝,使光电倍增管通过极小的电流 I_0。因此,当窄缝恒速转动,在光电倍增管上将获得一个矩形的脉冲波,如图 17.3.3 所示。这样,在带材宽度变化时,明暗区的界线要移动,即当带材变宽时,明区变宽,暗区变窄。光电倍增管输出的矩形波的宽度变化量就能反映带材宽度的变化量。

从两个扫描器获得的矩形脉冲波信号,送入控制器,首先将两侧所获得的脉冲宽度信号分别变成直流电压信号。其方法是将矩形脉冲信号放大、整形,再把脉冲宽度变成脉冲幅值,用峰值检波器再变成直流电压输出。然后,用加法器把两侧获得的直流电压相加,当被测带材的宽度等于给定值时,加法器输出为零,表示带材宽度与给定值的偏差值为零。若此时发生横向平移,则一测的扫描器的像明区加大(输出电压增大);而另一侧的暗区加大(输出电压减小)。

因此,加法器相加后相互抵消,而使偏差值输出电压不变。

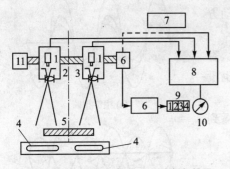

1—光电管;2—左侧扫描器;3—右侧扫描器;
4—下部光源;5—带钢;6—自整角机;
7—标准宽度;8—放大检波;9—宽度指示仪;
10—偏差;11—电动机

图17.3.1 光电测宽仪原理图

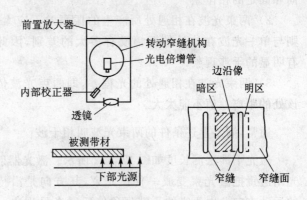

图17.3.2 扫描器工作原理图

在控制器中还设有一减法器,把两侧扫描器所获得电压信号相减,其差值就是反映带材中心线与轧机中心线之间的横向平移量的大小。如果带材中心线与轧机中心线不重合,两侧的扫描器将有不等的输出电压,即相减的结果不为零,此时输出信号称为横向平移量,用指示仪表的"+"和"-"来表示带材的平移方向。

在精轧机出口方向采用下部光源照射。下部光源用耐热玻璃将其密闭,其中间通过干净的空气进行空冷。在测量时,下部光源在机架辊道的下面,从被测物的下面照射,这时从下部光源旁边安装的冷却水管喷出高压水来清洗污垢。

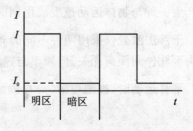

图17.3.3 光电倍增管的矩形脉冲波

17.4 板带材长度的在线测量

17.4.1 激光测长仪的结构和原理

激光测长仪由激光器、检测器、电子部件和显示器等组成。其中激光器包括带有高电压电源的激光源。由检测器接收测量信号,然后变成脉冲送入电子部件中放大、运算,再由显示器显示出长度。

激光测长仪可根据实际情况选用干涉法或差分多普勒法。

1. 干涉法

干涉法基于光的干涉现象,以图17.4.1来简单介绍光的干涉现象。

当有两个波长相同的光波相叠加时,如果它们的相位相同,叠加后所合成的光波振幅增强,如图17.4.1(a)所示;如果两个光波相位相反,则合成的光波的振幅就相互抵消而减弱,如图17.4.1(b)所示。把光波在空间叠加而形成明暗相间的稳定分布的现象叫做光的干涉。

能产生干涉的光波须满足下列条件：

1) 频率相同的两束光波在相遇时，有相同的振动方向和固定的相位差；

2) 两束光波在相遇处所产生的振幅差不应太大，否则与单一光波在该处的振幅没有多大的差别，因此也没有明显的干涉现象；

3) 两束光波在相遇处的光程差，即两束光波传播到该处的距离差值不能太大。

通常，满足上述条件的两束光波叫相干波。

激光干涉法测长度如图 17.4.2 所示。激光器射出的光用透镜把激光束变成一狭长光束，其方向是沿待测物的运动方向。由于光的干涉现象使反射光呈现出一种强变化的光斑。如果物体在运动，那么干涉图形也会运动，因此，在光栅后面的电光接收器上就会产生一种与物体运动速度成比例的光频率信号。

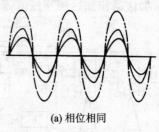
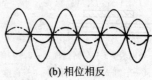

图 17.4.1　光波的叠加

干涉法激光仪采用两种不同的光学装置所能测定的速度为 0.5～50 m/s。其测试结果与测头至轧件间距离无关，但频率与速度的关系要取决于物体的运动是平移，还是转动。

平移运动时，被测频率(f)与被测物运动速度(v_0)之间的关系为

$$f = \frac{v_0}{\lambda} \tag{17.4.1}$$

式中　λ——波长(m)。

转动运动时，被测频率(f)与被测物运动速度(v_0)之间的关系为

$$f = \frac{v_0}{\lambda}\left(1 + \frac{b}{r}\right) \tag{17.4.2}$$

式中　r——被测对象的曲率半径(m)。

2. 差分多普勒法

差分多普勒法原理如图 17.4.3 所示。它由激光器发射光经过分光镜变成两条激光束，从不同运动方向的夹角射到物体上。根据多普勒效应，反射光相对于入射光要发生平移，如果这两束光正好射在物体同一位置上，则将两个已平移的反射光重叠而形成一个较低频率差。它和两束光的入射角之差与物体运动速度成正比。

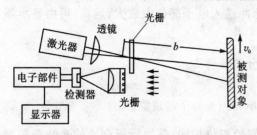
图 17.4.2　干涉法工作原理图

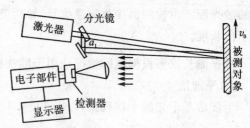
图 17.4.3　差分多普勒法原理图

差分多普勒法的测量范围为 0.05～100 m/s。差分多普勒法的测量频率与物体运动速度的关系对于平移和转动两种方式均适用。

$$f_D = \frac{v_0}{\lambda}\sin\alpha \tag{17.4.3}$$

式中　λ——波长(m)；

　　　α——两束入射光之夹角。

17.4.2　激光测长仪的应用

由上述介绍的干涉法和差分多普勒法的原理可知：被测物体的表面特征对测试结果没有影响，一般只要激光束能被反射，那么测量结果就与表面特征无关。通常，当厚度不小于 60 μm 时，测量结果均准确无误。当测量高温物体时，为了遮挡高温轧件的固有辐射对测量结果的影响，可使用附加滤色片。

在实际生产中，轧件的传送多少带有振动。这样带材上表面的运动对激光镜头来说不仅仅是平移运动，它的每个点可说是作曲线运动。其曲率半径不断变化，并且不可测量。根据实际测量经验知：当从带材边缘处而不是从上表面测量轧件长度时，对于有振动的轧件，用干涉法较好。

用差分多普勒法测量时，其测量结果与物体振动无关。

激光法测量轧件长度，其优点是速度快，测量精度高，常用在生产线上的剪机和锯机上，均得到满意的效果。

思考题与习题

17.1　说明图 17.1.1 所示的线材和圆钢直径在线测量仪的测量原理。

17.2　图 17.1.3 所示的在线测径仪主要包括哪几部分？各自个功能是什么？

17.3　简述射线法测厚仪的基本工作原理。

17.4　板带材厚度的在线测量方法有哪几种？简述各自的特点。

17.5　为什么说在"射线法测厚仪"中，放射源的选择非常重要？

17.6　放射源强度的单位是如何定义的？

17.7　简述闪烁计数器的作用与工作原理。

17.8　以图 17.2.7 简要说明 γ 射线测厚仪的基本组成及工作原理。

17.9　以图 17.2.8 简要说明激光测厚仪的主要组成部分和相应的功能。

17.10　简述高频电感测厚仪的特点。

17.11　如果将图 17.2.14 所示的高频电感测厚仪中的高频电感变换器换成电涡流变换器，能否实现对导电的金属板带材厚度的测量？为什么？

17.12　简述图 17.2.17 所示的超声波测厚仪的工作原理及特点。

17.13　简述图 17.3.1 所示的光电测宽仪的基本工作原理，并简要分析可能的测量误差。

17.14　简述光波的干涉现象及其产生的条件。

17.15　说明激光测长仪的主要组成部件及其功能。

17.16　激光测长仪中所选用的干涉法与差分多普勒法的主要区别是什么？

第 18 章 无损检测

本章重点以超声波检测、涡流检测与激光检测介绍有关无损检测的一些内容。

18.1 超声波检测

18.1.1 概述

1. 超声波检测的特点

频率在 20 kHz 以上的声波称为超声波。利用超声波检测物体内部结构的方法始于 1930 年,到 1944 美国研制成功脉冲反射式超声波探伤仪。20 世纪 50 年代,超声波探伤广泛进入工业检验领域。20 世纪 60 年代,德国等国研制出高灵敏度和高分辨率的超声波仪器,有效地解决了焊缝超声波探伤问题,使超声波探伤的应用进一步扩大。

超声波是超声振动在介质中的传播。它的实质是以波动形式在弹性介质中传播的机械振动。超声波的频率 f、波长 λ 和声速 c 满足

$$\lambda = \frac{c}{f} \tag{18.1.1}$$

超声波检测常用的工作频率为 0.4~5 MHz。较低频率用于粗晶材料和衰减较大材料的检测;较高频率用于细晶材料和高灵敏度检测。对于某些特殊要求的检测,工作频率可达 10~50 MHz。近年来随着宽频窄脉冲技术的研究和应用,有的超声探头的工作频率已高达 100 MHz。

超声波被用于无损检测,主要是因为有以下几个特性:①超声波在介质中传播时,遇到界面会发生反射;②超声波指向性好,频率愈高,指向性愈好;③超声波传播能量大,对各种材料的穿透力较强。

近年来的研究表明,超声波的声速、衰减、阻抗和散射等特性,为超声波的应用提供了丰富的信息,并且成为超声波广泛应用的条件。

超声波探伤主要是通过测量信号往返于缺陷的渡越时间,来确定缺陷和表面间的距离;以测量回波信号的幅度和发射换能器的位置,来确定缺陷的大小和方位。这就是通常所说的脉冲反射法或 A 扫描法。此外,还有 B 扫描和 C 扫描等方法。B 扫描可以显示工件内部缺陷的纵截面图形;C 扫描可以显示工件内部缺陷的横剖面图形。近年来,超声全息成像技术也在工业无损检测中获得了应用。

超声波检测对于平面状的缺陷,例如裂纹,只要波束与裂纹平面垂直,就可以获得很高的缺陷回波。但是,对于球状缺陷,例如气孔,假如气孔不是很大,或者不是较密集的话,就难以

获得足够的回波。超声波检测的最大优点就是对裂纹、夹层、折叠、未焊透等类型的缺陷具有很高的检测能力。

超声波检测的不足是难以识别缺陷的种类。利用A扫描法，根据缺陷发生的位置，即使采用各种扫描方法，对缺陷种类的判别仍需有高度熟练的技术。B扫描和C扫描显示法可以给出缺陷的图形，对识别缺陷的种类大有益处。超声频谱分析和超声全息成像方法，也都有助于对缺陷的定性。

超声波在材料中传播时，受金属组织特别是晶粒大小的影响很大。对细晶材料，超声波可以穿透几米的厚度；而在粗晶材料中，超声波衰减严重，即使50 mm厚的试件也很难用超声波检查。在结构疏松的一些非金属材料中，超声波的衰减更为严重。

超声波检测的特点还有适应性强、检测灵敏度高、对人体无害、使用灵活、设备轻巧、成本低廉、可即时得到探伤结果，适合在车间、野外和水下等各种环境下工作，并能对正在运行的装置和设备进行检验。当然，超声波检测通常要求工件形状比较简单，有规则，表面比较光洁。

2. 超声波检测的应用与发展趋势

超声波检测是工业无损检测中应用最为广泛的一种方法。就无损探伤而言，超声波法适用于各种尺寸的锻件、轧制件、焊缝和某些铸件，无论是钢铁、有色金属和非金属，都可以采用超声波法进行检验。各种机械零件、结构件、电站设备、船体、锅炉、压力容器和化工容器等都可以用超声波进行有效的检测。有的采用手动方式，有的可采用自动化方式。就物理性能检测而言，用超声波法可以无损检测厚度、材料硬度、淬硬层深度、晶粒度、液位和流量、残余应力和胶接强度等。

各种先进的超声传感器（探头）的成功开发以及计算机技术在数据采集、处理与分析、过程控制和记录存储等方面的应用，使超声波检测仪器和检测方法得到了迅速的发展。基于精细的数据获取功能和强大、快速的数据处理功能，目前许多超声波检测仪器具有将检测结果以图形或图像显示的功能。

在冶金厂钢板、钢带、型材和管材的自动轧制生产线上，计算机对超声波检测进行自动化程序控制。它控制多通道超声自动检测系统，能同时进行探伤和测厚，并根据指定的评判标准处理数据，做出关于缺陷长度、面积、位置和分布情况的报告，有的还应用了B扫描、C扫描和图像识别技术，进一步分析缺陷的性质，并控制喷标装置动作，在缺陷处喷漆标记。

超声波检测是无损检测领域中应用和研究最活跃的方法之一。例如，用声速波测定法评估灰口铸铁的强度和石墨含量；用超声波衰减和阻抗测定法确定材料的性能；用超声波衍射和临界角反射法检测材料的机械性能和表层深度；用棱边波法、表面波法和聚焦探头法对缺陷进行定量的研究；用多频探头法对奥氏体不锈钢厚焊缝进行检测；用超声波测定材料内应力的研究；特殊波形，例如用管波模式检测管材的研究；采用自适应网络对不同类型缺陷的波形特征进行识别和分类；噪声信号超声波检测法；超高频超声波检测法；宽频窄脉冲超声波检测法；超声显像法和超声频谱分析法的进展和应用，以及新型声源的研究，例如用激光来激发和接收超声波的方法和各种新型超声波检测仪器的研究等，都是比较典型和集中的研究方向。

18.1.2 超声场的特性

1. 描述超声场的物理量

充满超声波的空间,或在介质中超声振动所波及的质点占据的范围叫超声场。为了描述超声波声场,常用声压、声强、声阻抗、质点振动位移和质点振动速度等物理量。

(1) 声压 p

超声场中某一点在某一瞬间的声压定义为

$$p = p_1 - p_0 \tag{18.1.1}$$

式中　p_1——超声场中某一点在某一瞬间的所具有的压强(Pa);

　　　p_0——没有超声场存在时同一点的静态压强(Pa)。

(2) 声强 I

在超声波传播的方向上,单位时间内介质中单位截面上的声能定义为声强,常用 I 表示;单位为 W/cm^2。

(3) 分贝

引起听觉的最弱声强 $I_0 = 10^{-16} \ W/cm^2$ 为声强标准,声学上称为"闻阈",也即声频 $f = 1\ 000\ Hz$ 时引起人耳听觉的声强最小值。将某一声强 I 与标准声强 I_0 之比 I/I_0 取常用对数得到二者相差的数量级,称为声强级,用 $L_I = \lg(I/I_0)$ 表示。声强级的单位是 B(贝[尔])。

在实际应用的过程中,贝[尔]这个单位太大,常用 dB(分贝)为声强级的单位。超声波的幅度或强度比值亦用相同方法,即用 dB 来表示,并定义为 $L_p = 20\lg(p/p_0)$,单位为 dB。因为声强与声压的平方成正比,则有

$$20\lg(p/p_0) = 10\lg(I/I_0)$$

2. 介质的声参量

无损检测领域中,超声波检测技术的应用和研究工作非常活跃。声波在介质中的传播是由其声学参量(包括声速、声阻抗、声衰减系数等)决定的,因而深入分析研究介质的声参量具有重要意义。

(1) 声阻抗

超声波在介质中传播时,任一点的声阻抗定义为该点的声压 p 与该点体积流量的复数之比 V,即

$$Z_a = p/V \tag{18.1.2}$$

声阻抗的单位 $Pa \cdot m/s$。

声阻抗表示声场中介质对质点振动的阻碍作用。在同一声压下,介质的声阻抗愈大,质点的振动速度就愈小。介质不同,其声阻抗不同。同一种介质中,若波形不同,则声阻抗值也不同。当超声波由一种介质传入另一种介质,或是从介质的界面上反射时,主要取决于这两种介质的声阻抗。

在传声介质中,气体、液体和固体的声阻抗值相差较大。实验研究表明:气体、液体与金属之间特性声阻抗之比接近于 1∶3 000∶8 000。

(2) 声 速

声波在介质中传播的速度称为声速,常用 c 表示。在同一种介质中,超声波的波形不同,其传播速度不同;超声波的声速还取决于介质的特性(如密度、弹性模量等)。

18.1.3 超声波的传播

根据介质中质点的振动方向和声波的传播方向,超声波的波形可分为下列几种。

1. 纵 波

质点振动方向和传播方向一致的波称为纵波,如图 18.1.1 所示。它能在固体、液体和气体中传播,在探伤中用于纵波探伤法。

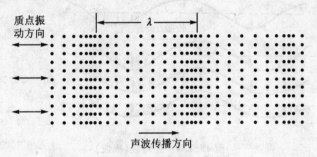

图 18.1.1 纵 波

2. 横 波

质点振动方向垂直于传播方向的波称为横波,如图 18.1.2 所示。它只能在固体中传播,用于横波探伤法。

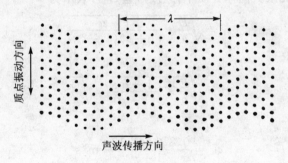

图 18.1.2 横 波

3. 表面波

质点的振动介于纵波和横波之间,沿着固体表面传播,振幅随深度增加而迅速衰减的波称为表面波,又称瑞利波,如图 18.1.3 所示。表面波质点振动的轨迹是椭圆,质点位移的长轴垂直于传播方向,短轴平行于传播方向。它用于表面波探伤法。

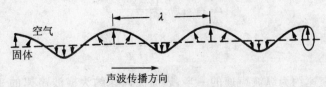

图 18.1.3 表面波

4. 兰姆波

兰姆波只产生在有一定厚度的薄板内。在板的两表面和中部都有质点的振动。声场遍及整个板的厚度,沿着板的两表面及中部传播,所以又称为板波。若两表面质点振动的相位相反,中部质点以纵波的形式振动,则称为对称型兰姆波;若两表面质点振动的相位相同,中部质点以横波的形式振动,则称为非对称型兰姆波,如图 18.1.4 所示。兰姆波可检测板厚及分层、裂纹等缺陷,还可检测材料的晶粒度和复合材料的粘合质量等。

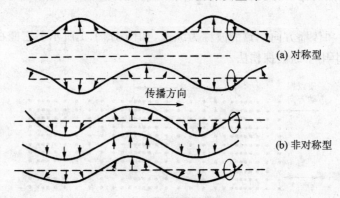

图 18.1.4 兰姆波(板波)

超声波在介质中以一定的速度传播。纵波、横波和表面波的传播速度,取决于介质的弹性常数和介质密度。兰姆波的传播速度除与介质的弹性常数有关外,还与介质的厚度及兰姆波的频率有关。

根据声学理论,在无限大固体介质中,纵波声速 c_L 可表示为

$$c_L = \sqrt{\frac{E}{\rho} \cdot \frac{1-\mu}{(1+\mu)(1+2\mu)}} \tag{18.1.3}$$

横波声速 c_s 为

$$c_s = \sqrt{\frac{E}{\rho} \cdot \frac{1-\mu}{2(1+\mu)}} = \sqrt{\frac{G}{\rho}} \tag{18.1.4}$$

表面波声速 c_R 为

$$c_R = \frac{0.879 + 1.12\mu}{1+\mu} \text{ m/s} \tag{18.1.5}$$

式中 E, G——弹性模量与剪切弹性模量(Pa);

  ρ——介质密度(kg/m^3);

  μ——泊松比。

纵波、横波和表面波的速度比满足

$$c_s = c_L \sqrt{\frac{1-2\mu}{2(1-\mu)}} \tag{18.1.6}$$

$$c_R = c_s \cdot \frac{0.87 + 1.12\mu}{1+\mu} \tag{18.1.7}$$

通常认为横波声速约为纵波声速的一半,表面波声速约为横波声速的 90%,故又称表面波为慢波。

兰姆波的声速对于每一介质而言,取决于薄板厚度和频率的乘积。兰姆波的声速又有群速度和相速度之分。脉冲波是以群速度传播的,连续波则以相速度传播。所谓相速度是以声波(或电磁波)沿行进路线变更相位的速度;而群速度是声能(或电磁能)变更的速度。超声脉冲是多个不同频率的谐波成分的叠加,即以不同频率和不同振幅的声波同时入射到板中,必然在板中激起不同相速度的板波。当几个速度相差不太大的波同时在板中传播时,板中质点振动将是各个波作用下振动的合成。质点合成振动最大振幅的传播速度即为波的群速度。它可以理解为是若干频率不同的相速度合成波包络线移动的速度。

连续波是指持续时间无穷的波动,而脉冲波是指持续时间有限的波动。在超声波检测中通常使用脉冲波。为了简化运算过程,在理论分析中通常使用连续波。

对于脉冲波,可以将之看成是由许多不同频率的正弦波组成的。其中每种频率的声波决定一个声场,总声场为各种频率的声场的叠加。

超声波检测中由探头发射的超声脉冲波,所包含的频率成分决定于激励脉冲的形状、晶片形式和探头结构。

18.1.4 超声波在介质中的传播特性

1. 超声波垂直入射到平界面上的反射和透射

超声波在无限大介质中传播时,将一直向前传播,并不改变方向。但遇到异质界面(即声阻抗差异较大的异质界面)时,会产生反射和透射现象,即有一部分超声波在界面上被反射回第一介质,另一部分透过介质交界面进入第二介质。

(1) 单一界面

当超声波垂直入射到足够大的光滑平界面时,将在第一介质中产生一个与入射波方向相反的反射波。在第二介质中产生一个与入射波方向相同的透射波。反射波与透射波的声压(声强)是按一定比例分配的。这个分配比例取决于声压反射率(或声强反射率)和声压透射率(或声强透射率)。

(2) 薄层界面

在进行超声波检测时,经常遇到很薄的耦合层和缺陷薄层。这些都可以归纳为超声波在薄层界面的反射和透射问题。

超声波通过一定厚度的异质薄层时,反射和透射情况与单一的平界面不同,异质薄层很薄,进入薄层内的超声波会在薄层两侧界面引起多次反射和透射,形成一系列的反射和透射波。当超声波脉冲宽度相对于薄层较窄时,薄层两侧的各次反射波、透射波就会互相干涉。

一般说来,超声波通过异质薄层时的声压反射率和透射率不仅与介质声阻抗和薄层声阻抗有关,而且与薄层厚度同其波长之比有关。

2. 超声波倾斜入射到平界面上的反射和折射

在两种不同介质之间的界面上,声波传输的几何性质与其它任何一种波的传输性质相同,即斯涅耳定律是有效的。不过声波与电磁波的反射和折射现象之间有所差异。当声波沿倾斜角到达固体介质的表面时,由于介质的界面作用,将改变其传输模式(例如从纵波转变为横波,反之亦然)。传输模式的变换还导致传输速度的变化。

在斜入射情况下,各种类型的反射波和折射波的声压反射率和透射率,不仅与界面两侧介质的声阻抗有关,而且还与入射波的类型以及入射角的大小有关。

3. 超声场的指向性和扩散角

超声波从声源(晶片辐射器)集中成束向前传播,往往集中在与晶片轴线成 θ 半扩散角的锥体范围内强烈辐射出去,称为超声场的指向性。

当声源为圆形晶片时,扩散角为

$$\theta = \arcsin\left(1.22\frac{\lambda}{D}\right) \tag{18.1.8}$$

式中 D——声源直径(m);
λ——声波长(m)。

当晶片为正方形,且边长为 a 时,扩散角为

$$\theta = \arcsin\frac{\lambda}{a} \tag{18.1.9}$$

当晶片为长方形时(长 a,宽 b),其扩散角分别为

$$\theta_a = \arcsin\frac{\lambda}{a} \tag{18.1.10}$$

$$\theta_b = \arcsin\frac{\lambda}{b} \tag{18.1.11}$$

θ 越小,指向性越好。

纵波在钢中传播时其指向性与频率和直径的关系如表 18.1.1 所列。

表 18.1.1 纵波在钢中传播时的扩散角

频率/MHz	1.0	2.5	2.5		5			10
直径/mm	20	20	14	12	20	14	12	10
指向性 $\theta/°$	21	8	12	14	4	5.5	6.5	4

18.1.5 超声波换能器

超声波换能器俗称探头,主要由压电晶片组成,可发射和接收超声波。探头因其结构和使用的波型不同,可分为直探头、斜探头、表面波探头、兰姆波探头、可变角探头、双晶探头、聚焦探头、水浸探头、喷水探头和专用探头等。

1. 直探头

可发射和接收纵波。主要由压电晶片、吸收块和保护膜组成。基本结构如图 18.1.5 所示。压电晶片多为圆片形。其厚度与超声波频率成反比,直径与半扩散角成反比。晶片的两面敷有银层,作为导电极板。为避免晶片磨损,通常粘有硬质材料作为保护膜。吸收块用钨粉、环氧树脂和固化剂等浇注,可吸收声能,降低机械品质因素,从而可限制脉冲宽度、减小盲区和提高分辨力。

2. 斜探头

可发射和接收横波,主要由压电晶片、吸收块和斜楔块组成。其结构如图 18.1.6 所示。

晶片产生纵波,经斜楔倾斜入射到被检工件中转换为横波。斜楔形状的设计应使超声在斜楔中传播时不得返回晶片,以免出现杂波。

斜探头折射角的正切值称为斜探头的 K 值。斜探头角度规格是按 K 值为简单数值而系列化的,如 K 等于 $1,1.5,2,2.5,\cdots$。利用 K 值在探伤中进行缺陷定位、定量计算十分简便。

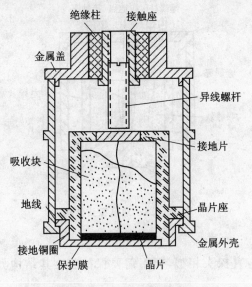

图 18.1.5　直探头的结构

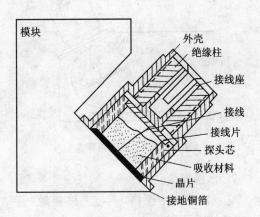

图 18.1.6　斜探头的结构

直探头在液体中倾斜入射工件时,在一定的角度下,也能产生横波。在水浸法横波探伤中,常利用此方法来产生横波。

3. 表面波探头

可发射和接收表面波。它是斜探头的一个特例,即当入射角达到横波临界角时,在工件中便产生表面波。直探头在液体中倾斜入射工件时,在特定角度下也能产生表面波。

4. 兰姆波探头

可发射和接收兰姆波(板波)。它也是斜探头的一个特例。当纵波从第一介质(有机玻璃或水)倾斜入射到第二介质(工件),入射角满足下面条件时,即可产生兰姆波。

$$\sin \alpha = \frac{c_1}{c_2}$$

式中　c_1——第一介质的纵波声速(m/s);

c_2——兰姆波某种模的相速度(m/s);

α——入射角(°)。

5. 可变角探头

它可以连续改变入射角,以产生纵波、横波、表面波和板波。其结构示意图如图 18.1.7 所示。

使用时可根据需要调整角度,以产生不同的波型。

6. 双晶探头

又称组合式或分割式探头。两块压电晶片装在一个探头架内,一个晶片发射,另一个晶片接收。它们发射和接收纵波。其结构如 18.1.8 所示。晶片下的延迟块(有机玻璃或环氧树脂)使声波延迟一段时间后射入工件,从而可检测近表面缺陷,减小了盲区,并可提高分辨力。两晶片之间用隔声层分开,晶片间的倾角通常为 3°～18°。两晶片声场的重叠部分是检测灵敏度的最高区域,此区域一般呈菱形。

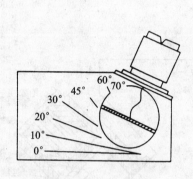

图 18.1.7 可变角探头

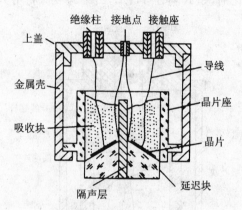

图 18.1.8 双晶探头结构

7. 水浸探头

它可浸在水中探伤,不与工件接触,其结构与直探头相似,但不需要保护膜。其结构如图 18.1.9 所示。

8. 聚焦探头

可将超声波聚焦成细束(线状或点状),在焦点处声能集中,可提高检测灵敏度和分辨力。聚焦探头发射纵波,在水浸法探伤中,调整入射角可在工件中产生横波、表面波或兰姆波。

超声波的聚焦有两种方法:一种是将压电晶片做成凹面,发射的声波直接聚焦;另一种是用声透镜的方法将声束聚焦。实际上应用后一种方法较多。点聚焦探头灵敏度高,探伤速度慢;线聚焦探头灵敏度低一些,但增大了扫描面积。

近年来,接触式聚焦探头已投入使用。主要有三种类型:球面振子式点聚焦斜探头、反射式点聚焦斜探头和透镜式点聚焦斜探头。

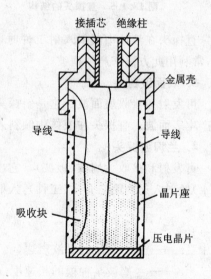

图 18.1.9 水浸探头

近年来对探头的研制发展很快,目前已能分辨出 0.25～0.15 mm 板厚的多次反射波。还研制了纵波斜探头、分割式斜探头、频率可变探头、多频探头、喷水探头和各种专用探头等。在高温检测方面,研制了铌酸锂高温探头和非接触式电磁高温探头等,可在 700 ℃下进行检测。

18.1.6 超声波检测方法

1. 接触法与液浸法

接触法就是探头与工件表面之间经一层薄的耦合剂直接接触进行探伤的方法。耦合剂主要起传递超声波能量作用。此法操作方便,但对被检工件表面粗糙度要求较严。直探头和斜探头(包括横波、表面波、板波)都可采用接触法。

液浸法就是将探头与工件全部浸入液体,或探头与工件之间局部充以液体进行探伤的方法。液体一般用水,故又称水浸法。为了提高检测灵敏度,常用聚焦探头。

液浸法还适用于横波、表面波和板波检测。由于探头不直接与工件接触,因而易于实现自动化检测,也适用于检测表面粗糙的工件。

2. 纵波脉冲反射法

纵波脉冲反射法又分为一次脉冲反射法和多次脉冲反射法。一次脉冲反射法是以一次底波为依据进行探伤的方法。超声波以一定的速度向工件内传播,一部分声波遇到缺陷时反射回来;另一部分声波继续传至工件底面后也反射回来。发射波、缺陷波和底波经过放大后进行适当处理就可以求出缺陷的部位以及缺陷的大小。

多次脉冲反射法是以多次底波为依据进行探伤的方法,主要用于结构致密性较差的工件。

3. 横波探伤法

横波探伤法是声波以一定角度入射到工件中产生波型转换,利用横波进行探伤的方法。横波法通常用于单探头检测。横波入射工件后,当所遇缺陷与声束垂直或夹角较大时,声波发生反射,从而检测出缺陷。

在对板材探伤时,如探头距离板的端面较近,会出现端面反射波;如遇到很大的缺陷时,端面反射波可能消失;如探头离端面较远时,声能在板内逐渐衰减完,也不会出现端面反射波。

横波检测也可使用双探头法,可以单收单发;也可以双收双发,这时应调整两个探头的相对位置,使一个探头发射的声波在工件内传播后恰为另一个探头所接收。

4. 表面波探伤法

表面波探伤法是表面波沿着工件表面传播检测表面缺陷的方法。表面波的能量随着表面下深度增加而显著降低,在大于一个波长的深度处,表面波的能量很小,已无法进行检测。表面波沿着工件表面传播过程中,遇到裂纹、表面划痕或棱角等均会发生反射。在反射的同时,部分表面波仍继续向前传播。值得注意的是:用表面波探伤对工件表面的光洁度要求较高。

5. 兰姆波探伤法

兰姆波探伤是使兰姆波沿着薄板(或薄壁管)两表面及中间传播来进行探伤的方法。当工件中有缺陷时,在缺陷处产生反射,就会出现缺陷波。

6. 穿透法检测

穿透法检测可以用连续波,也可以用脉冲波。在连续波穿透法中,当工件内无缺陷时,接收能量大;当工件内有缺陷时,因为部分能量被反射,接收能量减小;当缺陷很大时,声能全部被缺陷反射,则接收能量减小为零。这种方法由于缺陷阻止声波通过,在缺陷后形成声影,故又称"声影法"探伤。

在脉冲波穿透法中,当工件内无缺陷时,接收能量大;当工件内有缺陷时,接收波幅度降低;如果有很大的缺陷将声波全部阻挡,接收能量为零。

穿透检测法灵敏度低,不能检测小缺陷,也不能对缺陷定位,但适合于检测超声衰减大的材料,同时也避免了盲区。

18.1.7 超声波探伤仪

1. A型显示探伤仪

它主要由同步电路(触发电路)、时基电路、发射电路、接收电路、探头及示波显示器等组成。其方框图如图 18.1.10 所示。同步电路是探伤仪的指挥中心。它每秒钟产生数十至数千个尖脉冲,指令探伤仪各个部分同步地进行工作。时基电路又称扫描电路。它产生锯齿波电压,加在示波管的水平偏转板上,在荧光屏上产生水平扫描的时间基线。发射电路又称高频脉冲电路,产生高频电压,加在发射探头上。发射探头将电波变成超声波,传入工件中。超声波在缺陷或底面上反射回到接收探头,转变为电波后输入给接收电路进行放大、检波,最后加到示波管的垂直偏转板上,在荧光屏的纵坐标上显示出来。图中 T 为发射波,F 为缺陷波,B 为底波。通过缺陷波在荧光屏上横坐标的位置,可以对缺陷定位;通过缺陷波的高度可估计缺陷的大小。

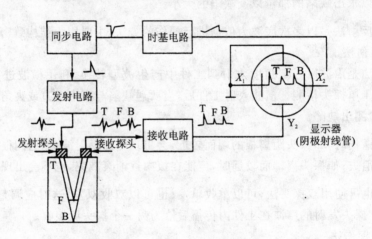

图 18.1.10　A型显示探伤仪

A型显示探伤仪可使用一个探头兼作收与发,也可使用两个探头,一发一收。使用的波型可以是纵波、横波、表面波和板波。多功能的 A 型显示探伤仪还有一系列附加电路系统,如时间标距电路、自动报警电路、闸门选择电路、延迟电路等。

2. B型显示探伤仪

在 A 型显示探伤中,横轴为时间轴,纵轴为信号强度。若将探头移动距离作横轴,探伤深度作纵轴,可绘制出探伤体的纵截面图形,这种方式称为 B 型显示方式。在 B 型显示中,显示的是与扫描声束相平行的缺陷截面。仪器的方框图如图 18.1.11 所示。如果在对应于探头各个位置的纵扫描线上均有反射,则把这作为辉度变化并连续显示。当以固定的速度移动探头时,便完成了探伤图形。示波管必须是长余辉管或存储管,有时也使用记录仪或摄影机。

B 型显示不能描述缺陷在深度方向的扩展。当缺陷较大时,大缺陷后面的小缺陷的底面反射也不能被记录。

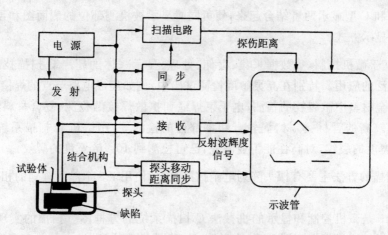

图 18.1.11　B 型显示探伤仪

若将一系列小的晶片排列成阵,并依次通过电子切换来代替探头的移动,即为移相控制式或相控阵式探头,广泛用于 B 型扫描显示和一些其它扫描方法。

3. C 型显示探伤仪

它使探头在工件上纵横交替扫描。把在探伤距离特定范围内的反射作为辉度变化,并连续显示,可绘制出工件内部缺陷的横截面图形。这个截面与扫描声束相垂直。示波管荧光屏上的纵、横坐标分别代表工件表面的纵横坐标。C 型显示探伤仪方框图如图 18.1.12 所示。

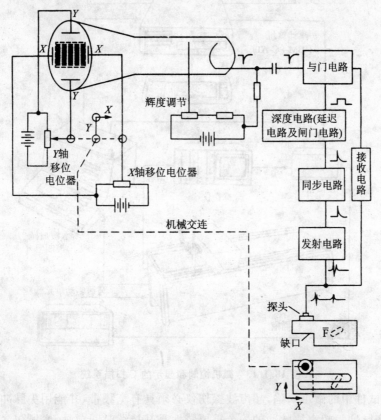

图 18.1.12　C 型显示探伤仪

若将B型和C型显示两者结合起来,便可同时显示被检测部位的侧面图和顶视图。此种方法称复二维显示方式。

近年来,基于微机控制,集数据采集、存储、处理、显示一体的超声C扫描技术发展很快,并且得到了广泛的应用。特别在高灵敏度检测试验中,例如集成电路节点的焊接试验;高强度陶瓷和粉末冶金材料中微裂纹的检测;电子束焊缝和扩散焊接的检测;复合材料层裂的检测,以及其它要求较高的管材、棒材、涡轮盘和零部件的检测等,用微机C扫描系统可以检测到40 μm 直径或宽度的裂纹,对高性能工业陶瓷,已可检测到10 μm 宽度的裂纹。

实现C扫描的方法主要有探头阵列电子扫描法(如使用128个晶片阵列的相控阵法)和机械法。

图18.1.13是微机控制和显示的机械法C扫描系统的方框图。扫描的实现是借助于水浸扫描槽。水浸扫描槽根据不同需要,有微型、小型、中型和大型的。

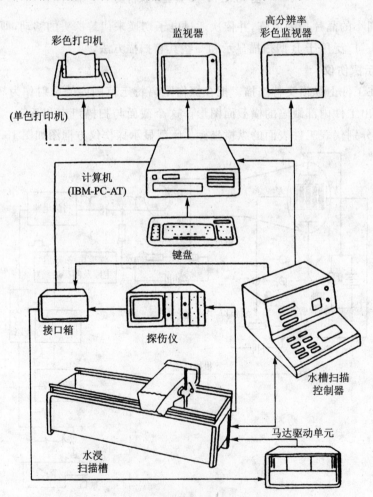

图18.1.13 微机控制和显示的C扫描系统

为了检测试件中的微小缺陷,超声波探伤仪必须具有宽频带,并能用尖脉冲激励高阻尼探头,以便获得窄脉冲。超声波脉冲的一个重要特性是其持续时间愈短,它所包含的谐波频率范围愈宽,即通常所说的宽频窄脉冲。窄脉冲具有较高的距离分辨率,但窄脉冲的声束扩散角要比同频率宽脉冲的大些,故横向分辨率略低。这可以通过准确的聚焦以缩小声束截面来补偿。

窄脉冲使用高阻尼探头,而激励脉冲又极窄,因此也使检测灵敏度降低,但是,低频对小缺陷不灵敏,采用高频探头可以大大提高对微小缺陷的检测灵敏度。同时,窄脉冲遇到缺陷反射后,各个谐波的变化将造成频谱的变化,从而提供了判断缺陷的大小、方位和性质的丰富信息。

现在已能制造频率在 25 MHz,50 MHz,甚至超过 100 MHz 的高频探头。这类探头称为箔式探头。它们是用聚偏二氟乙烯(PVDF)薄膜制成的,又称为薄膜式探头。在进行水浸式 C 扫描检测时,数据的获取、处理、存储与评价都是在每一次扫描的同时由计算机在线实时进行的。每一次扫描的原始数据都可以记录并存储,还可以在以后的任何时候调用。

4. 连续波探伤仪

连续波探伤仪发射连续,且频率不变或在小范围内周期性频率微调的超声波。它的结构比脉冲波探伤仪简单,主要由振荡器、放大器、指示器和探头组成。检测灵敏度较低,可用于某些非金属材料检测。

5. 多通道超声探伤仪

为了实现快速和自动探伤可采用多通道组合方式,每一通道相当于一台单通道探伤仪。各通道都有单独的发射电路,而共用一个时基电路。接收和报警电路可共用,也可单用,均受脉冲切换电路控制,依次循环工作。为避免干扰,各通道均有单独的前置放大器和选通闸门电路。选通闸门受脉冲切换电路控制,当一个通道工作时,其他通道探头所接收的信息,不得进入接收电路。脉冲切换电路主要由多级双稳态电路和"与非"门组成。

6. 自动化超声波检测装置

可在连续生产中实现自动化探伤,对有缺陷部位自动打上标记,主要由机械传动装置使探头和工件做某种相对运动而实现自动化,在铁道路轨、冶金厂型材轧制生产线等检验中应用十分广泛。

18.1.8 超声波检测应用实例

1. 屏蔽铸铁超声波检测

在核工业中经常用铸铁和铅板等材料屏蔽中子和 γ 射线,在模拟试验中使用的配重体也是铸铁件。这类铸铁件主要用超声法检测。由于铸件晶粒较粗,结构不致密,所以与锻件相比对超声波衰减大,穿透性较差。超声波在粗大晶粒的界面上发生杂乱的晶界反射,超声频率越高,衰减越大,杂波干扰越严重。因此,对铸铁探伤只能使用较低频率,通常为 0.5~2 MHz,检测灵敏度较低,只能发现面积较大的缺陷。铸钢件的穿透性比铸铁要好,可使用 2~5 MHz 的频率探测。

铸件中的缺陷,多数呈体积型缺陷,常有多种形状和性质的缺陷混在一起,出现的部位以铸件中心,浇口和冒口附近较多。主要缺陷有疏松、缩孔、气孔、夹砂,夹渣和铸造裂纹等。

经过表面加工的铸件,可用机油作耦合剂,采用接触法探伤。表面粗糙的铸件可用水浸法,也可使用粘度大的耦合剂或敷设塑料薄膜后再用接触法探测。探测方法采用多次底波反射法,发现缺陷以后可用一次脉冲反射法对缺陷定位和定量。使用的超声波探伤仪应有较大的发射功率。

2. 钢壳和模具的超声波检测

大型结构部件钢壳和各种不同尺寸的模具均为锻钢件。锻件主要进行超声波探伤。锻件探伤采用脉冲反射法,除奥氏体钢外,一般晶粒较细,探测频率多为 2~5 MHz,质量要求高的可用 10 MHz。通常采用接触法探伤,用机油作耦合剂,也可采用水浸法。在锻件中缺陷的方向一般与锻压方向垂直,因此,应以锻压面作主要探测面。锻件中的缺陷主要有折叠、夹层、中心疏松、缩孔和锻造裂纹等。

钢壳和模具探伤以直探头纵波检测为主,用横波斜探头作辅助探测。但对筒头模具的圆柱面和球面壳体,应以斜探头为主。为了获得良好的声耦合,斜探头楔块应磨制成与工件相同和曲率。

钢壳的腰部带有异型法兰环,当用直探头探测时,在正常情况下不出现底波,若有裂纹等缺陷存在,便会有缺陷波出现。其探伤情况如图 18.1.14 所示。

3. 小型压力容器壳体超声波检测

小型压力容器壳体是由低碳不锈钢锻造成型的,经机械加工后成半球壳状。对此类锻件进行超声波探伤,通常以斜探头横波探伤为主,辅以表面波探头检测表面缺陷。对于壁厚 3 mm 以下的薄壁壳体可只用表面波法检测。探伤前必须将斜探头楔块磨制成与工件相同曲率的球面,以利于声波耦合,但磨制后的超声波束不能带有杂波。通常使用易于磨制的塑料外壳环氧树脂小型 K 值斜探头,K 值可选 1.5~2,频率 2.5~5 MHz。探伤时采用接触法,用机油耦合。图 18.1.15 为探伤操作情况。探头一方面沿经线上下移动,一方面沿纬线绕周长水平移动一周,使声束扫描线覆盖整个球壳。在扫描过程中通常没有底波,但遇到裂纹时会出现缺陷波。可以制作带有人工缺陷与工件相同的模拟件调试灵敏度。

如果采用水浸法和聚焦探头检测,可避免探头的磨制加工,但要采用专用的球面回转装置,使工件和探头在相对运动中完成声束对整个球壳的扫描。

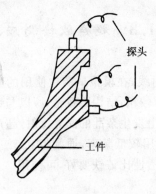

图 18.1.14 异型法兰探伤

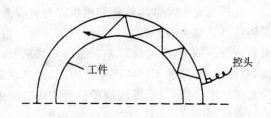

图 18.1.15 小型球壳的探伤

18.2 涡流检测

涡流检测(探伤)是应用于导电材料检测的一种常规方法。它是基于 9.3 节介绍的电涡流式变换原理发展起来的一种无损检测技术。

18.2.1 涡流探伤的特点

涡流检测法和其它检测法相比,有其独特之处。其主要特点如下。

1. 只适用于导电材料

基于 9.3 节的讨论,在被检试件中能产生涡流是涡流检测的必要条件。不能产生涡流的材料,如非导电材料,就不可能进行涡流检测。涡流检测主要应用于金属材料。少数非金属导电材料(如石墨)也能应用涡流法进行检测。只要能够影响导电试件中涡流的流动和分布的各种因素,从原理上讲都有可能用涡流法进行检测。因此,涡流检测的实质是检测由各种因素引起的试件导电情况的变化。某一因素能引起试件导电情况变化越大,涡流检测的灵敏度就越高。

2. 特别适用于表面和亚表面检测

要使被检的导电试件中产生涡流,必须外加一个激励磁场。当试件接近交变磁场时,由于电磁感应的原理,会在试件中感应出与交变磁场相同频率的涡流。涡流检测的灵敏度取决于涡流的密度。在不引起试件过热的条件下,涡流密度越大,要检测的参数所引起的涡流密度变化越大,检测灵敏度就越高。而试件中涡流的分布与外加激励磁场的频率有关。频率越高,涡流越趋于导电试件表面,因而表面的涡流密度越大,表面的检测灵敏度也就越高。所以,涡流检测特别适用于薄的、细的导电材料。如薄壁管、箔材、丝材、线材等的检测;而对粗厚材料,如厚壁管、棒材、厚板材、坯料等只适用于表面和近表面的检测。

3. 应用范围

由于试件的电导率和磁导率的变化都有可能引起试件导电性能发生变化,若将试件饱和磁化,则就消除了磁导率变化引起试件导电性能变化。而只从电导率来说,试件的化学成分、试件的尺寸、试件的热处理情况、试件的内应力大小以及试件中的裂纹、凹坑等缺陷的存在,都有可能引起试件导电性能的改变。反过来说,可以从检测到的涡流变化中得到上述各种因素的信息。因此从原理上讲涡流检测应用极广,但是如果只是检测到了试件中涡流的变化,而不加其它措施,是无法知道这是哪一种因素引起的涡流变化,也就会使检测失败。另一方面,由于涡流受到试件各种因素的影响,就有可能导致应用涡流来检测试件时受到一些干扰因素的影响,要从涡流的变化中单独得到所要得到的某个因素的变化有时是比较困难的。为此,应该特别注意信号的处理与分析在涡流检测中的作用,如目前应用于涡流探伤仪中的相敏检波器,高、低通滤波器以及信号幅度鉴别器等起着重要的作用。

4. 非接触检测

涡流检测中,无论是激励电磁场传向试件,或是试件中涡流的变化传向探头,都是一种电磁波的相互作用。从物理学可知:电磁波不仅具有波动性,也是一种粒子流,这与超声波不同。因为超声波只具有波动性,不具有粒子流,所以超声波探伤一定要接触探伤或在探头和试件间加入耦合剂(如水或油);而电磁波是粒子流,所以可以进行非接触检测,探头和试件之间也无需加入耦合剂。

但是,电磁波的传播是随距离的增加而强度减弱的,这就使涡流检测具有一种"间距效应"。这里指的间距是指探头到试件表面之间的距离。显然,间距增大,涡流检测的灵敏度就越低。

5. 易于实现自动化

由于涡流检测不需要耦合剂，可以实现非接触检测，因而其检测速度可以极快。如目前钢线材的涡流探伤速度，已达到 4 000 m/min 以上。零件的检测速度也很快，如钢珠探伤速度达到 3 600 珠/h，螺母自动探伤分选速度达到 6 000 个/h。

6. 可用于高温检测

如果在材料的毛坯和半成品进行检测时，不合格的毛坯和半成品在前道工序就报废，就可节约大量的后道工序所需的人力和能源。所以近年来，世界各国都在大力研究高温状态下（1 100 ℃）的材料检测。由于高温下的导电试件仍有导电的性质，而且涡流检测用的探头线圈不受材料居里点的影响，更重要的是涡流检测可以非接触进行，因而，涡流检测已被大量引入高温材料的检测中，而且应用范围、检测内容非常广。

7. 可用于异形材和小零件的检测

由于涡流检测线圈可绕制成各种形状，因此可以实现对诸如截面形状为三角形、正方形、六角形、椭圆形或其它异形材进行检测。而对于这些检测对象，采用超声波方法就比较困难。

又由于涡流有趋于导电材料表面的特点，它还可以应用于带筋管材的探伤上。当管材外壁带筋时，可从内壁检测；而管材内壁带筋时，可从外壁检测。

又由于涡流检测探头可做得非常小（如 0.5 mm²），因而它可用于很多大探头难于到达地方的材料检测，如螺母和螺栓螺纹中的探伤。

对于小零件的检测，涡流检测也有独到之处，可以广泛应用于小轴、销钉、螺母、钢球等检验上。

18.2.2 影响涡流检测的要素

涡流检测是以电磁感应理论作为基础的。基于 9.3 节的讨论，一个简单的涡流检测系统包括一个高频的交变电压发生器、一个检测线圈和一个指示器。高频的交变电压发生器或称为振荡器供给检测线圈以激励电流，从而在试件周围形成一个激励磁场。这个磁场在试件中感应出涡流，涡流又产生自己的磁场。涡流磁场的作用是削弱和抵消激励磁场的变化，而涡流磁场中就包含了试件好坏的信息。检测线圈用来检测试件中涡流磁场的变化，也就是检测了试件性能的好坏。

基于上面的分析，在采用涡流检测时，应该考虑以下 5 个方面的因素。

1. 试件的性质

要形成涡流效应，试件必须能够导电，否则就没有可能感应出涡流。这就是说，涡流检测的首要条件是试件一定要能导电，非导电体无法用涡流进行检测。所以，影响涡流检测的第一个要素是试件的性质，必须是导电材料。因而在讨论涡流检测时，应该十分重视试件的性能。

2. 检测线圈与检测仪器

其次，是如何在试件周围建立激励磁场和如何检测试件中涡流磁场的变化。这两个功能都是由检测线圈来完成的。当然，只有探头也不行，还应该同时具有涡流检测仪器。因而影响涡流检测的第二个要素是检测线圈和检测仪器。

3. 检测间距

检测线圈和试件如何配合，也就是说，它们之间距离是多少及作什么形式的相对运动，也会直接影响涡流检测的灵敏度,因而检测间距是影响涡流检测的第三个要素。

4. 检测目标的机械传动方式

在很多场合,特别是在冶金工厂,对管、棒、线、丝等成品或半成品的涡流检测大多放在生产线上,即"在线"检测,或者是形成一条半成品或成品自动流水检测线,所以机械传动装置性能,包括同心度、直度、振动、速度稳定性能等都会影响涡流检测的好坏。因此,检测目标的机械传动是影响涡流检测的第四个要素。

5. 标准样块

涡流检测是一种相对的检测。在检测过程中,要求有一个标准样块(如标准伤痕、标准厚度等)作为比较,所以探伤中的标准伤痕的形状和尺寸、测厚中的标准厚度的精度等等都会影响涡流检测的好坏,因而标准样块是影响涡流检测的第五个要素。

涡流检测的检测线圈起到向试件输送激励磁场和接收涡流畸变信息的作用。

在涡流检测过程中,所产生的涡流与激励线圈中电流相互作用的结果使涡流的强度与相位都会产生变化。因此,可以通过对获取涡流反作用的大小和相位的信息实现检测。为了获得涡流反作用的大小和相位的信息,一般采用一个检测线圈。检测线圈大致可分成如下三种。其外形如图 18.2.1 所示。

1) 环绕于试件外壁绕制的穿过式线圈;
2) 放置于试件表面的点探头式线圈;
3) 能安置于管材等试件内径的内插式线圈(又称内探头)。

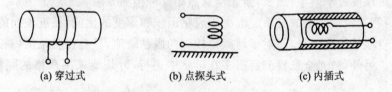

(a) 穿过式　　　　(b) 点探头式　　　　(c) 内插式

图 18.2.1　检测线圈的基本形式

为了适应于不同检测目的、不同试件形状和不同试件大小等,检测线圈有着很多种形式。只有一个绕组的称为绝对式线圈,一般用于检测长裂纹、测厚或测量间距等。有两个绕组差动连接的称之为差动式线圈,可以消除试件化学成分、热处理、应力等因素在轻微变化时对检测的影响。

穿过式线圈用于检测管材、棒材、线材,被检试件在线圈中通过。

点探头式线圈主要用于板材、片材、钢锭、棒材等的表面检测上,还应用于复杂形状零件的局部检测上。

内插式线圈用于检测管材和孔洞的内径。

应当指出:涡流的激励频率的高低也直接影响涡流检测的效果。一般而言,激励频率高,灵敏度就高,但涡流更集中于试件表面。

18.3 激光全息无损检测

激光全息无损检测是在全息照相技术的基础上发展起来的一种无损检测技术。近年来随着激光技术的发展，全息照相在无损检测领域中的应用范围迅速扩大，解决了许多过去其它方法难以解决的无损检测问题。

18.3.1 激光全息检测的特点与原理

1. 激光全息检测的特点

1) 激光全息检测是一种干涉计量技术。其干涉计量的精度与波长同数量级。因此，极微小的变形都能检验出来，检测灵敏度高。

2) 激光的相干长度很大，因此，可以检验大尺寸物体，只要是激光能够充分照射到的物体表面，都能一次检验完毕。

3) 激光全息检测对被检对象没有特殊要求，可以对任何材料、任意粗糙的表面进行检测。

4) 可借助于干涉条纹的数量和分布状态来确定缺陷的大小、部位和深度，便于对缺陷进行定量分析。

这种检测方法还具有非接触检测、直观和检测结果便于保存等特点。但是，物体内部缺陷的检测灵敏度，取决于物体内部的缺陷在外力作用下能否造成物体表面的相应变形。如果物体内部的缺陷过深或过于微小，那么，激光全息照相这种检测方法就无能为力了。对于叠层胶接结构来说，检测其脱粘缺陷的灵敏度取决于脱粘面积和深度的比值，在近表面的脱粘缺陷面积，即使很小，也能够检测出来，而对于埋藏得较深的脱粘缺陷，只有在脱粘面积相当大时才能够被检测出来。另外，激光全息检测目前多在暗室中进行，并须要采用严格的隔振措施，因此不利于现场检测。

2. 激光全息检测的原理

激光全息检测是利用激光全息照相来检测物体表面和内部缺陷的。因为物体在受到外界载荷作用下会产生变形，这种变形与物体是否有缺陷直接相关。在不同的外界载荷作用下，物体表面变形的程度是不相同的。激光全息照相，是将物体表面和内部的缺陷，通过外界加载的方法，使其在相应的物体表面造成局部的变形，用全息照相来观察和比较这种变形，并记录下不同外界载荷作用下的物体表面的变形情况，进行观察和分析，然后判断物体内部是否存在缺陷。

这种检测方法的原理基于17.4.1节介绍的光的干涉原理。图18.3.1是激光全息照相检测的光路示意图。从激光器1发出的激光束经过反射镜4，由分光器2分成两束光。一束透过分光镜后，被扩束镜9扩大，经反射镜10反射照射到被检物体5上，再由物体表面漫反射到胶片8上，这束光称为物光束；另一束光由分光器2表面反射，经过反射镜3到达扩束镜6，被其扩大后再由反射镜7反射照射到胶片上，这束光称为参考光束。当这两束光在胶片上叠加后，形成了干涉图案。胶片经过显影、定影处理后，干涉图案以条纹的明暗和间距变化的形式被显示出来。它们记录了物体光波的振幅和相位信息。被记录的全息图是一些非常细密的、很不规律的干涉条纹。它是一种光栅，与被照的物体在形状上毫无相似之处，为了看到物体的全息像9通常采用再现技术来实现。

进行激光全息检测时,对被检测物体加载,使其表面发生微小的位移(微差位移),物体表面的轮廓就发生变化,此时获得的全息图上的条纹与没有加载时相比发生了移动。建像时除了显示原来物体的全息像外,还产生较为粗大的干涉条纹,由条纹的间距可以算出物体表面的位移的大小。由于物体有一定的形状,所以在同样的力的作用下,物体表面各处发生的位移并不相同,因而各处所对应的干涉条纹的形状和间距也不相同。当物体内部不含有缺陷时,这种条纹的形状和间距的变化是宏观的、连续的,是与物体外形轮廓的变化同步的。

当被检物体内部含有缺陷时,在物体受力的情况下,物体内部的缺陷在外部条件(力)的作用下,就在物体表面上表现出异常情况,而与内部缺陷相对应的物体表面所发生的位移则与以前不相同,因而所得到的全息图与不含缺陷的物体的不同。在激光照射下进行建像时,所看到的波纹图样在对应于有缺陷的局部区域就会出现不连续的、突然的形状变化和间距变化,如图18.3.2所示。根据这些条纹情况,可以分析判断物体的内部是否含有缺陷,以及缺陷的大小和位置。

激光全息检测实际上就是将不同受载情况下的物体表面状态用激光全息照相方法记录下来,进行比较和分析,从而评价被检物体的质量。

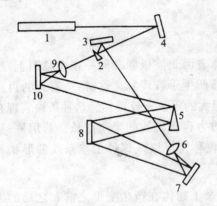

1—激光器;2—分光器;3,4,7,10—反射镜;
5—试件;6,9—扩束镜;8—胶片

图 18.3.1　激光全息照相检测的光路图

图 18.3.2　蜂窝结构板脱粘区的全息再现干涉条纹

18.3.2　激光全息检测方法

1. 物体表面微差位移的观察方法

激光全息照相用于产品的无损检测,采用的是全息干涉计量技术,是激光全息照相干涉计量技术的综合。这种技术基于物体内部的缺陷在外力作用下,使它所对应的物体表面产生与其周围不相同的微差位移。然后,用激光全息照相的方法进行比较,从而检测物体内部的缺陷。

对于不透明的物体,光波只能在它表面上反射。因此,只能反映物体表面上的现象。然而,物体的表面与物体的内部是相互联系的,在不使物体受损的条件下,给物体一定的载荷,如能表现为表面的异常,则可实现无损检测。

观察物体表面微差位移的方法有三种。

(1) 实时法

先拍摄物体在不受力时的全息图,冲洗处理后,把全息图精确地放回到原来拍摄的位置上,并用与拍摄全息图时的同样参考光照射,则全息图就再现出物体三维立体像(物体的虚像)、再现的虚像完全重合在物体上。这时对物体加载,物体的表面会产生变形。受载后的物体表面光波和再现的物体虚像之间就形成了微量的光程差。由于两个光波都是相干光波(来自同一个激光源),并几乎存在于空间的同一位置,因此这两个光波叠加就会产生干涉条纹。

由于物体的初始状态(再现的虚像)和物体加载状态之间的干涉度量比较是在观察时完成的,所以称这种方法为实时法。这种方法的优点是只需要用一张全息图就能观察到各种不同加载情况下的物体表面状态,从而判断出物体内部是否含有缺陷。因此,这种方法既经济,又能迅速而确切地确定出物体所需加载量的大小。但也有不足,主要有:

1) 为了将全息图精确地放回到原来的位置,就需要有一套附加机构,以便使全息图位置的移动不超过几个光波的波长;

2) 由于全息干版在冲洗过程中乳胶层不可避免地要产生一些收缩,当全息图放回原位时,虽然物体没有变形,但仍有少量的位移干涉条纹出现;

3) 显示的干涉条纹图样不能长久保留。

(2) 两次曝光法

这种方法是将物体在两种不同受载情况下的物体表面光波摄制在同一张全息图上,然后再现这两个光波,而这两个再现光波叠加时仍然能够产生干涉现象。这时,所看到的再现现象,除了显示出来原来物体的全息像外,还产生较为粗大的干涉条纹图样。这种条纹表现在观察方向上的等位移线。两条相邻条纹之间的位移差约为再现光波的半个波长。若用氦-氖激光器作光源,则每条条纹代表大约 $0.316~\mu m$ 的表面位移。可以从这种干涉条纹的形状和分布来判断物体内部是否有缺陷。

两次曝光法是在一张全息片上进行两次曝光,记录了物体在产生变形之前和之后的表面光波。这不但避免了实时法中全息图复位的困难,而且也避免了感光乳胶层收缩不稳定的影响,因为这时每一个全息图所受到的影响是相同的。其主要缺点是,对于每一种加载量都需要摄制一张全息图,无法在一张全息图上看到不同加载情况下物体表面的变形状态。这对于确定加载参数来说是比较费事的。

(3) 时间平均法

这种方法是在物体振动时摄制全息图。在摄制时所需的曝光时间要比物体振动循环的一个周期长得多,即在整个曝光时间内,物体要能够进行许多个周期的振动。但由于物体是作正弦式周期性振动,因此,把大部分时间消耗在振动的两个端点上,所以,全息图上所记录的状态实际上是物体在振动的两个端点状态的叠加。当再现全息图时,这两个端点状态的像就相干涉而产生干涉条纹,从干涉条纹的图样的形状和分布来判断物体内部是否有缺陷。

这种方法显示的缺陷图案比较清晰,但为了使物体产生振动就需要有一套激励装置。而且,由于物体内部的缺陷大小和深度不一,其激励频率各不相同,所以要求激励振源的频带要宽,频率要连续可调,其输出功率大小也有一定的要求。同时,还要根据不同产品对象选择合适的换能器来激励物体。

2. 激光全息检测的加载方法

用激光全息照相来检测物体内部缺陷的实质是比较物体在不同受载情况下的表面光波，因此需要对物体施加载荷。一般使物体表面产生 $0.2~\mu m$ 的微差位移，就可以使物体内部的缺陷在干涉条纹图样中有所表现。但是，如果缺陷位置过深，在加载时，缺陷反映不到物体表面或反映非常微小时，则无法采用激光全息检测。常用的加载方式有以下几种。

(1) 内部充气法

对于蜂窝结构(有孔蜂窝)、轮胎、压力容器、管道等产品，可以用内部充气法加载。蜂窝结构内部充气后，蒙皮在气体的作用下向外鼓起。脱胶处的蒙皮在气压作用下向外鼓起的量比周围大，形成脱胶处相对于周围蒙皮有一个微小变形，根据这个微差位移，就可以用激光全息方法来摄制全息图。

(2) 表面真空法

对于无法采用内部充气的结构，如不连通蜂窝、叠层结构、钣金胶接结构等，可以在外表面抽真空加载，造成缺陷处表皮的内外压力差，从而引起缺陷处表皮变形，在干涉条纹图样中会出现干涉条纹的突变或呈现出环状图案。

(3) 热加载法

这种方法是对物体施加一个温度适当的热脉冲，物体因受热而变形，内部有缺陷时，由于传热较慢，该局部区域比缺陷周围的温度要高。因此，造成该处的变形量相应也较大，从而形成缺陷处相对于周围的表面变形有了一个微差位移。用激光全息照相记录时，就会在全息图中显示出突变的干涉条纹图样。

18.3.3 激光全息检测的应用

1. 蜂窝结构检测

蜂窝夹层结构的检测可以采用内部充气、加热以及表面真空等加载方法。例如对飞机机翼，采用两次曝光和实时检测方法都能检测出脱粘、失稳等缺陷。当蒙皮厚度为 0.3 mm 时，可检测出直径为 5 mm 的缺陷。采用全息照相方法检测蜂窝夹层结构，具有良好的重复性、再现性和灵敏度。

2. 复合材料检测

以硼或碳高强度纤维本身粘接以及粘接到其它金属基片上的复合材料，是近年来极受人们重视的一种新材料。它比目前采用的均一材料更具有比强度高等优点，是航空航天工业中非常有应用前途的一种新型结构材料。但这种材料在制造和使用过程中会出现纤维、纤维层之间以及与基片之间脱粘或开裂，使得材料的强度下降。当脱粘或裂缝增加到一定量时，结构的强度将大大降低，甚至导致损坏。全息照相可以检测出材料的这种缺陷。

3. 胶接结构检测

在固体火箭发动机的外壳、绝热层、包覆层及推进剂药柱各界面之间要求无脱粘缺陷。目前多采用 X 射线检测产品的气泡、夹杂物等缺陷。而对于脱粘探伤却难于检查。超声波检测因其探头需要采用耦合剂，而且在曲率较大的部位或棱角处无法接触而形成"死区"，限制了它的应用。采用全息照相检测能有效地克服上述两种检测方法的缺点。

4. 药柱质量检测

激光全息照相也可以用来检测药柱内部气孔和裂纹。通过加载使药柱在对应一气孔或裂纹的表面产生变形,当变形量达到激光器光波波长的 1/4 时,就可使干涉条纹图样发生畸变。

利用全息照相检测药柱不但简便、快速与经济,而且在检测界面没有粘接力的缺陷方面,有其独特的优越性。

5. 印制电路板焊点检测

由于印制电路板焊点的特点,一般采用热加载方法。有缺陷的焊点,其干涉条纹与正常焊点有明显的区别。为了适应快速自动检测的要求。可采用计算机图像处理技术对全息干涉图像进行处理和识别,通过分析条纹的形成等判断焊点的质量,由计算机控制程序完成整个检测过程。

6. 压力容器检测

小型压力容器大多数采用高强度合金钢制造。由于高强度钢材的焊接工艺难于掌握,焊缝和母材往往容易形成裂纹缺陷,加之容器本身大都需要开孔接管和支撑,存在着应力集中的部位,工作条件又较苛刻。如高温高压、低温高压、介质腐蚀等都促使容器易于产生疲劳裂纹。疲劳裂纹在交变载荷的作用下不断扩展,终于使容器泄漏或破损,给安全生产带来威胁。传统的检验方法是采用磁粉检验、射线检验和超声波检验,或者采用高压破损检验。但检测速度较慢,难于取得完满效果。

采用激光全息照相打水压加载法,能够检测出 3 mm 厚的不锈钢容器的环状裂纹,裂纹的宽度为 5 mm,深度为 1.5 mm 左右。图 18.3.3 为一压力容器的激光全息检测的照片。用激光全息方法还可以评价焊接结构中的缺陷和结构设计中的不合理现象等。

(a) 合格产品　　　　　　　(b) 不合格产品

图 18.3.3　压力容器激光全息检测照片

思考题与习题

18.1 简述利用超声波进行无损检测时的特点。

18.2 简要说明超声波传感器(探头)与微机算机在超声检测中的定位与作用。

18.3 描述超声场特性的物理量主要有哪些？简要说明它们各自的物理含义。

18.4 超声波主要有哪些传播方式？各自的传播特点是什么？

18.5 说明超声场的扩散角的物理意义。

18.6 超声波换能器主要有哪几种？各自的特点是什么？

18.7 简要说明常用的超声波检测方法和特点。

18.8 简要说明如图 18.1.10 所示的 A 型显示探伤仪的组成及其工作原理。

18.9 "涡流检测的突出优点是非接触检测"的观点,你认为是否正确？为什么？

18.10 在涡流检测的 5 个要素中,标准样块的作用是什么？

18.11 应用激光全息无损检测技术时,应注意哪些问题？

18.12 简要比较超声波检测、涡流检测与激光检测的不同点。

第 19 章
张力的在线检测技术

张力的在线检测是为了实现张力的在线控制。张力系统在工业、国防及尖端科技中有着十分重要的作用。张力的在线检测广泛应用于冶金、轻工、纺织、机器人等诸多领域。在工业生产中经常须要使用各种卷绕机械对加工对象（如丝、带等）进行卷绕。在正常的生产过程中，这些生产机械不是要求其转速保持稳定，而是要求对转速进行控制，以保证在整个生产过程中加工对象受到的张力恒定。只有保持生产过程中张力的恒定，才能确保加工对象的质量和内在品质，才可以避免事故（如张力过大而将加工对象拉断或张力过小而引起非正常卷绕等）的发生和生产的浪费。

要实现张力的在线检测，必须实现张力由物理量向电量的转换。常用张力的检测方法主要有直接检测和间接检测两种方法。

19.1 张力的直接检测方法

19.1.1 以带材的位置检测张力

这种方法主要用于非金属带材生产与传输过程。带材在自身重力的作用下会产生向下垂挂的现象，同时其内部张力也会影响这种下垂挂的现象。因此，通过对带材垂直方向位移的测量就可以实现对张力的检测。

图 19.1.1 为带材生产的示意图。当前一压辊的速度小于后一压辊的速度时，那么这两个压辊之间的带材受到的张力就会减小，其间的带材就会下垂；而带材下垂的程度直接反映了带材所受张力的大小。利用这一点，通过测定带材的实际位置和给定位置的偏差，并把这一偏差通过传感器转换成可利用的电信号，就能够实现对张力的直接检测。当然，这一类张力检测的缺点是明显的，误差偏大，而且受外界干扰也较大，对于没有带材下垂时的带材张力的检测就无能为力了。因此，该方法只适合于简单控制或半自动化生产中使用。要提高控制精度和自动化程度，就必须采用性能可靠和检测精度高的其它检测方法。

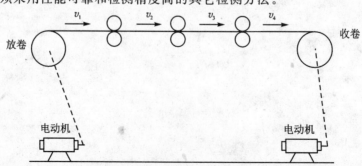

图 19.1.1 带材生产示意图

19.1.2 利用压磁式传感器检测张力

利用压磁式传感器检测张力是将压磁式传感器与张力检测辊轴承座组装在一起,如图 19.1.2 所示。压磁式传感器直接感受拉紧带材的张力辊和轴承座所承受的压力,通过检测压磁式传感器所测压力,便可找出其同带材张力之间的关系,检测出带材的张力,以便显示或控制张力。这种检测组件可靠性高,检测精度较好,因此得到广泛的应用。

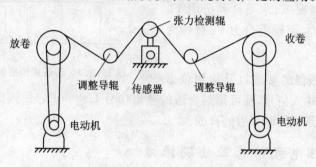

图 19.1.2 基于压磁式传感器的张力检测系统

压磁式传感器的工作原理前面已经介绍过。压磁式测力传感器是应用压磁组件将力等参数转换为磁导率变化的一种传感器。它的变换实质是绕有线圈的铁芯(许多磁滞回线较窄的铁芯材料薄片连接在一起),两两互相交叉的绕组形成电源回路和测量电流回路,在外力的作用下,磁导率发生变化,引起铁芯中与磁通有关的磁阻 R_m 的变化,从而导致自感或互感的变化。图 19.1.3 为压磁式传感器元件示意图,在传感器电源回路输入励磁交流电(可根据情况要求而定),在外力的作用下,传感器的测量电流回路将有电压输出,这样便可以达到检测张力的目的。

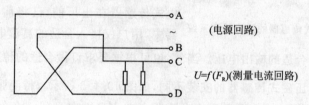

图 19.1.3 压磁式传感器原理示意图

按水平安装方式将张力检测辊、压磁式传感器和轴承组装在一起,如图 19.1.4 所示。待测张力的带材在通过张力检测辊时,使压磁式传感器在水平方向受到一个检测分力 F_H,在垂直方向也受到一个分力 F_V。

由图 19.1.4 可知

$$F_H = F(\cos \alpha - \cos \beta) \qquad (19.1.1)$$

$$F_V = F(\sin \beta - \sin \alpha) + F_T \qquad (19.1.2)$$

式中 F_H——传感器的水平检测力(N);

F_V——传感器的垂直分力(N);

F——带材作用于传感器上的张力(N);

F_T——检测辊和轴承的总重力(N);

α, β——带材与检测辊之间的包角。

应该注意的是：若非水平安装，将会在测量方向上有一定的影响；同时，水平安装时一定要保证包角不变(可采用调整导辊等方法)且包角 $\alpha \neq \beta$，否则将不能使用水平安装方法。

在包角不变的情况下，水平检测分力 F_H 正比例于带材的张力，而垂直分力 F_V 对检测系统并无影响。

根据压磁式传感器的要求以及检测张力

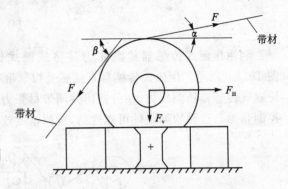

图 19.1.4 压磁式传感器水平安装方式

的范围，输入合适的输入信号，便可得到合适的输出信号 $U=f(F_H)$。该信号无须放大，便可直接使用，以达到显示或控制张力的目的。

19.1.3 利用压电式传感器检测张力

利用压电式传感器检测张力，方法基本上同于用压磁式传感器检测张力。压电式传感器直接感受拉紧带材的张力检测辊和轴承支架所承受的压力。压电式传感器的安装方式如图 19.1.5 所示。

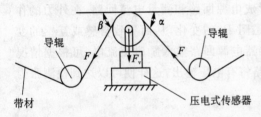

图 19.1.5 基于压电式传感器的张力检测系统

压电式传感器在第 10 章已介绍过。对于一个压电式传感器来说，测量的力与传感器产生的电荷量成正比，而压电式传感器本身所产生的电荷量很小，传感器本身内阻又很大，因此，其输出信号很微弱，所以，要对其信号进行放大。现在压电式传感器在出厂前，已将前置放大器做在传感器中，用户仅接入合适的直流电压(12 V 或 15 V)，

就可以在测量中得到合适的输出电压。当然，也可根据要求订做合适的传感器。

压电式传感器与压磁式传感器的安装不同，如图 19.1.5 所示。待测张力的带材通过张力检测辊时，使传感器在垂直方向受到一个分力 F_V，在水平方向受到一个分力 F_H，由于压电式传感器对侧向负载比较敏感，容易引起输出误差，故应该减小侧向负载对传感器的影响，这就要使带材同检测辊的包角相等，即 $\alpha=\beta$，有：

$$F_H = F(\cos \alpha - \cos \beta) = 0$$

对于垂直方向，有：

$$F_V = F(\sin \beta + \sin \alpha) + F_T = 2F \sin \alpha + F_T \qquad (19.1.3)$$

$$F_C = F_V - F_T = 2F \sin \alpha \qquad (19.1.4)$$

式中　F_V——传感器的垂直分力(N)；

　　　F——带材作用于传感器的张力(N)；

　　　F_T——检测辊和支架的总重力(N)；

　　　α, β——带材与检测辊之间的包角。

由式(19.1.3)有

$$U = f(F_C) = f(F_V - F_T) \tag{19.1.5}$$

显然,在包角 q 保持不变的情况下,通过测量垂直分力 F_V 与检测辊和支架的重力 F_T 之差 F_C,就可以测出带材的张力 F。

注意在实际应用中,要对检测辊和支架的总重力 F_T 进行静态标定。

19.2 张力的间接检测方法

间接测量张力的方法不是通过直接检测带材张力作用于传感器的力,而是通过测量旋转装置的转矩,进而获得对带材张力的测量,以达到对张力的显示、记录和控制的目的。由于是在旋转部件上测量转矩,通常采用电测法进行转矩测量,因为这种方法可以简单可靠地将测量值用于上述对张力测量的目的。

19.2.1 几种转矩传感器介绍

1. 应变式转矩传感器

该转矩传感器的主要部件是一个柱形测量体,受到传到其上的转矩的扭曲作用,在外表面上产生一个伸长的变化量,从而可以用应变片来测量该变化量。图 19.2.1 是一个应变式转矩传感器示意图。在测量轴上贴有与轴成 45°角的应变片,它与测量电路的连线通过导电滑环直接引出。轴的两端通过滚珠轴承支承于壳体上。在实际应用中测量轴的一端连接电机,另一端连接带材导辊。

测量轴与驱动和被驱动部分的连接可采取挠性连接,使它们之间有足够的轴向间隙,以抑制可能产生的卡紧现象所引起的过高应力。为此可采用自对中的齿轮连接方式。这种连接有很好的扭转刚度,能把动态转矩正确地传给测量轴。

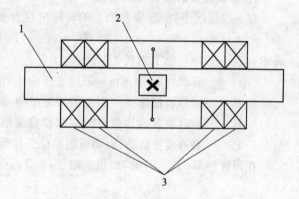

1—测量轴;2—应变中;3—轴承

图 19.2.1 应变式转矩传感器

该类传感器的最大工作转速一般在 3 000～30 000 r/min。

2. 电感式转矩传感器

该传感器的核心部件是一根扭杆。它的扭转由一个差动式电感线圈系统来获取,如图 19.2.2 所示。通过让线圈中的衔铁产生移动,或者让线圈在一个变压器电路中作相对运动,两者均可在线圈系统中产生一个电压值。该电压值正比于扭杆的扭转量,也就是正比于被测转矩。

电感式转矩传感器的测量范围大,其转矩可达 0～100 kN·m;其工作转速可为 2 000～30 000 r/min。

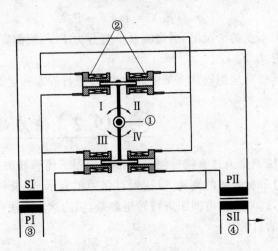

1—扭杆测量轴(截面图);2—差动式扼流线圈系统Ⅰ,Ⅱ,Ⅲ,Ⅳ;
3—馈电用无滑环式转速传送器;4—测量值反馈用无滑环式转速传送器

图 19.2.2　电感式转矩传感器

19.2.2　张力的间接检测方法

用测量转矩来间接测量张力在实际应用中十分广泛。这里应该注意的是,转动轴是卷取装置,还是非卷取装置,下面分别加以说明。

1. 卷取装置的张力间接测量

在一般情况下,卷取装置轴上的转矩应包含 4 个分量,即

$$T_D = T_1 + T_2 + T_3 + T_4 \tag{19.2.1}$$

式中　T_D——电机轴上的转矩(N·m);
　　　T_1——有效转矩(N·m),是建立张力 F 所必须的;
　　　T_2——克服机械摩擦等损耗的转矩(N·m);
　　　T_3——卷取装置卷取带材时克服带材变形所消耗的转矩(N·m);
　　　T_4——卷取装置启动、制动或随卷径变化而引起角速度变化等所需的动态转矩(N·m)。

在恒速卷取($T_4=0$)时,如果忽略 T_2 和 T_3,则有

$$T_D = T_1 \tag{19.2.2}$$

考虑到 $T_1=FD/2j$,其中 D 为带材卷取装置(含已卷取带材)的直径,j 为传动加速比。则有

$$F = 2jT_D/D = 2jC_m \phi I_d/D = K\phi I_d/D \tag{19.2.3}$$

式中　K——与电动机结构和传动加速比有关的系数,$K=2jC_m$;
　　　C_m——直流电动机转矩的经过常数;
　　　φ——电动机磁通(T);
　　　I_d——电动机电枢电流(A)。

由式(19.2.3)可以看出,要保持张力恒定有两种方法,即保持 I_d 和 φ/D 均为常数;或者使 I_d 反比于 φ/D。这两种方法均涉及到卷径 D 和电动机磁通 φ 的问题。

如果利用转矩传感器测量转矩 T_D,则由式(19.2.3)可以看出在保持转矩 T_D 为常数的前

提下,张力反比于卷径 D;要保持张力恒定,也可保持 T_D/D 恒定。

在实际应用中,较大张力作用的情况下,忽略克服机械摩擦等损耗的转矩 T_2 和动态转矩 T_4,它们对张力测量和控制的精度影响不大;但在较小张力作用的情况下,损耗的转矩 T_2 和动态转矩 T_4 的影响相对增大,为了避免较大的误差,应采取一定有效的补偿措施,以确保张力测量和控制系统的精度。

2. 非卷取装置的张力间接测量

相对于卷取装置而言,非卷取装置的张力的测量要简单得多,卷取装置轴上的转矩应满足

$$T_1 = T_z + T_2 + T_3 + T_4 \tag{19.2.4}$$

式中　T_1——有效转矩(N·m),是建立张力 F 所必须的;
　　　T_z——非卷取轴上的转矩(N·m);
　　　T_2——克服机械摩擦等损耗的转矩(N·m);
　　　T_3——卷取装置卷取带材时克服带材变形所消耗的转矩(N·m);
　　　T_4——卷取装置启动、制动或随卷径变化而引起角速度变化等所需的动态转矩(N·m)。

在恒速卷取($T_4=0$)时,如果忽略 T_2 和 T_3,则有:

$$T_1 = T_z \tag{19.2.5}$$

考虑到 $T_1 = FD/2j$,其中 D 为检测辊的直径,j 为传动加速比,则有

$$F = 2jT_z/D = KT_z \tag{19.2.6}$$
$$K = 2j/D$$

在检测辊上无卷取带材,所以 D 为常值,T_z 可以通过转矩传感器测量,从而较容易测量带材的张力,以到达显示和控制的目的。

当然,同卷取装置相似,在较小张力作用的情况下,损耗的转矩 T_2 和动态转矩 T_4 不能忽略,也应采取一定有效的补偿措施,以确保张力测量和控制系统的精度。

19.3　张力控制的基本方法

检测张力的目的在于对张力的控制。张力控制的好坏直接影响到产品的质量和技术水平的实现,而一般的张力控制系统可分为直接张力闭环控制、张力的扰动补偿控制和复合控制等。

19.3.1　直接张力闭环控制

直接张力闭环控制系统是把检测到的张力信号转换成电信号,在张力调节器输入端与张力的给定值进行比较,以对电机进行控制,形成张力的闭环控制系统。该系统原理比较简单,易于理解,张力控制平稳;但在实际应用中,电气调速单元要求响应快,系统容易振荡,使该系统受到很大的限制。主要原因在于:一方面,由于弹性变形,张力反馈信号的采集有很大的滞后,给系统控制带来困难;另一方面,张力系统在启动过程中,张力测量装置没有缓冲能力,而且闭环张力控制对其难以控制,容易造成启动过程中的张力较大波动等。因此,在对具体张力没有严格要求的情况下,一般只是要求生产过程中张力或者是对象的线速度保持恒定。在这种情况下,一般较多采用各种张力的扰动补偿控制方案,以较好地达到系统的要求。当然,对于直接张力闭环控制存在的问题,采用针对性的措施,也能达到较好的效果。

19.3.2 张力的扰动补偿控制

张力的扰动补偿控制主要是要达到保持张力或者是对象的线速度恒定的目的,因此,可以采用各种方法,以实现上述目的。

1. 方法一

在带材的两个传动单元之间的张力满足

$$F = k\int_0^0 (v_1 - v_2)\mathrm{d}t \tag{19.3.1}$$

$$k = \frac{SE}{l}$$

式中　F——张力(N);
　　　S——截面积(m^2);
　　　E——弹性模量(Pa);
　　　l——两个传动单元之间的距离(m);
　　　v_1, v_2——两个传动点处的线速度(m/s)。

显然,k 为一个常数。由式(19.3.1)可知:只要保持两个传动单元之间的线速度差恒定,就可以保持张力恒定。

2. 方法二

由式(19.2.3)可知:只要保持 I_d 恒定,并且控制 φ/D 为一定值,就可以保持张力恒定。

3. 方法三

同样,由式(19.2.3)可知:只要保持 φ 恒定,并且控制 I_d/D 为一定值,也同样可以保持张力恒定。

当然,还有其它一些方法,以确保张力或者是对象的线速度恒定。

19.3.3 复合控制

复合控制是针对上述两种控制而言,在实际应用中,可以将两种控制综合使用。在一个张力控制系统中,既可以采用一种控制方案,也可以采用两种或多种控制方案,以达到更好的控制效果。

19.3.4 张力控制的几种方案

1. 利用力矩电机和驱动控制器的张力控制方案

该方案是通过传感器对张力(力矩)的检测,由驱动控制器对力矩电机直接进行控制,以达到对张力的控制。这种方案对张力的控制不够稳定,张力的线性不好。可正反转,适合于张力精度要求不高的场合。但该方案设备简单,经济实用。

2. 利用磁粉制动器和磁粉离合器的张力控制方案

该方案是通过传感器对张力(力矩)的检测,通过与设定张力的比较、运算,产生控制信号,驱动磁粉制动器或磁粉离合器,实现对张力的控制。这种方案张力的稳定性要好于力矩电机,张力和速度可调,张力的线性度不够好,经济性差,故障率高,维护费用大。

3. 利用间接方法的张力控制方案

该方案是根据电机转矩的变化同卷材卷径成正比的原理来实现对张力的控制。在这个方案中,不需要磁粉制动器和磁粉离合器,也不需要张力传感器,直接采用调速器对电机(交流或直流电机)进行控制以实现对张力的控制。该方案张力的稳定性好,张力线性度高,维护方便,具有较高的性能价格比。

19.4 典型举例

上面介绍了张力检测的一些方法以及进行张力控制的一些方案。在工程实践中,首先要考虑工作的要求和目的,其次是实现的难易程度、经济性等,最后确定实施的方案。

张力检测和控制的实例很多,特别是在造纸、纺织等行业。下面简要介绍一个实际微机控制系统中的张力检测和控制。该系统用于复合材料预浸机生产线。其工作原理是多股非金属复合材料在主电机的牵引下,经去湿、浸胶、盖膜、刮胶、热压、烘干、冷却等最后形成复合材料带,再在恒张力下收卷(多种宽度),完成非金属复合材料带的生产。该微机测控系统包括了7路张力测控子系统,由荷重传感器测量张力,由交流异步力矩电机实现张力的控制;另外还有12路温度测控、1路速度和测控。其中温度的测量是通过铂热电阻实现的,而速度是通过直流测速电机实现的。该系统是一个典型的以单片机为核心的分布式多参数测控系统。其流程图如图19.4.1所示。

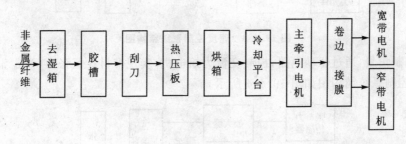

图 19.4.1 系统工作流程

1. 总体方案

在该生产线中其测控系统是一个多参数控制系统,根据其工艺流程,可将其参数的测控分为两大部分,即速度、张力测控部分和温度测控部分。由于速度和张力之间有一定的耦合关系,所以将对它们的测控放在同一子系统中。测控系统的总体结构如图19.4.2所示。

主机为 PC 机,负责管理两个控制子系统,从而构成一个主从式计算机控制系统。PC 机完成人机对话,给定工艺命令及控制参数设定值,记录、显示、打印控制结果,完成质量分析等工作。

两个控制子系统是由单片机为核心构成的控制系统,主机和控制子系统之间的采用串行通信方式。

2. 速度、张力控制系统

带材的速度影响到对张力的检测和控制。主牵引电机采用直流电机来实现牵引动力。改变直流电机转度,从而改变带材的牵引速度。速度控制系统结构图如图19.4.3示。

张力控制系统的工作原理是:带材在主牵引电机(直流电机)的牵引下,通过张力检测辊,其张力作用在荷重传感器上。单片机张力控制系统实时检测张力,通过与设定张力进行比较、

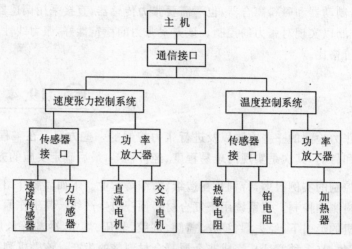

图 19.4.2　系统总体结构图

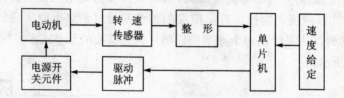

图 19.4.3　速度控制系统结构图

运算,产生控制信号,通过驱动电路,控制交流力矩电机,实现带材在恒张力(设定张力)下进行收卷。张力控制系统结构图如图 19.4.4 所示。

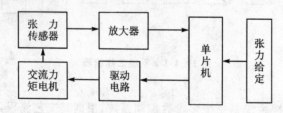

图 19.4.4　张力控制系统结构图

思考题与习题

1　以图 19.1.1 所示的系统,说明张力测量的重要性。
2　简述常用的张力直接检测方法,各自的特点是什么?
3　简述常用的张力间接检测方法,针对实际利用,说明其特点。
4　简述图 19.1.5 张力系统检测系统的工作原理。
5　常用的张力系统的控制方案有哪些?说明它们的区别和优缺点。
6　除了本书介绍的张力测控系统外,举例说明用于其它领域的张力测控系统。

附 录

附录 A 基本常数

附表 A 为在测量与传感器技术中应用的基本常数、符号、单位、量值与近似值。

附表 A 基本常数表

常数名称	符 号	单 位	量 值	近似值
元电荷	e	C	$(1.602\,177\,33 \pm 0.000\,000\,49) \times 10^{-19}$	1.602×10^{-19}
原子质量常数	m_u	kg	$(1.660\,540\,2 \pm 0.000\,001\,0) \times 10^{-27}$	1.661×10^{-27}
普朗克常数	h	J·s	$(6.626\,075\,5 \pm 0.000\,004\,0) \times 10^{-34}$	6.626×10^{-34}
玻耳兹曼常数	K	J/K	$(1.380\,658 \pm 0.000\,012) \times 10^{-23}$	1.381×110^{-23}
阿伏伽德罗常数	N_A	mol^{-1}	$(6.022\,136\,7 \pm 0.000\,003\,6) \times 10^{23}$	6.022×10^{23}
法拉第常数	F	C/mol	$(9.648\,530\,9 \pm 0.000\,002\,9) \times 10^{4}$	9.649×10^{4}
理想气体中的普适比例常数	R	J/(mol·K)	$(8.314\,510 \pm 0.000\,070)$	8.314
第一辐射常数	C_1	W·m²	$3.741\,3 \times 10^{-16}$	
第二辐射常数	C_2	m·K	$1.438\,8 \times 10^{-2}$	
真空中的介电常数	ε_0	F/m	$10^{-9}/(4\pi \times 9)$	8.842×10^{-12}
空气的导磁率	μ_0	H/m	$4\pi \times 10^{-7}$	1.257×10^{-6}
标准自由落体重力加速度①	g_n	m/s²	9.806 65	9.807
光速	c	m/s	299 792 458	2.998×10^{8}
标准空气压力②	p_n	Pa	101 325	1.013×10^{5}
标准音速③	a_n	m/s	340.294	340.3
绝热指数	k		1.4	

注：① 纬度为 45°的海平面上的值，为国际协议值。
② 温度为 0 ℃，重力加速度 9.806 65 m/s²，高度 0.760 m，密度 13 595.1 kg/m³ 的水银柱所产生的压力。
③ 温度为 15 ℃。

附录 B 国际制词冠

附表 B 为我国对国际制词冠的词头、译名及其符号的规定。

附表 B　国际制词冠表

因数	词头名称		符号
	原文	中文	
10^{24}	yotta	尧[它]	Y
10^{21}	zetta	泽[它]	Z
10^{18}	exa	艾[可萨]	E
10^{15}	peta	拍[它]	P
10^{12}	tera	太[拉]	T
10^{9}	giga	吉[伽]	G
10^{6}	mega	兆	M
10^{3}	kilo	千	K
10^{2}	hecto	百	H
10^{1}	deca	十	da
10^{-1}	deci	分	d
10^{-2}	centi	厘	c
10^{-3}	milli	毫	m
10^{-6}	micro	微	μ
10^{-9}	nano	纳[诺]	n
10^{-12}	pico	皮[可]	p
10^{-15}	femto	飞[母托]	f
10^{-18}	atto	阿[托]	a
10^{-21}	zepto	仄[普托]	z
10^{-24}	yocto	幺[科托]	y

附录 C　国际单位制(SI)的主要单位

附表 C.1 为国际单位制的基本单位量的名称、单位名称和单位符号。

附表 C.2 为国际单位制的辅助单位量的名称、单位名称和单位符号。

附表 C.3 为国际单位制中具有专门名称导出单位量的名称、单位名称、单位符号以及用国际单位制基本单位的表示式。

附表 C.4 为国际单位制中常用的没有专门名称的导出单位量的名称、单位名称、单位符号以及用国际单位制基本单位的表示式。

附表 C.5 为国家选定的非国际单位制单位量的名称、单位名称、单位符号以及换算关系。

附表 C.6.1~C.6.8 为国际单位制(SI)与欧美常用单位制的主要换算表,包括长度、体积、质量、力、压力、应力、低压、功、能、热量和功率等。